新工科建设·电气与自动化专业系列教材

自动控制原理

主　编　黄丽丽　李　娜　金小峥
副主编　苏　敏　张顺如　邵利军　林瑞静
　　主审　黄明键

电子工业出版社·
Publishing House of Electronics Industry
北京·BEIJING

内 容 简 介

本书是根据教育部对应用型高等学校本科毕业要求及自动控制原理课程要求编写的。全书共 6 章，每章包括课程思政引例、学习目标、知识点介绍、典型例题及其参考答案、MATLAB 应用、应用案例、小结、习题等组成部分，书末还附有附录及参考文献，以便学生在学习本课程时查阅。本书引入的 MATLAB 便于学生利用其进行复杂的数值计算和仿真，从而解决各种科学问题和工程问题。

本书可作为自动化、电气工程及其自动化等相关专业本科生学习自动控制原理的教材或主要参考书，也可作为青年教师和工程技术人员的参考资料。

未经许可，不得以任何方式复制或抄袭本书之部分或全部内容。
版权所有，侵权必究。

图书在版编目（CIP）数据

自动控制原理 / 黄丽丽，李娜，金小峥主编.
北京 ：电子工业出版社, 2025. 6. -- ISBN 978-7-121-50374-0

Ⅰ．TP13

中国国家版本馆 CIP 数据核字第 20257N55Z6 号

责任编辑：张天运
印　　刷：三河市君旺印务有限公司
装　　订：三河市君旺印务有限公司
出版发行：电子工业出版社
　　　　　北京市海淀区万寿路 173 信箱　　邮编：100036
开　　本：787×1092　1/16　印张：11.5　字数：294.4 千字
版　　次：2025 年 6 月第 1 版
印　　次：2025 年 6 月第 1 次印刷
定　　价：49.00 元

凡所购买电子工业出版社图书有缺损问题，请向购买书店调换。若书店售缺，请与本社发行部联系，联系及邮购电话：（010）88254888，88258888。

质量投诉请发邮件至 zlts@phei.com.cn，盗版侵权举报请发邮件至 dbqq@phei.com.cn。

本书咨询联系方式：（010）88254172，zhangty@phei.com.cn。

前 言

自动控制原理是自动化、电气工程及其自动化等相关专业本科生必修的主干课程，是报考控制理论与控制工程等专业的硕士研究生入学考试必考的专业基础课。

编者从事本科生自动控制原理课程教学已超过 15 年，使用过多个版本的优秀教材，积累了丰富的教学经验和宝贵的参考资料，为编写本书奠定了坚实的基础；编者还深入企业，充分调研企业案例，为本书应用案例的编写做了大量的工作。此外，典型例题、习题的设计有许多优秀教材和国家精品课程等资料可供参考。在上述背景下，为进一步提高该课程的教学质量和培养应用型人才，编者精心编写了本书，以奉献给莘莘学子。

与同类教材相比，一方面本书更重视学生的思政教育，通过思政引例，结合课程特点，能够帮助学生更好地理解和应用理论知识，培养学生的批判性思维能力和独立思考能力，增强学生的道德意识和社会责任感，激发学生的学习兴趣和积极性，并培养学生的跨学科学习能力和综合能力。另一方面本书更重视基本理论的科学性、典型例题详解的全面性和习题的多样性。基本理论部分的阐述基于科学严谨的态度，注重公式运用条件的界定；典型例题详解部分注重解题思路清晰，方法简便多样；习题部分的选择力争精益求精，以培养学生的独立思考能力，提高学生解题的正确性和速度。此外，应用案例还涉及实际问题的解决，学生在分析这些案例的过程中，能够锻炼批判性思维，提高解决问题的能力。

全书共 6 章，每章包括课程思政引例、学习目标、知识点介绍、典型例题及其参考答案、MATLAB 应用、应用案例、小结、习题等组成部分，书末还附有附录及参考文献，以便学生在学习本课程时查阅。本书引入的 MATLAB 便于学生利用其进行复杂的数值计算和仿真，从而解决各种科学问题和工程问题。

本书在编写过程中，得到了黄明键教授的全力支持和鼓励，课程组的黄丽丽负责第 1 章和第 6 章的编写，邵利军负责第 2 章的编写，李娜、林瑞静负责第 3 章的编写，苏敏负责第 4 章的编写，金小峥、张顺如负责第 5 章的编写。

对于本书存在的不当之处，恳请读者不吝指正。

编 者
2024 年 8 月

目　录

第1章　概论 ········· 1
  1.1　概述 ········· 2
    1.1.1　基本概念 ········· 2
    1.1.2　自动控制系统的基本组成 ········· 2
    1.1.3　自动控制系统的分类 ········· 3
    1.1.4　自动控制系统的性能要求 ········· 7
  1.2　自动控制理论发展简史 ········· 8
  应用案例1　电液伺服系统 ········· 9
  小结 ········· 10
  习题 ········· 10

第2章　控制系统的数学模型 ········· 12
  2.1　系统的微分方程 ········· 13
    2.1.1　电气电子系统 ········· 13
    2.1.2　机械系统 ········· 15
    2.1.3　非线性系统的线性化 ········· 17
  2.2　系统的传递函数 ········· 20
    2.2.1　传递函数的定义和性质 ········· 20
    2.2.2　传递函数的零点和极点 ········· 22
    2.2.3　典型环节的传递函数 ········· 23
  2.3　系统的结构图 ········· 24
    2.3.1　结构图的构成和绘制 ········· 24
    2.3.2　结构图的等效变换 ········· 25
  2.4　系统的信号流图 ········· 28
    2.4.1　信号流图的绘制 ········· 29
    2.4.2　梅森公式 ········· 29
  2.5　MATLAB用于控制系统建模 ········· 31
  应用案例2　吊车双摆控制系统 ········· 33
  小结 ········· 35
  习题 ········· 36

第3章 控制系统的时域分析法 ... 41

3.1 控制系统的典型输入信号与性能指标 ... 42
3.1.1 控制系统的典型输入信号 ... 42
3.1.2 控制系统的性能指标 ... 43

3.2 一阶系统的性能分析 ... 44
3.2.1 一阶系统的数学模型 ... 44
3.2.2 一阶系统的响应 ... 44

3.3 二阶系统的性能分析 ... 47
3.3.1 二阶系统的数学模型 ... 47
3.3.2 二阶系统的响应 ... 48
3.3.3 二阶系统的动态性能指标 ... 50
3.3.4 零点、极点对二阶系统动态性能的影响 ... 52

3.4 线性系统的稳定性分析 ... 54
3.4.1 线性系统的稳定性判据 ... 54
3.4.2 线性系统的稳定性判据的应用 ... 58

3.5 线性系统的稳态误差分析 ... 58
3.5.1 线性系统的给定稳态误差 ... 60
3.5.2 线性系统的扰动稳态误差 ... 62
3.5.3 减小稳态误差的方法 ... 63

3.6 MATLAB 用于时域分析法 ... 63

应用案例3 新型电动轮椅速度控制系统 ... 66

小结 ... 68

习题 ... 68

第4章 控制系统的根轨迹分析法 ... 71

4.1 根轨迹的基本概念 ... 71
4.1.1 根轨迹的定义 ... 72
4.1.2 根轨迹方程 ... 72

4.2 根轨迹图绘制的基本法则 ... 74
4.2.1 180°根轨迹 ... 75
4.2.2 0°根轨迹 ... 82
4.2.3 参数根轨迹 ... 84

4.3 利用根轨迹分析系统性能 ... 85
4.3.1 在根轨迹上确定特征根 ... 85
4.3.2 根轨迹与系统性能的关系 ... 86
4.3.3 开环零点、开环极点对系统根轨迹的影响 ... 86
4.3.4 主导极点与偶极子 ... 87

4.4 MATLAB 用于根轨迹分析法 ... 88

应用案例 4　直线一级倒立摆系统 91
　　小结 92
　　习题 92

第 5 章　控制系统的频域分析法 95
5.1　频率特性概述 96
　　5.1.1　频率特性的基本概念 97
　　5.1.2　频率特性的物理意义 99
　　5.1.3　频率特性的表示方法 100
5.2　控制系统的奈奎斯特图 102
　　5.2.1　典型环节的奈奎斯特图 102
　　5.2.2　系统开环奈奎斯特图的绘制 106
5.3　控制系统的伯德图 112
　　5.3.1　典型环节的伯德图 112
　　5.3.2　系统开环伯德图的绘制 114
5.4　频域稳定判据 117
　　5.4.1　稳定判据的数学基础 117
　　5.4.2　奈奎斯特稳定判据 121
　　5.4.3　对数频率稳定判据 123
5.5　稳定裕度 126
　　5.5.1　相位裕度 126
　　5.5.2　幅值裕度 127
5.6　控制系统的频率特性分析 130
　　5.6.1　基于开环对数频率特性的系统性能分析 130
　　5.6.2　基于闭环频率特性的系统性能分析 132
　　5.6.3　开环和闭环性能指标之间的关系 134
5.7　MATLAB 用于频域分析法 135
　　应用案例 5　中国空间站机械臂控制系统 137
　　小结 139
　　习题 140

第 6 章　控制系统的校正方法 143
6.1　校正的基本概念及常用的校正方法 144
　　6.1.1　校正的基本概念 144
　　6.1.2　常用的校正方法 144
6.2　串联校正 146
　　6.2.1　超前校正 147
　　6.2.2　滞后校正 151
　　6.2.3　滞后-超前校正 153

    6.2.4　PID 校正 ·· 156
 6.3　MATLAB 用于控制系统校正 ·· 163
 应用案例 6　自动喷涂机器人控制系统 ··· 167
 小结 ··· 169
 习题 ··· 169

附录 A　拉普拉斯变换简表 ·· 172

参考文献 ·· 174

第1章 概论

> **课程思政引例**

1. 钱学森的事迹

1935 年,钱学森进入美国麻省理工学院航空工程系学习。当时美国仅加州理工学院有一所空气动力学实验室,主任是匈牙利的著名学者冯·卡门,他是一位有极高成就的物理学家,是马克斯·玻恩的好朋友及合作伙伴之一。之后,冯·卡门对流体动力学和空气动力学进行了专门的研究,在这两个方面成了极负盛名的权威专家。1936 年秋,钱学森慕名到加州访问冯·卡门,冯·卡门对钱学森敏捷而又缜密的思维非常欣赏,建议钱学森到他这里来攻读博士学位。从此钱学森在冯·卡门的指导下专攻高速空气动力学。此后,很多中国学生赢得了冯·卡门的青睐,除钱学森外,他还培养出了林家翘、钱伟长及郭永怀等中国著名数学家、物理学家。他常说:"世界上聪明的人有两种,一种是匈牙利人,另一种是中国人"。本章通过介绍被誉为"中国自动化控制之父""中国导弹之父""中国航天之父"的钱学森的事迹,引导学生弘扬其刻苦勤奋的学习精神、攻坚克难精神、创新精神,以及其"学成必归""五年归国路""十年造两弹"的爱国精神,激励学生为实现中华民族伟大复兴的中国梦而奋斗,从而实现自己的人生价值。

2. 负反馈控制系统

人的成长是一个自我反思和自我调节的过程,本章将负反馈控制系统的概念映射到个人的短板对社会及个人生活产生的影响中,使人及时反思及整改,以"知学、知道、知善、知美"为目标,不断提升自我。生态平衡也是如此,在生态系统中,生物群落内部能够进行自我调节,以维持生态平衡。

在生活中,人们不断地通过反馈来评估自己的行为和习惯,从而发现自身的短板并进行整改。这种自我调节能力使我们能够在面对挑战和困难时保持积极的心态,不断学习和进步。此外,生态平衡也是自然界中一个自我调节的过程。生态系统中的生物群落通过相互作用和反馈机制,维持着生态系统的稳定性。当某个物种的数量发生变化时,其他物种也会相应地做出调整,以维持生态系统的稳定性。这种自我调节能力使生态系统能够在面对外部干扰时保持相对的稳定。然而,在现代社会中,人类的活动往往会对生态系统造成破坏,从而打破生态平衡。为了维持生态系统的稳定性,我们需要采取积极的措施来保护生态环境,以减小人类活动对生态系统产生的负面影响,包括减少污染、保护生物多样性、合理利用资源等。

通过将负反馈控制系统的概念映射到个人成长和生态保护中,我们可以更好地理解自我调节的重要性。在个人层面,我们需要不断反思自己的行为和习惯,发现自身的短板并进行整改,以提升自我;在社会层面,我们需要共同努力维持生态平衡,保护人类共同的家园。

> **本章学习目标**

了解本课程的内容、性质和任务,了解自动控制理论的发展过程,掌握相关基本概念和自动控制系统的基本组成及各部分的作用,了解自动控制系统的类别,掌握自动控制系统的性能要求,通过应用案例学习如何分析实际自动控制系统。

重点：掌握自动控制系统的基本组成和性能要求。
难点：掌握自动控制系统的基本组成及各部分的作用，以及系统工作过程。

1.1 概述

1.1.1 基本概念

1．控制

为了克服干扰的影响、达到期望的目标而对被控对象中的某一个（或某几个）物理量进行的操作，称为控制。

控制是一种强迫作用，被控对象接受控制作用，即由控制者发出控制指令，控制作用迫使被控对象按照控制者的指令行事，从而达到控制者期望的目标。

2．人工控制

由人来完成对被控量的控制，称为人工控制。

3．自动控制

在无人直接操作的情况下，利用外加的设备或装置使整个生产过程或工作机械按照人的期望进行工作，这种由设备或装置代替人来完成的控制，称为自动控制。

4．反馈控制

首先把期望的物理量（输入量）送进系统；其次检测被控制的物理量（输出量）；再次将这两个量之差（偏差）送进偏差运算器；最后对偏差运算器的输出进行功率放大，用于控制被控制的输出量。这个过程称为反馈控制或偏差控制，也称为闭环控制，相应的系统称为闭环控制系统。

5．补偿控制

1）给定补偿控制

针对由不同系统结构和输入信号造成的控制误差，可在系统中增加给定补偿控制，以减小控制误差。

2）扰动补偿控制

针对由不同系统结构和扰动信号造成的扰动误差，可在系统中增加扰动补偿控制，以减小扰动误差。

6．综合控制

以反馈控制为主，另加其他补偿控制，一起完成综合控制。

1.1.2 自动控制系统的基本组成

自动控制系统是将控制器、受控装置和检测装置按照一定方式连接起来，以完成某种自动控制任务的有机整体，其结构图如图1-1所示。

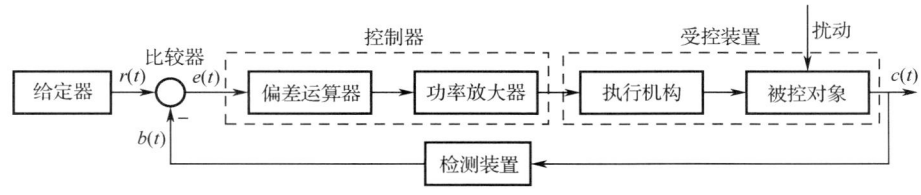

图 1-1 自动控制系统的结构图

1．自动控制系统的装置

（1）给定器。给定器用于给出与期望的被控量相对应的系统输入量，即给定量，可以是电位器等。给定器产生期望的系统输入信号 $r(t)$。

（2）检测装置。检测装置用于检测系统输出信号 $c(t)$，其输出为 $b(t)$，这里 $b(t)=ac(t)$。如果 $a=1$，则称为单位反馈。负反馈标注"−"，正反馈标注"+"。

检测装置的功能是测量被控量，并将其反馈到系统输入端。在闭环控制系统中，检测元件及相关元件构成系统的检测装置。如果被控量为电量，那么一般用电阻、电位器、电流互感器和电压互感器等来测量；如果被控量为非电量，如温度、液位、流量等，那么通常检测元件应将其转换为电量，以便于处理。

（3）比较器。比较器的输出 $e(t)=r(t)-b(t)$。

（4）偏差运算器。偏差运算器用于对 $e(t)$ 进行所需要的运算，如比例、比例+积分、比例+积分+微分等，以期得到满意的控制效果。

（5）功率放大器。功率放大器用于对偏差运算器输出的电压信号进行功率放大，以驱动执行机构。

（6）执行机构。执行机构用于产生控制作用并驱动被控对象，使被控量按照预定的规律变化。

2．自动控制系统的信号

（1）扰动信号。扰动信号简称扰动，它与控制作用相反，是一种影响系统输出的不利因素。扰动既可来自系统内部，又可来自系统外部，前者称为内部扰动，后者称为外部扰动。

（2）误差信号。误差信号是指被控量的期望值与实际值之差，简称误差。在单位反馈的情况下，误差也就是偏差；在非单位反馈的情况下，两者存在一定的关系。

（3）偏差信号。$e(t)$ 为偏差信号，是指输入信号与反馈信号之差，简称偏差。

（4）反馈信号。$b(t)$ 为反馈信号，是指对被控量进行检测并反向送回系统输入端的信号。

1.1.3 自动控制系统的分类

1．按系统的结构特点分类

1）开环控制系统

开环控制系统是指被控量（输出量）对系统的控制作用没有产生任何影响的系统，也就是没有把输出量反向送回输入端的系统，即只有正向联系、没有反向联系的系统。

开环控制系统的结构图如图 1-2 所示。

优点：构造简单、维护容易、成本低，当输出量难以测量或在经济上不允许测量时，采用开环控制系统比较合适。缺点：控制精度不高、抗干扰性差。

2）闭环控制系统

闭环控制系统是指控制器与被控对象之间不仅存在正向作用，而且存在反馈作用的控制系统，即系统的输出信号对被控量有直接影响的系统。

闭环控制系统的结构图如图 1-3 所示。

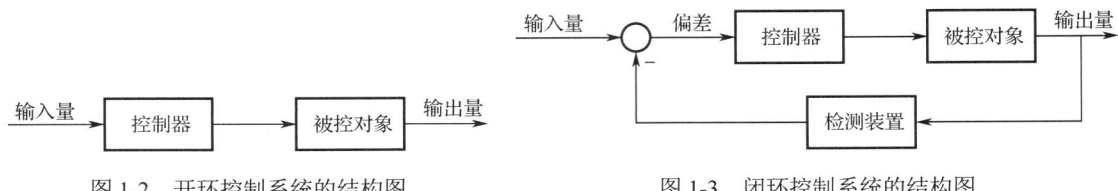

图 1-2 开环控制系统的结构图　　　　　图 1-3 闭环控制系统的结构图

闭环控制系统利用负反馈的作用来减小系统误差。闭环控制系统能够有效地抑制被反馈通道包围的前向通道中的各种扰动对系统输出量的影响，多用于结构参数不稳定和扰动较强的场合。

3）复合控制系统

复合控制的目的在于使系统既具有开环控制系统的稳定性，又具有闭环控制系统的精度。它结合了按扰动控制与按偏差控制的优点，通过合适的补偿装置对主要扰动实施按扰动控制，并形成按偏差控制的反馈控制系统，使主要扰动导致的偏差得以消除。前馈控制与反馈控制相结合，就构成了复合控制。复合控制系统有两种基本形式：按输入前馈补偿的复合控制系统和按扰动前馈补偿的复合控制系统，如图 1-4 所示。

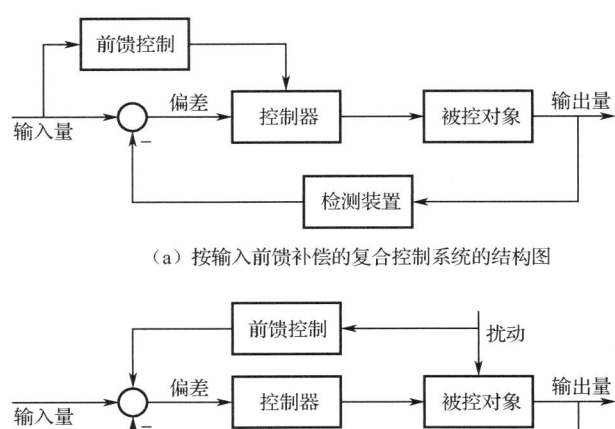

（a）按输入前馈补偿的复合控制系统的结构图

（b）按扰动前馈补偿的复合控制系统的结构图

图 1-4 复合控制系统的结构图

复合控制形式多种多样，包括但不限于开环-闭环控制、反馈-前馈控制等。这些复合控制形式都是为了实现更精确、更稳定的控制效果。

2. 按输入信号的类型分类

1）恒值调节系统

恒值调节系统的输入信号恒定不变。控制目标：希望系统的被控量尽可能保持在期望值附近。面临的问题：存在干扰，使被控量偏离期望值。控制器的任务：增强系统的抗干扰能力，使干扰作用于系统时，被控量能尽快地恢复到期望值附近。例如，恒值调节系统可用于工业过程中的恒温控制、恒压控制、恒速控制和恒水位控制等。

2）随动控制系统

随动控制系统的输入信号变化是随机的，且变化剧烈。控制目标：要求系统的输出信号紧紧跟随输入信号的变化而变化。面临的问题：被控对象和执行机构受惯性等因素的影响，导致系统的输出信号不能紧紧跟随输入信号变化而变化。控制器的任务：提高跟踪的快速性，使系统的输出信号跟随难以预知的输入信号变化而变化。例如，雷达天线的自动跟踪系统、高炮自动瞄准系统就是典型的随动控制系统。

3）程序控制系统

程序控制系统的输入信号按照预先知道的函数变化。例如，热处理炉的升温、保温、降温等过程的控制，以及数控机床、电梯的控制等都是由程序控制系统实现的。

3. 按输入信号的传递特征分类

1）连续系统

连续系统是指系统各信号的变化在时间上是连续的，即系统的输出是随输入信号变化的连续信号。在连续系统中，信号的变化是平滑且连续的，没有时间上的跳跃或离散。这种系统常见于物理世界中的各种过程，如机械运动系统、电气系统、热传导系统等。在连续系统中，通常使用微分方程来描述系统的动态行为。连续信号如图1-5（a）所示。

2）离散系统

离散系统是指系统信号中有一个或几个的变化在时间上是不连续的，或者说，系统信号只在离散的时间点上更新。这种系统的特点在于信号是离散化的，可以视为由一系列不连续的数值组成。离散系统常见于数字信号处理、计算机控制系统、通信系统等。在离散系统中，通常使用差分方程来描述系统的动态行为。离散信号如图1-5（b）所示。

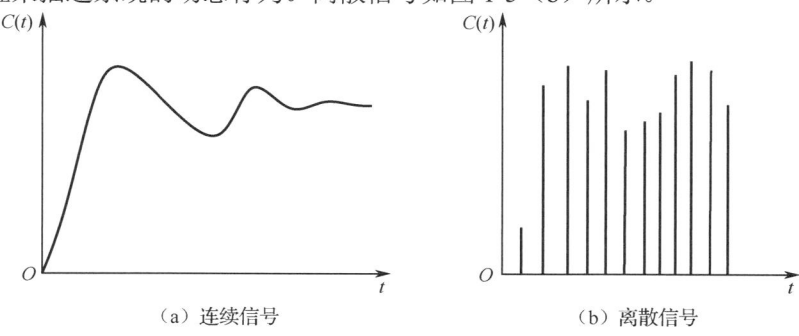

图1-5 连续信号与离散信号

4. 按系统的固有特性分类

1）线性系统

线性系统由线性元件组成，其输入与输出之间的关系满足叠加性和均匀性。叠加性是指当多个输入信号作用于系统时，总的输出等于每个输入信号单独作用时产生的输出之和；均匀性是指当输入信号增大若干倍时，输出也相应增大同样的倍数，如图1-6所示。这种系统可以用线性微分方程来描述，其特性相对简单，且理论与运用都较为成熟和完整。线性系统通常代表的是规则和光滑的运动，其中量与量之间是成比例的线性关系。

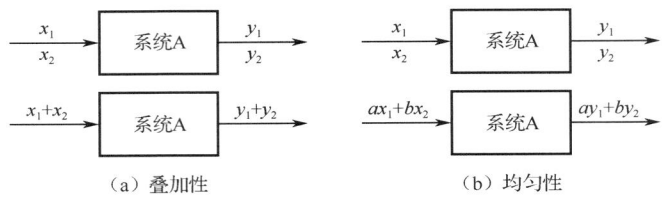

图1-6 线性系统的叠加性和均匀性

2）非线性系统

非线性系统的稳态输出不与其输入成正比，即不满足叠加性和均匀性。在非线性系统中，只要有一个元件不能用线性微分方程描述其输入与输出之间的关系，整个系统就会被视作非线性系统。非线性系统的运动通常是不规则的，可能会出现突变，且其理论与运用相对不如线性系统成熟和完整。从数学角度看，非线性系统的特征是叠加原理不再成立，这可能是因为系统本身是非线性的，或者虽然系统本身是线性的，但其边界条件是未知的或可变的。图1-7所示为典型的非线性系统的特性。

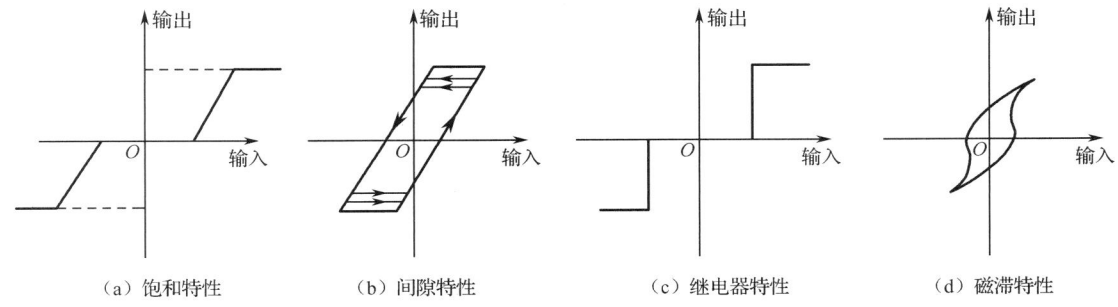

图1-7 典型的非线性系统的特性

5．按参数是否随时间变化的特性分类

1）定常系统

定常系统也称为时不变系统，其特性是系统的结构和参数不随时间变化。在定常系统中，描述系统特性的微分方程中的各项系数都是与时间无关的常数。因此，只要输入信号的形式不变，即使是在不同时间输入的信号，其输出响应形式也是相同的。具体来说，系统响应的状态主要取决于输入信号的状态和系统的特性，而与施加输入信号的时间无关。也就是说，如果输入 $u(t)$ 产生输出 $y(t)$，那么当输入延时 τ 后施加于系统，$u(t-\tau)$ 产生的输出为 $y(t-\tau)$。这种特性使得定常系统的分析和设计比较简单、直观。

2）时变系统

时变系统的特性是其结构和参数随时间变化。在时变系统中，描述系统特性的微分方程中至少有一项系数是时间的函数。这意味着系统的参数或特性不是恒定的，而是会随着时间或输入信号的变化而变化。由于时变系统的输出响应不仅与输入信号的波形有关，而且还与施加输入信号的时间有关,因此其分析和研究通常比定常系统复杂。

在实际应用中,定常系统和时变系统各有其适用场景。定常系统因其稳定性和可预测性,常用于需要精确控制和稳定输出的场合;时变系统因其灵活性和适应性,常用于处理随时间变化或具有不确定性的系统。

1.1.4 自动控制系统的性能要求

1. 稳定性

稳定性是系统的固有特性,它反映了系统是否具有自平衡能力。稳定情况有两种:一是给系统施加确定的输入,经过单调上升的暂态过程之后,系统进入稳态,系统的输出与输入具有相同的变化模式,系统输出跟踪系统输入,保持平衡,如图 1-8 中的曲线 $C_1(t)$ 所示;二是给系统施加确定的输入后,系统响应呈现周期性衰减振荡,如图 1-8 中的曲线 $C_2(t)$ 所示。

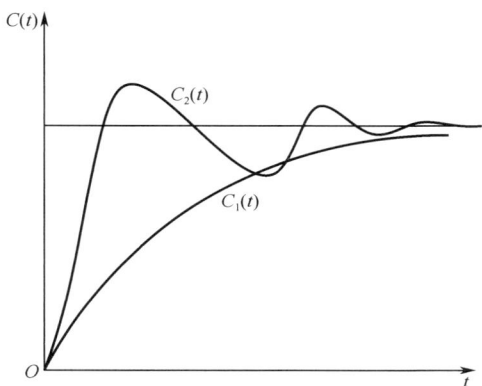

图 1-8 稳定系统的响应曲线(单调上升、周期性衰减振荡)

不稳定的系统是无法正常工作的,其响应曲线如图 1-9 所示。

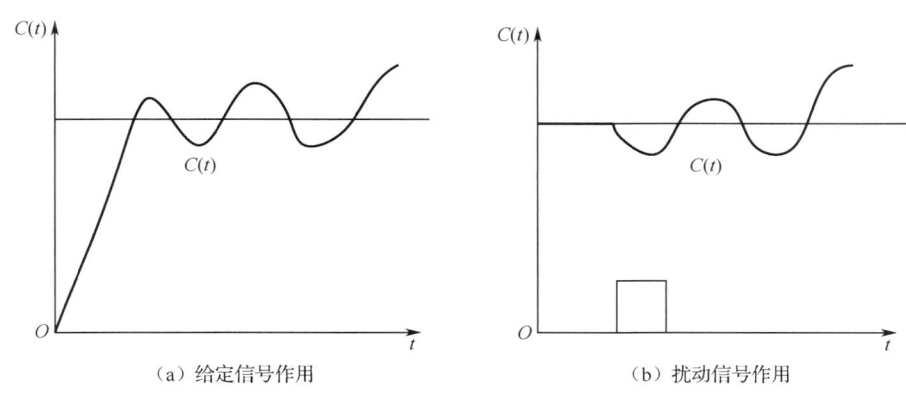

(a)给定信号作用　　　　　　(b)扰动信号作用

图 1-9 不稳定的系统的响应曲线

2. 快速性

快速性表明系统输出对输入响应的快慢程度。快速性取决于系统响应的过渡过程(暂态响应),过渡时间越短,快速性越好。

3．准确性

准确性是指系统在稳态下被控量和给定量之间的偏差程度，即稳态误差，如图 1-10 所示。系统的准确性用稳态误差 e_{ss} 表征。稳态误差越小，准确性越高。理想系统的稳态误差为零。若稳态误差为零，则系统称为无差系统；若稳态误差不为零，则系统称为有差系统。

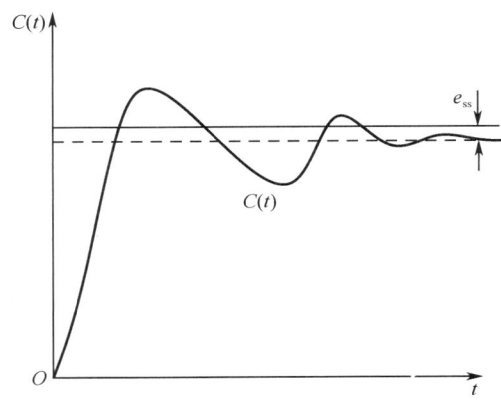

图 1-10　稳定系统的稳态误差

1.2　自动控制理论发展简史

自动控制理论的发展历史可以追溯到古代，但真正的自动控制技术是在 18 世纪开始应用于现代工业的，同期瓦特发明的蒸汽机离心调速器成为其代表性成果。随着工业革命的推进，自动控制技术得到了广泛的应用，并逐步形成一门学科。以下是自动控制理论的主要发展阶段。

1．胚胎萌芽期（1945 年以前）

（1）1788 年，詹姆斯·瓦特发明了蒸汽机离心调速器，为自动控制技术的广泛应用奠定了基础。

（2）1868 年，麦克斯韦基于微分方程描述从理论上给出了自动控制系统的稳定性条件。

（3）1892 年，李雅普诺夫发表了关于运动稳定性的一般问题，给出了非线性系统的稳定性判据。

（4）19 世纪末到 20 世纪初，劳斯和赫尔维茨分别给出了高阶线性系统的稳定性判据。

在这个时期，经典控制理论开始形成，其特点是以传递函数为数学工具，采用时域方法，主要研究单输入单输出线性定常控制系统的分析与设计。

2．发展与成熟期（20 世纪初期至 20 世纪中期）

（1）20 世纪初期，奈奎斯特、伯德等对经典控制理论的形成做出了杰出的贡献。

（2）1932 年，奈奎斯特提出了频域响应法。

（3）1948年，伊文斯提出了根轨迹分析法，这一方法为经典控制理论的发展奠定了基础。同年，控制论奠基人维纳发表了《控制论：或关于在动物和机器中控制和通信的科学》著作，为自动控制理论的发展提供了重要的理论基础。

3．现代控制理论阶段（20世纪40年代中期以后）

（1）随着计算机的出现及其应用领域的扩展，自动控制理论开始朝着更为复杂和严密的方向发展。

（2）20世纪40年代末，形成了完整的自动控制理论体系。同时期，现代控制理论开始兴起，它采用状态空间法来描述系统的动态行为，并研究多输入多输出、非线性、时变等复杂系统的控制问题。

总的来说，自动控制理论的发展历史是一个不断演进和完善的过程，从最初的简单控制器到现代复杂的自动控制系统，其应用领域也在不断扩展。随着科技的进步和工业的发展，自动控制理论将继续发挥重要作用，推动各个领域的技术进步和创新发展。

应用案例1　电液伺服系统

电液伺服系统在自动化领域中是一类重要的自动控制系统，被广泛应用于要求控制精度高、输出功率大的工业控制场合。液体作为动力传输和控制的介质，与电相比虽有许多不甚便利之处且价格较贵，但其具有响应速度快、功率质量比值大及抗负载刚度大等特点，因此电液伺服系统在要求控制精度高、输出功率大的工业控制场合有独特的优势。电液伺服系统是以液压为动力，采用电气方式实现信号传输和控制的机械量自动控制系统。按系统被控机械量的不同，它又可以分为电液位置伺服系统、电液速度伺服系统和电液力伺服系统三种。

电液伺服系统的工作过程主要是由控制计算机根据系统给出的目标位置，计算出当前控制信号，并将其经过 D/A 转换后传递到伺服放大器中，伺服放大器的输出电流驱动电液伺服阀的阀芯移动，由液压源提供动力，驱动伺服液压缸实现加载功能。负载的实际位置经过位移传感器反馈到输入端，构成一个完整的闭环自动控制系统，实现对目标位置的跟踪，这是最常见的电液伺服控制原理。图 1-11 所示为电液伺服系统的结构图，其主要用于解决位置跟随的控制问题，以电液伺服阀实现对伺服液压缸的位置控制，加入位移传感器构成位置闭环自动控制系统。

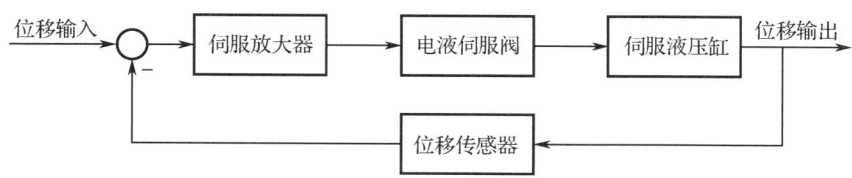

图 1-11　电液伺服系统的结构图

例如，电液伺服喷漆自动控制系统就是一种高效、精确的喷漆解决方案，能显著提高喷漆的质量和效率，降低生产成本，具有广泛的应用前景。

电液伺服控制技术结合微电子、计算机与液压技术,以线性好、灵敏度高、响应快、精度高等优点,在航空航天、军事、冶金等领域得到广泛应用。特别是电液位置伺服系统,适用于控制大功率、高速、负载惯性大的对象,如飞行器姿态、发动机转速、雷达天线方位、机器人关节等。随着电液伺服系统的发展,电液伺服控制技术的应用领域也不断扩展,为现代控制技术的发展提供了有力的支持。

小结

(1)自动控制原理作为控制工程领域的基础,涉及在无人直接操作的情况下,利用外加的设备或装置(称为控制装置或控制器)使机器、设备或生产过程(称为被控对象)的某个工作状态或参数(称为被控量)自动地按照预定的规律运行。其核心在于测量并纠正偏差,以达到期望的控制效果。

(2)从不同的角度看,自动控制系统可以分为多种类型,如恒值调节系统、随动控制系统、程序控制系统,以及线性系统和非线性系统等。每种类型的系统都有其特定的应用场景和控制策略。

(3)在自动控制的实现过程中,反馈控制原理起着关键作用。它利用被控量的反馈信号,不断修正被控量和输入量之间的偏差,从而实现对被控对象的精确控制。根据是否有反馈信号,控制系统可以分为开环控制系统和闭环控制系统。开环控制系统结构简单,但控制精度和抗干扰能力相对较低;闭环控制系统虽然结构复杂,但具有更高的控制精度和更强的抗干扰能力。

(4)自动控制的应用非常广泛。在工业控制中,它广泛应用于自动化生产线、机器人控制及交通运输工具控制等。此外,在楼宇控制、航空航天控制、汽车控制及智能家居等领域,自动控制也发挥着重要作用。通过自动调节环境参数、实现自动驾驶和导航、辅助驾驶操作及提高家居生活品质等功能,自动控制为现代生活带来了极大的便利。

综上所述,自动控制是一种实现自动化运行和精确控制的重要技术手段。它利用控制器和反馈控制原理,使被控对象按照预定的规律运行,并在各个领域发挥着重要作用。随着科技的不断发展,自动控制将继续推动工业自动化和智能化的进程,为人类社会带来更多的创新和进步。

习题

1-1 简单解释自动控制系统、给定量、扰动、被控量、被控对象,并列举 1 个实例解释以上术语。

1-2 开环控制系统和闭环控制系统各有何优点与缺点?分别列举 2~3 个实例解释开环控制系统和闭环控制系统。

1-3 自动控制系统的基本要求是什么?

1-4 图 1-12 所示为工业炉温自动控制系统的工作原理图。试分析该系统的工作原理,指出被控对象、被控量和给定量,并画出系统的结构图。

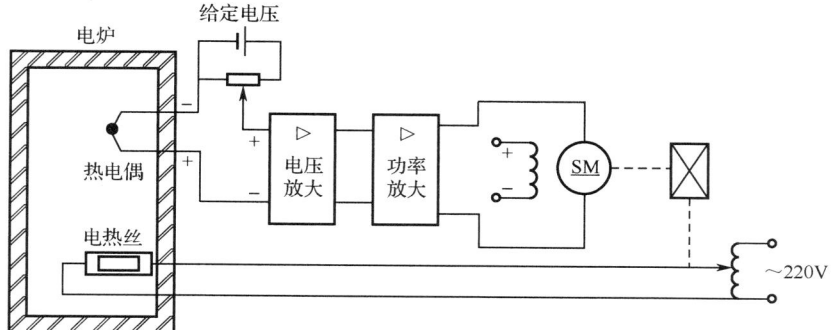

图 1-12　习题 1-4 图

第 2 章　控制系统的数学模型

> **课程思政引例**

控制系统的数学模型在导弹制导中扮演着至关重要的角色。导弹作为一种复杂的武器系统，需要在高速、高机动性的飞行过程中精确打击目标。为了确保导弹能够准确地执行预定任务，控制系统的数学模型的应用不可或缺。

首先，控制系统的数学模型是导弹制导控制的基础。导弹在飞行过程中，需要通过控制系统对其姿态、速度和方向进行精确调整，以维持稳定的飞行状态并准确命中目标。控制系统的数学模型能够准确描述导弹的运动规律和控制系统的响应特性，为导弹制导控制算法的设计提供理论支持。其次，控制系统的数学模型有助于优化导弹的性能。通过对导弹控制系统进行数学建模和仿真分析，可以预测导弹在不同飞行条件下的动态行为，从而发现潜在的问题并进行改进。这有助于提高导弹的打击精度、稳定性和可靠性，增强其作战效能。此外，研究控制系统的数学模型还有助于进行导弹的故障诊断和维修。通过比较实际飞行数据与模型预测数据，可以及时发现导弹控制系统的异常情况，为故障诊断和维修提供有力支持，有助于保障导弹的安全性和可靠性。

我国"两弹一星"元勋，著名火箭与导弹技术专家黄纬禄院士，终生奋战在一个没有硝烟的战场上。他是一位学者，用自己的智慧和毕生心血，矢志报国，忠诚奉献；他更是一位勇士，几十年如一日地默默为国铸造"神剑"，守护和平，保卫家园。

> **本章学习目标**

从定性到定量对系统进行讨论，建立起系统中各组成部分的数学模型，掌握自动控制原理中定量数学模型的表示方法，学会求系统的传递函数，并对非线性系统的线性化有一定的了解。

重点： 准确掌握微分方程和传递函数的概念，以及系统的传递函数的概念，掌握怎样由系统的结构图求系统的传递函数。

难点： 掌握并绘制系统的结构图，根据系统的结构图求系统的传递函数，掌握信号流图和梅森公式的运用。

学习要求： 掌握传递函数的本质和怎样求线性定常连续系统的传递函数。

要分析和设计一个控制系统，首先要建立一个数学模型。对于控制工程师来说，数学模型一词等同于描述系统动态行为的一组方程，即描述系统变量之间关系的数学表达式。当控制系统在稳态下运行，或者系统变量的变化随时间而变慢，即其变化率随着时间的推移可以忽略（衍生变量的每个命令都无效）时，描述静态变量之间关系的代数方程被称为数学模型。如果每个变量随时间的变化率都不能忽略（每个变量的导数都不是零），那么描述变量的每个导数之间关系的微分方程被称为动态数学模型。只有掌握系统的动态变化过程，才能对系统进行定量分析和理论计算。

控制系统有很多种类型，如机械系统、电气系统、液压系统、热力系统等，这些看似完全不同的系统可能会有完全相同的数学模型。因此，数学模型可以表示这些系统的动态过程的共同属性。这样，只要深入研究一个数学模型，我们就可以用这个数学模型来理解各种系统的特征。可以看出，一旦建立了控制系统的数学模型，系统的分析和研究就主要集中在相应的数学模型上，而不再关注实际物理系统的具体性质和特点。

建立数学模型通常有两种方法：机理分析法和实验识别法。机理分析法是指分析系统每个部分的运动机理，并根据它们所依据的各种物理、化学和科学定律写出相应的运动方程，如力学中的牛顿运动定律、电学中的基尔霍夫定律等。实验识别法是指根据被测的实验数据，在被测系统中人为地应用测试信号，并使用数学方法处理数据，识别出接近真实系统的数学模型。本章通过机理分析法重点介绍控制系统的数学模型的建立过程。

需要注意的是，对于给定的系统，数学模型并不是唯一的，一个系统可以用不同的数学模型表示。在时域中，常用的数学模型有微分方程、差分方程、状态方程等。在复域中，常用的数学模型有传递函数和结构图。在频域中，常用的数学模型有频率特性等。本章主要研究系统的微分方程和传递函数，以及由此产生的结构图，它们的应用范围仅限于线性定常系统。

2.1 系统的微分方程

利用数学手段研究自然现象和社会现象，或者解决工程技术问题，一般需要先建立数学模型，再对数学模型进行简化和求解，最后结合实际问题对结果进行分析和讨论。数学模型最常见的表达方式是包含自变量和未知函数的方程。在很多情况下，未知函数的导数也会在方程中出现。例如，在用牛顿第二定律列出质点的运动方程时，就会出现质点位移（未知函数）对时间（自变量）的二阶导数。

系统的微分方程描述如下。

1. 线性系统

线性系统的微分方程为

$$c^{(n)}(t) + a_{n-1}c^{(n-1)}(t) + \cdots + a_1\dot{c}(t) + a_0c(t) \\ = b_m r^{(m)}(t) + b_{m-1} r^{(m-1)}(t) + \cdots + b_1\dot{r}(t) + b_0 r(t) \quad (m \leq n)$$

(2-1)

式中，$c(0_-) = \dot{c}(0_-) = \cdots = c^{(n-1)}(0_-) = 0$；$r(0_-) = \dot{r}(0_-) = \cdots = r^{(n-1)}(0_-) = 0$；$r(t)$ 为输入量；$c(t)$ 为输出量；n 为 $c(t)$ 的最高导数次数，即微分方程的阶数；m 为 $r(t)$ 的最高导数次数；a_n 和 b_m 为系数。对于线性定常系统，a_n 和 b_m 是与时间无关的常数；对于线性时变系统，a_n 和 b_m 中至少有一个与时间 t 有关，即为 t 的函数。

2. 非线性系统

在非线性系统中，方程左侧不是 $c^{(n)}(t), c^{(n-1)}(t), \cdots, \dot{c}(t), c(t)$ 的线性组合或方程右侧不是 $r^{(m)}(t), r^{(m-1)}(t), \cdots, \dot{r}(t), r(t)$ 的线性组合。

严格地说，控制系统的各组成元件几乎都不同程度地具有非线性特性。非线性程度轻微的元件可近似看作线性元件，非线性程度严重的元件不可近似看作线性元件。但是对于恒值调节系统而言，当其所含非线性元件的特性在静态工作点附近是光滑的时，可采用在工作点附近线性化的方法把非线性微分方程变换成线性微分方程。

2.1.1 电气电子系统

微分方程在电气电子系统中得到了广泛应用。它是电子与电气工程中常用的数学工具之一，尤其是在分析电路的动态行为时发挥着至关重要的作用。

通过建立电路的微分方程模型，可以深入研究电路的稳态和暂态响应。例如，在 RLC 电路中，可以通过建立电流和电压之间的微分方程，来探索电路中的电流和电压随时间的变化情况。这种分析方法不仅有助于我们理解电路的基本特性，而且还能为电路设计、故障诊断和性能优化提供有力的支持。

此外，微分方程还广泛应用于电气电子系统的控制理论和信号处理领域。在控制系统中，微分方程用于描述系统的动态行为，从而实现对系统的精确控制。在信号处理领域，微分方程用于分析信号的传输和处理过程，如滤波、调制等。

总的来说，微分方程在电气电子系统中的应用十分广泛，它为电子工程师提供了强大的工具，可以帮助其更好地理解和设计复杂的电气电子系统。

下面举例说明控制系统中常用的电气元件、力学元件等微分方程的列写。

【例 2-1】 图 2-1 所示为 RLC 无源网络，试列出以 $u_i(t)$ 为输入量、$u_o(t)$ 为输出量的网络微分方程。

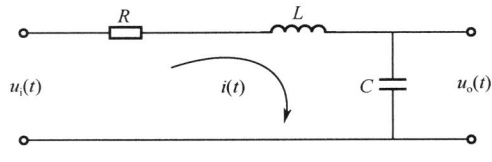

图 2-1　RLC 无源网络

解：假设回路电流为 $i(t)$，由基尔霍夫定律可写出回路方程为

$$L\frac{\mathrm{d}i(t)}{\mathrm{d}t} + \frac{1}{C}\int i(t)\mathrm{d}t + Ri(t) = u_i(t) \tag{2-2}$$

$$u_o(t) = \frac{1}{C}\int i(t)\mathrm{d}t \tag{2-3}$$

消去中间变量 $i(t)$，便得到描述网络输入、输出关系的微分方程，即

$$LC\frac{\mathrm{d}^2 u_o(t)}{\mathrm{d}t^2} + RC\frac{\mathrm{d}u_o(t)}{\mathrm{d}t} + u_o(t) = u_i(t) \tag{2-4}$$

显然，这是一个二阶线性微分方程，也就是图 2-1 所示的 RLC 无源网络的时域数学模型。

【例 2-2】 试列出图 2-2 所示的电枢控制直流电动机的微分方程，要求以电枢电压 $u_a(t)$ 为输入量、电动机转速 $\omega_m(t)$ 为输出量。R_a、L_a 分别是电枢电路的电阻和电感；$M_c(t)$ 是折合到电动机轴上的总负载转矩；激磁磁通设为常数。

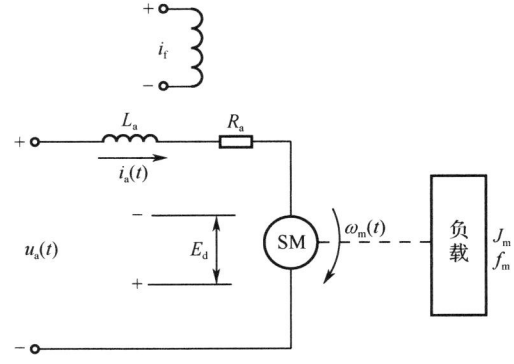

图 2-2　电枢控制直流电动机原理图

解： 电枢控制直流电动机的工作实质是将输入的电能转换为机械能，也就是先由输入的电枢电压 $u_a(t)$ 在电枢电路中产生电枢电流 $i_a(t)$，再由电枢电流 $i_a(t)$ 与激磁磁通相互作用产生电磁转矩 $M(t)$，从而拖动负载运动。因此，电枢控制直流电动机的运动方程可由以下三部分组成。

一是电枢电路中的电压平衡方程，即

$$u_a(t) = L_a \frac{di_a(t)}{dt} + R_a i_a(t) + E_d \tag{2-5}$$

式中，E_d 是电枢反电势，即电枢旋转时产生的反电势，其大小与激磁磁通及电动机转速成正比，方向与电枢电压 $u_a(t)$ 相反，即 $E_d = C_e \omega_m(t)$，其中 C_e 为反电势系数。

二是电磁转矩方程，即

$$M_m(t) = C_m i_a(t) \tag{2-6}$$

式中，C_m 是电动机转矩系数；$M_m(t)$ 是电枢电流产生的电磁转矩。

三是电动机轴上的转矩平衡方程，即

$$J_m \frac{d\omega_m(t)}{dt} + f_m \omega_m(t) = M(t) - M_c(t) \tag{2-7}$$

式中，f_m 是电动机和负载折合到电动机轴上的黏性摩擦系数；J_m 是电动机和负载折合到电动机轴上的转动惯量。

式（2-5）~式（2-7）消去中间变量 $i_a(t)$、E_d 及 $M(t)$，便可得到以 $\omega_m(t)$ 为输出量、$u_a(t)$ 为输入量的电枢控制直流电动机的微分方程，即

$$L_a J_m \frac{d^2 \omega_m(t)}{dt^2} + (L_a f_m + R_a J_m) \frac{d\omega_m(t)}{dt} + (R_a f_m + C_e C_m) \omega_m(t)$$
$$= C_m u_a(t) - L_a \frac{dM_c(t)}{dt} - R_a M_c(t) \tag{2-8}$$

在工程应用中，由于电枢电路的电感 L_a 较小，通常忽略不计，因此式（2-8）可简化为

$$T_m \frac{d\omega_m(t)}{dt} + \omega_m(t) = K_1 u_a(t) - K_2 M_c(t) \tag{2-9}$$

式中，T_m 是电动机机电时间常数，$T_m = R_a J_m / (R_a f_m + C_m C_e)$；$K_1$ 和 K_2 是电动机传递系数，$K_1 = C_m / (R_a f_m + C_m C_e)$，$K_2 = R_a / (R_a f_m + C_m C_e)$。

当电枢电路的电阻 R_a 及电动机和负载折合到电动机轴上的转动惯量 J_m 都很小，可忽略不计时，式（2-9）还可进一步简化为

$$C_e \omega_m(t) = u_a(t) \tag{2-10}$$

这时，电动机转速 $\omega_m(t)$ 与电枢电压 $u_a(t)$ 成正比，电动机可作为测速发电机使用。

2.1.2 机械系统

微分方程在机械系统中也得到了广泛应用。机械系统通常由一系列的质量元件、弹簧元件和阻尼元件组成，这些元件连接在一起形成一个动态系统。微分方程在机械系统中的应用主要体现在通过建立机械系统的运动方程和力学方程来解决动力学问题上。

机械系统的数学模型通常都可以用牛顿运动定律来建立。在机械系统中，以各种形式出现的物理现象都可以用质量、弹簧和阻尼三个要素来描述。惯性和刚度较大的构件可以忽略其弹

性，简化为质量块；惯性小、柔度大的构件可以简化为弹簧。质量-弹簧-阻尼系统是常见的对机械系统的抽象。

总的来说，微分方程在机械系统中的应用不仅有助于我们理解机械系统的基本特性和行为，而且还为机械工程师提供了有力的工具，用于设计、分析和优化复杂的机械系统。

【例2-3】 列出图2-3所示的弹簧系统的微分方程，其中 m、k 分别为质量块的质量和弹簧的弹性系数，$f(t)$ 为包含重力的向下的力。

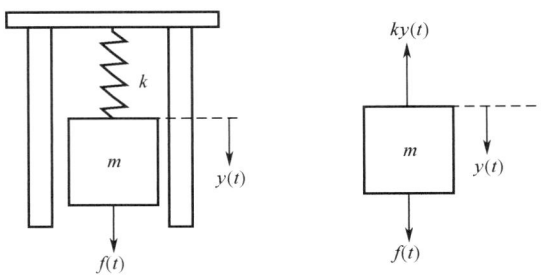

图2-3 弹簧系统

解：弹簧系统的微分方程为

$$m\frac{\mathrm{d}y^2(t)}{\mathrm{d}t^2} = f(t) - ky(t) \tag{2-11}$$

即

$$m\frac{\mathrm{d}y^2(t)}{\mathrm{d}t^2} + ky(t) = f(t) \tag{2-12}$$

【例2-4】 图2-4所示为组合机床动力滑台铣平面时的情况，其中 k 为弹性系数，D 为黏滞阻尼系数。当切削力 $f(t)$ 变化时，动力滑台可能产生振动，从而降低被加工工件的表面质量和精度。试建立切削力 $f(t)$ 与动力滑台位移 $y(t)$ 之间的动力学模型。

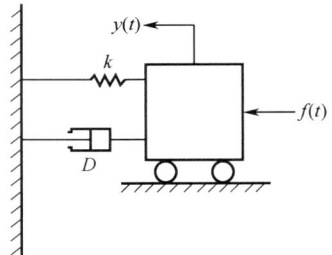

图2-4 组合机床动力滑台铣平面时的情况

解：首先将动力滑台连同铣刀抽象成质量-弹簧-阻尼系统的力学模型，根据牛顿第二定律可得

$$m\frac{\mathrm{d}y^2(t)}{\mathrm{d}t^2} = f(t) - D\frac{\mathrm{d}y(t)}{\mathrm{d}t} - ky(t) \tag{2-13}$$

然后将输出量项写在等号的左边，将输入量项写在等号的右边，并将各阶导数项按降幂排列，可得

$$m\frac{\mathrm{d}y^2(t)}{\mathrm{d}t^2} + D\frac{\mathrm{d}y(t)}{\mathrm{d}t} + ky(t) = f(t) \tag{2-14}$$

【例 2-5】 设铁芯线圈电路图如图 2-5（a）所示，其磁通量 φ 与线圈中电流 i 之间的关系如图 2-5（b）所示。试列出以 u 为输入量、i 为输出量的电路微分方程。

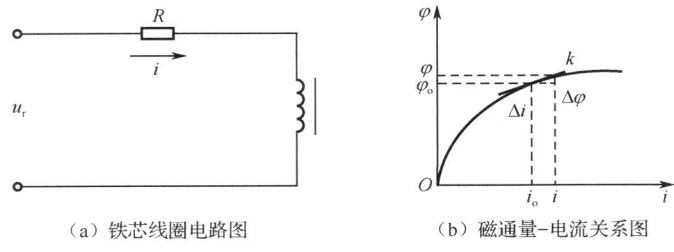

（a）铁芯线圈电路图　　　　（b）磁通量-电流关系图

图 2-5　铁芯线圈电路图与磁通量-电流关系图

解： 设铁芯线圈磁通量变化时产生的感应电势为

$$u_\varphi = k_1 \frac{\mathrm{d}\varphi(i)}{\mathrm{d}t} \tag{2-15}$$

根据基尔霍夫定律写出电路微分方程，即

$$u_\mathrm{r} = k_1 \frac{\mathrm{d}\varphi(i)}{\mathrm{d}t} + Ri = k_1 \frac{\mathrm{d}\varphi(i)}{\mathrm{d}i} \cdot \frac{\mathrm{d}i}{\mathrm{d}t} + Ri \tag{2-16}$$

式中，$\dfrac{\mathrm{d}\varphi(i)}{\mathrm{d}i}$ 是线圈中电流 i 的非线性函数。因此，式（2-16）是一个非线性微分方程。

在工程应用中，若电路的电压和电流只在某平衡点 $(u_\mathrm{o}, i_\mathrm{o})$ 附近发生微小变化，则可设 u 相对于 u_o 的增量是 Δu，i 相对于 i_o 的增量是 Δi，并设 $\varphi(i)$ 在 i_o 的邻域内连续可导，这样可将 $\varphi(i)$ 在 i_o 附近用泰勒级数展开为

$$\varphi(i) = \varphi(i_\mathrm{o}) + \left(\frac{\mathrm{d}\varphi(i)}{\mathrm{d}i}\right)_{i_\mathrm{o}} + \frac{1}{2!}\left(\frac{\mathrm{d}^2\varphi(i)}{\mathrm{d}t^2}\right)(\Delta i)^2 + \cdots \tag{2-17}$$

当 Δi 足够小时，略去高阶导数项，可得

$$\varphi(i) - \varphi(i_\mathrm{o}) = \left(\frac{\mathrm{d}\varphi(i)}{\mathrm{d}i}\right)_{i_\mathrm{o}} \Delta i = k\Delta i \tag{2-18}$$

式中，$k = \mathrm{d}\varphi(i)/\mathrm{d}i$。令 $\Delta\varphi = \varphi(i) - \varphi(i_\mathrm{o})$，并略去增量符号 Δ，便可得到磁通量 φ 与电流 i 之间的增量线性化方程，即

$$\varphi(i) = ki \tag{2-19}$$

由式（2-19）可求得 $\mathrm{d}\varphi(i)/\mathrm{d}i = k$，将其代入式（2-16），可得

$$k_1 k \frac{\mathrm{d}i}{\mathrm{d}t} + Ri = u_\mathrm{r} \tag{2-20}$$

式（2-20）便是铁芯线圈电路在平衡点 $(u_\mathrm{o}, i_\mathrm{o})$ 的增量线性化微分方程，若平衡点发生变动，则 k 值也发生相应改变。

2.1.3　非线性系统的线性化

微分方程是描述线性系统动态行为的基本工具。通过微分方程，我们可以建立系统状态变量随时间变化的数学模型，从而深入理解系统的运动规律。

在非线性系统的线性化过程中，微分方程同样发挥着关键作用。线性化的目标是在平衡点附近将非线性系统近似为线性系统，以便利用线性系统的理论及方法进行分析和设计。

线性化后的微分方程具有许多优点,如可以使用线性系统的稳定性分析方法来判断原非线性系统在平衡点附近的稳定性,也可以利用线性系统的控制理论来设计控制器。

然而,需要注意的是,线性化是一种近似方法,它只在平衡点附近有效。当系统状态远离平衡点时,线性化模型的准确性可能会下降。因此,在应用线性化方法时,需要谨慎评估其适用范围和精度要求。

综上所述,微分方程是非线性系统的线性化过程中的核心工具,通过它可以建立非线性系统的数学模型,并通过线性化方法简化分析和设计过程。

1. 小偏差线性化法

若在工作过程中,控制系统的状态变量仅在工作点附近小幅变化,且系统的输入、输出关系在工作点处连续可导,则可用工作点处的切线来近似代替非线性特性曲线,此时变量的增量满足线性函数关系。下面对非线性系统的小偏差线性化法进行说明。

考虑一个非线性元件或系统,其输入(激励)变量为 $x(t)$,输出(响应)变量为 $y(t)$,图 2-6 所示为小偏差线性化法示意图,用非线性函数描述系统的输入、输出关系为

$$y(t) = g(x) \tag{2-21}$$

式中,$g(x)$ 表示 $y(t)$ 是 $x(t)$ 的函数。假设系统的正常工作点为 x_0,且非线性函数在工作点附近的区间内是连续可微的,因此可将 $g(x)$ 在工作点 x_0 附近做泰勒级数展开,得

$$y = g(x) = g(x_0) + \left.\frac{\mathrm{d}g}{\mathrm{d}x}\right|_{x=x_0}(x-x_0) + \left.\frac{\mathrm{d}^2 g}{2!\mathrm{d}x^2}\right|_{x=x_0}(x-x_0)^2 + \cdots \tag{2-22}$$

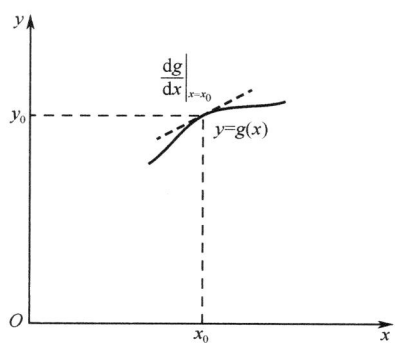

图 2-6 小偏差线性化法示意图

当 $x - x_0$ 在小范围内波动时,其二次方及二次方以上的各项可略去,以函数在工作点处的导数为斜率的直线能够较好地拟合函数的实际响应曲线,因此式(2-22)可以近似为

$$y = g(x_0) + \left.\frac{\mathrm{d}g}{\mathrm{d}x}\right|_{x=x_0}(x-x_0) = y_0 + \left.\frac{\mathrm{d}g}{\mathrm{d}x}\right|_{x=x_0}(x-x_0) \tag{2-23}$$

可以将式(2-23)改写成增量的线性方程,即

$$y - y_0 = \left.\frac{\mathrm{d}g}{\mathrm{d}x}\right|_{x=x_0}(x-x_0) \tag{2-24}$$

或

$$\Delta y = \left.\frac{\mathrm{d}g}{\mathrm{d}x}\right|_{x=x_0} \Delta x \tag{2-25}$$

最终，可以用增量的线性方程来近似代替工作点附近的非线性方程。小偏差线性化法在工程中的应用较为广泛，其实质是在很小的工作范围内将非线性特性曲线用一段直线来代替。

同理可得，多变量非线性函数 $y = g(x_1, x_2, \cdots, x_n)$ 在工作点 $(x_{10}, x_{20}, \cdots, x_{n0})$ 处，通过做多元泰勒级数展开对非线性系统进行线性化近似，忽略高阶项，可得线性近似方程为

$$y = g(x_{10}, x_{20}, \cdots, x_{n0}) + \frac{\partial g}{\partial x_1}\bigg|_{x=x_0}(x_1 - x_{10}) + \frac{\partial g}{\partial x_2}\bigg|_{x=x_0}(x_2 - x_{20}) + \cdots + \frac{\partial g}{\partial x_n}\bigg|_{x=x_0}(x_n - x_{n0}) \qquad (2\text{-}26)$$

【例 2-6】 对图 2-7 所示的摆振荡器模型进行线性化。

解：图 2-7 中摆的质量为 m，摆的长度（到质心）为 l，摆与竖直方向的夹角为 θ，则作用在质点上的扭矩为

$$T = mgl\sin\theta \qquad (2\text{-}27)$$

式中，g 为地心引力常数。质点的平衡位置为 $\theta = \theta_0$，T 与 θ 之间的非线性关系如图 2-8 所示。利用式（2-27）求其在平衡点处的一阶导数，可以得到系统的线性近似，即

$$T - T_0 \approx mgl \frac{\partial \sin\theta}{\partial \theta}\bigg|_{\theta=\theta_0}(\theta - \theta_0) \qquad (2\text{-}28)$$

式中，$T_0 = 0$。于是可得

$$T = mgl\cos(\theta - 0) = mgl\theta \qquad (2\text{-}29)$$

在 $-\pi/4 \leqslant \theta \leqslant \pi/4$ 的范围内，式（2-29）的精度非常高。例如，在 $\pm 30°$ 的范围内，摆振荡器模型的线性响应与实际非线性响应的误差小于 5%。

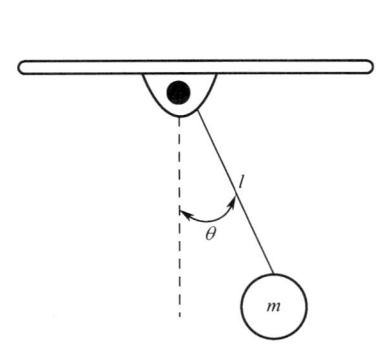

图 2-7 摆振荡器模型

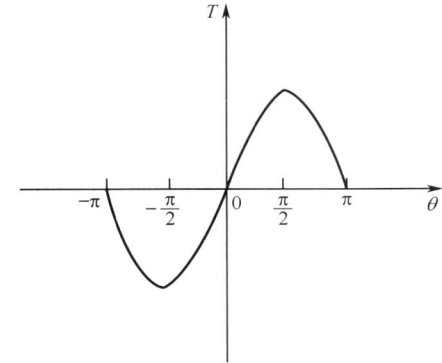

图 2-8 T 与 θ 之间的非线性关系

2．平均斜率法

若非线性元件的输入、输出关系如图 2-9 所示，则使用小偏差线性化法已不能很好地将非线性函数近似化，此时可采用平均斜率法得到线性化方程，即

$$y = kx \qquad (2\text{-}30)$$

式中，

$$k = \frac{y_1}{x_1} \qquad (2\text{-}31)$$

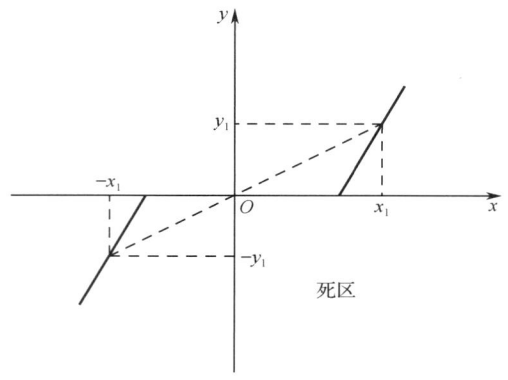

图 2-9 非线性元件的输入、输出关系

需要注意的是,这几种线性化近似方法只适用于一些非线性特性较弱的系统,对于具有较强非线性特性(如继电特性和饱和特性等)的系统,如图 2-10 所示,不能进行线性化处理,一般可采用相平面法或描述函数法进行分析。

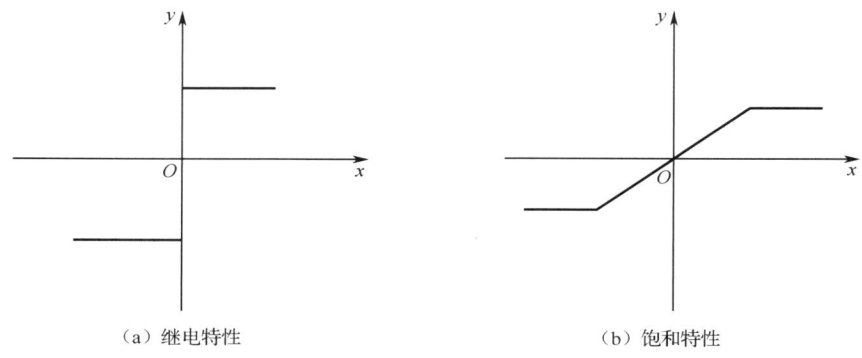

(a)继电特性　　　　　　　　　　　(b)饱和特性

图 2-10 具有较强非线性特性的系统

2.2 系统的传递函数

利用线性微分方程描述控制系统的动态性能具有简单直观的特点。但如果系统结构和参数发生变化,就需要重新列写微分方程并求解,不便于后续的系统分析与设计。在利用拉普拉斯变换求解线性微分方程时,若假设系统的初始条件为零,则可以得到控制系统在复域中的数学模型——传递函数。传递函数在经典控制理论中占有重要地位,是后续根轨迹分析法和频域分析法的基础。传递函数能够清晰地反映控制系统的输入、输出关系,同时能够描述系统结构和参数变化对系统性能的影响。

2.2.1 传递函数的定义和性质

1. 传递函数的定义

传递函数是指在零初始条件下线性定常系统输出量的拉普拉斯变换与输入量的拉普拉斯变换之比。

传递函数的定义表明,传递函数是在零初始条件下定义的。控制系统的零初始条件有两方面的含义：一方面是指输入量在 $t \geq 0$ 时才作用于系统，因此，当 $t=0^-$ 时，输入量及其各阶导数均为零；另一方面是指在将输入量加入系统之前，系统处于稳定的工作状态，即输出量及其各阶导数在 $t=0^-$ 时也为零，现实的工程控制系统多属于此类情况。另外，传递函数还可以反映控制系统的动态性能，但只是对系统输入、输出的描述，并不能提供系统内部的结构和状态信息。

传递函数的定义只适用于线性定常系统。线性定常系统可由 n 阶线性微分方程描述，即

$$a_0 \frac{\mathrm{d}^n}{\mathrm{d}t^n}c(t) + a_1 \frac{\mathrm{d}^{n-1}}{\mathrm{d}t^{n-1}}c(t) + \cdots + a_{n-1} \frac{\mathrm{d}}{\mathrm{d}t}c(t) + a_n c(t)$$
$$= b_0 \frac{\mathrm{d}^m}{\mathrm{d}t^m}r(t) + b_1 \frac{\mathrm{d}^{m-1}}{\mathrm{d}t^{m-1}}r(t) + \cdots + b_{m-1} \frac{\mathrm{d}}{\mathrm{d}t}r(t) + b_m r(t)$$
（2-32）

式中，$c(t)$ 是系统输出量；$r(t)$ 是系统输入量；a_n（$n=0,1,2,\cdots,n$）和 b_m（$m=0,1,2,\cdots,m$）为常数，而且是与系统结构和参数有关的常数。在零初始条件的假设下，即当 $c(t)$ 和 $r(t)$ 及其各阶导数在 $t=0^-$ 时均为零时，对式（2-32）等号的两端进行拉普拉斯变换，可得代数方程为

$$[a_0 s^n + a_1 s^{n-1} + \cdots + a_{n-1}s + a_n]L[c(t)]$$
$$= [b_0 s^m + b_1 s^{m-1} + \cdots + b_{m-1}s + b_m]L[r(t)]$$
（2-33）

因此，根据定义可得，系统的传递函数为

$$G(s) = \frac{C(s)}{R(s)} = \frac{L[c(t)]}{L[r(t)]} = \frac{b_0 s^m + b_1 s^{m-1} + \cdots + b_{m-1}s + b_m}{a_0 s^n + a_1 s^{n-1} + \cdots + a_{n-1}s + a_n}$$
（2-34）

若在传递函数的分母中 s 的最高阶次为 n，则称该系统为 n 阶系统。

2．传递函数的性质

（1）传递函数是复变量 s 的有理真分式函数，具有复变函数的所有性质（$m \leq n$ 且所有系数均为实数）。

（2）传递函数是一种用系统参数表示输入量和输出量之间关系的表达式，只取决于系统结构和参数，与输出量的形式无关，也不反映任何系统内部的信息。因此，可以用结构图表示一个具有传递函数 $G(s)$ 的线性系统。式（2-34）表明，系统输入量与输出量的因果关系可以用传递函数表示。

（3）传递函数与微分方程有相通性。传递函数的分子多项式系数及分母多项式系数，分别与相应微分方程的右端及左端微分算符多项式对应。因此，在零初始条件下，将微分方程中的微分算符 $\mathrm{d}/\mathrm{d}t$ 用复变量 s 置换便可得到传递函数，将传递函数中的复变量 s 用微分算符 $\mathrm{d}/\mathrm{d}t$ 置换便可得到微分方程，即传递函数中的 s 与微分方程中的 $\mathrm{d}/\mathrm{d}t$ 有相通性。

（4）传递函数 $G(s)$ 的拉普拉斯反变换是脉冲响应（也称为脉冲过渡函数）$g(t)$，传递函数只适用于线性定常系统。脉冲响应 $g(t)$ 是系统在单位脉冲 $\delta(t)$ 输入时的输出响应，此时 $R(s) = L[\delta(t)] = 1$，故有 $g(t) = L^{-1}[C(s)] = L^{-1}[G(s)R(s)] = L^{-1}[G(s)]$。

传递函数可表征控制系统的动态性能，并且可用于求在给定输入量时系统的零初始条件响应，即由拉普拉斯变换可得

$$c(t) = L^{-1}[C(s)] = L^{-1}[G(s)R(s)] = \int_0^t r(\tau)g(t-\tau)\mathrm{d}\tau = \int_0^t r(t-\tau)g(\tau)\mathrm{d}\tau$$
（2-35）

式中，$g(t) = L^{-1}[G(s)]$，是系统的脉冲响应。

【例 2-7】 求某超前网络的传递函数。某超前网络的电路如图 2-11 所示，电路的输入量为 u_1，输出量为 u_2。

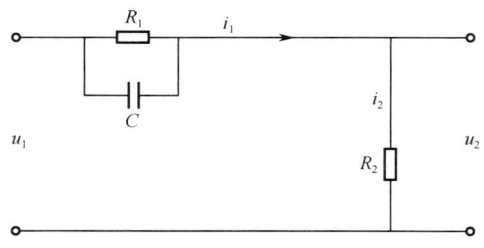

图 2-11 某超前网络的电路

解： 该超前网络电路的电压满足以下方程：

$$\frac{1}{C}\int_0^t i_1 dt + R_1 i_1 - R_2 i_2 = 0 \tag{2-36}$$

$$-R_1 i_1 + (R_1 + R_2) i_2 = u_1 \tag{2-37}$$

$$R_2 i_2 = u_2 \tag{2-38}$$

假设初始条件为零，对式（2-36）～式（2-38）等号的两端进行拉普拉斯变换，可得

$$\left(\frac{1}{Cs} + R_1\right) I_1(s) - R_1 I_2(s) = 0$$
$$-R_1 I_1 + (R_1 + R_2) I_2(s) = U_1(s) \tag{2-39}$$
$$R_2 I_2(s) = U_2(s)$$

将式（2-39）消去中间变量可得

$$\frac{U_2(s)}{U_1(s)} = \frac{1}{\alpha} \cdot \frac{Ts + 1}{\frac{T}{\alpha} s + 1} \tag{2-40}$$

式中，$T = \frac{R_1 R_2}{R_1 + R_2} C$；$\alpha = \frac{R_1 + R_2}{R_2} > 1$。

2.2.2 传递函数的零点和极点

传递函数的分子多项式和分母多项式经过因式分解可以写为

$$G(s) = \frac{b_0 (s - z_1)(s - z_2) \cdots (s - z_m)}{a_0 (s - p_1)(s - p_2) \cdots (s - p_n)} = K^* \frac{\prod_{i=1}^{m}(s - z_i)}{\prod_{j=1}^{n}(s - p_j)} \tag{2-41}$$

式中，分母多项式决定传递函数的极点，分子多项式决定传递函数的零点。因此，分母多项式的极点 p_j（$j = 1, 2, \cdots, n$）为传递函数的极点，分子多项式的零点 z_i（$i = 1, 2, \cdots, m$）为传递函数的零点。传递函数的零点和极点可以是实数，也可以是共轭复数。式（2-41）中的系数 $K^* = b_0 / a_0$，称为传递系数或根轨迹增益。由以上 $n + m + 1$ 个系数就可以完全确定传递函数 $G(s)$。式（2-41）这种用零点和极点表示传递函数的方法在根轨迹分析法中使用较多。

传递函数也可以表示为典型环节的形式，即

$$G(s) = K\frac{(\tau_1 s+1)(\tau_2 s+1)\cdots(\tau_m s+1)}{(T_1 s+1)(T_2 s+1)\cdots(T_n s+1)} = K\frac{\prod_{i=1}^{m}(\tau_i s+1)}{\prod_{j=1}^{n}(T_j s+1)} \qquad (2\text{-}42)$$

例如，$G(s) = \dfrac{3(3s+1)}{(s+1)(0.5s+1)}$。

2.2.3 典型环节的传递函数

任何复杂的线性定常连续系统的传递函数均可分解成一系列基本因子的乘积，即在控制理论中，一切系统的传递函数都可认为是若干基本单元的"组合"，把基本单元的性质研究清楚，是研究复杂系统运动的基础。

1. 比例环节

比例环节的输入量与输出量之间的时域关系可表示为

$$c(t) = Kr(t)$$

比例环节的传递函数为

$$G(s) = \frac{C(s)}{R(s)} = K$$

2. 一阶惯性环节

一阶惯性环节的输入量与输出量之间的关系可表示为一阶微分方程，即

$$T\dot{c}(t) + c(t) = r(t)$$

一阶惯性环节的响应特点是输出量迟缓地反映输入量的变化。

一阶惯性环节的传递函数为

$$G(s) = \frac{C(s)}{R(s)} = \frac{1}{Ts+1}$$

3. 理想微分环节

理想微分环节的输出量正比于输入量的微分，即

$$c(t) = K\dot{r}(t)$$

理想微分环节的输出能预测输入信号的变化趋势。

理想微分环节的传递函数为

$$G(s) = \frac{C(s)}{R(s)} = Ks$$

4. 积分环节

积分环节的输出量正比于输入量的积分，即

$$c(t) = K\int r(t)\mathrm{d}t$$

积分环节的传递函数为

$$G(s) = \frac{C(s)}{R(s)} = \frac{K}{s}$$

5. 二阶振荡环节

二阶振荡环节可表示为二阶微分方程，即
$$T^2\ddot{c}(t) + 2\zeta T\dot{c}(t) + c(t) = r(t)$$

二阶振荡环节的传递函数为
$$G(s) = \frac{C(s)}{R(s)} = \frac{1}{T^2s^2 + 2\zeta Ts + 1}$$

2.3 系统的结构图

控制系统的结构图和信号流图都是描述系统各元件之间信号传递关系的数学图形，它们表示了系统中各变量之间的因果关系和对各变量所进行的运算，是控制理论中描述复杂系统的一种简便方法。与结构图相比，信号流图符号简单，更便于绘制和应用，特别是在系统的计算机模拟仿真研究和状态空间法分析与设计中，信号流图可以直接给出计算机模拟仿真程序和系统的状态方程描述，更显示出其优越性。但是，信号流图只适用于线性系统，而结构图也可用于非线性系统。

2.3.1 结构图的构成和绘制

传递函数可以很好地描述输入量和输出量之间的关系，但无法反映控制系统内部状态变量的信息。对于一些复杂的控制系统，工程中常用结构图表示与系统相关的信号生成和传递关系。此外，通过结构图的简化最终可以得到系统的传递函数。系统的结构图包含如下4个基本单元。

1. 信号线

信号线是带有箭头的直线，箭头表示信号的流向，且应在直线旁标记信号的时间函数或象函数，如图2-12（a）所示。

2. 引出点（测量点）

引出点表示信号引出或测量的位置，从同一位置引出的信号在数值和性质方面完全相同，如图2-12（b）所示。

3. 比较点（综合点）

比较点表示对两个及两个以上信号进行加、减运算，"+"表示相加，"-"表示相减，"+"可省略不写，如图2-12（c）所示。

4. 方框（环节）

方框表示对信号进行的数学变换，方框中写入元件或系统的传递函数，如图2-12（d）所示。方框的输出量等于方框的传递函数与输入量的乘积，即
$$C(s) = G(s)U(s)$$

因此，方框可视为单项运算的算子。

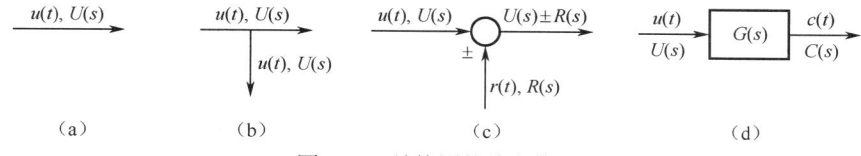

图 2-12　结构图的基本单元

2.3.2 结构图的等效变换

结构图的简化是根据等效变换法则进行的，把具有多个相加点、分支点的多个方框化为一个方框，等效变换的每一步都不改变未等效部分的物理量。

1. 串联方框的简化

传递函数分别为 $G_1(s)$ 和 $G_2(s)$ 的两个方框，若将 $G_1(s)$ 的输出量作为 $G_2(s)$ 的输入量，则 $G_1(s)$ 和 $G_2(s)$ 称为串联方框，如图 2-13（a）所示。

由图 2-13（a）可得

$$U(s) = G_1(s)R(s), \quad C(s) = G_2(s)U(s) \tag{2-43}$$

消去 $U(s)$，有

$$C(s) = G_1(s)G_2(s)R(s) = G(s)R(s) \tag{2-44}$$

式中，$G(s) = G_1(s)G_2(s)$ 是串联方框的等效传递函数，可用图 2-13（b）所示的方框表示。

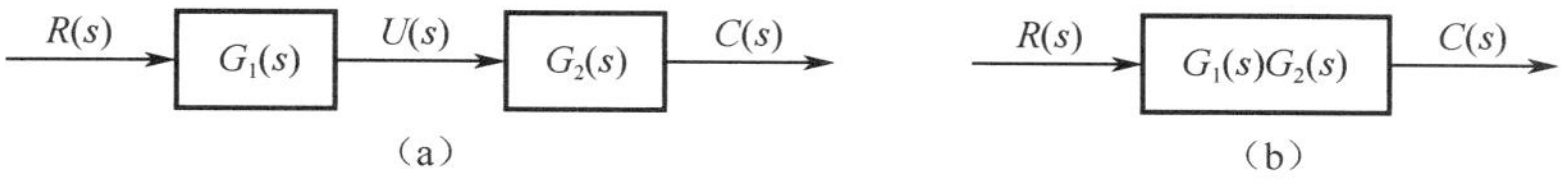

图 2-13　串联方框及其简化

由此可知，两个方框串联的等效传递函数等于各个方框传递函数的乘积。该结论可推广到 n 个（有限个）方框串联的情况。

2. 并联方框的简化

传递函数分别为 $G_1(s)$ 和 $G_2(s)$ 的两个方框，若它们有相同的输入量，而输出量等于两个方框输出量的代数和，则 $G_1(s)$ 和 $G_2(s)$ 称为并联方框，如图 2-14（a）所示。

由图 2-14（a）可得

$$C_1(s) = G_1(s)R(s), \quad C_2(s) = G_2(s)R(s), \quad C(s) = C_1(s) \pm C_2(s) \tag{2-45}$$

消去 $G_1(s)$ 和 $G_2(s)$，有

$$C(s) = [G_1(s) \pm G_2(s)]R(s) = G(s)R(s) \tag{2-46}$$

式中，$G(s) = G_1(s) \pm G_2(s)$ 是并联方框的等效传递函数，可用图 2-14（b）所示的方框表示。

由此可知，两个方框并联的等效传递函数等于各个方框传递函数的代数和。该结论可推广到 n 个（有限个）方框并联的情况。

3. 反馈连接方框的简化

传递函数分别为 $G(s)$ 和 $H(s)$ 的两个方框，若它们以图 2-15（a）所示的形式连接，则称它们为反馈连接方框。"+"为正反馈，表示输入信号与反馈信号相加；"–"为负反馈，表示输入信号与反馈信号相减。

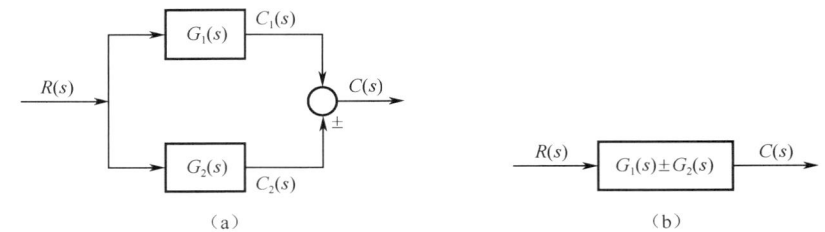

图 2-14 并联方框及其简化

由图 2-15（a）可得
$$C(s) = G(s)E(s), \quad B(s) = H(s)C(s), \quad E(s) = R(s) \pm B(s) \quad (2\text{-}47)$$

消去 $E(s)$ 和 $B(s)$，有
$$C(s) = G(s)[R(s) \pm H(s)C(s)] \quad (2\text{-}48)$$

故有
$$C(s) = \frac{G(s)}{1 \mp G(s)H(s)} R(s) = \varphi(s)R(s) \quad (2\text{-}49)$$

式中，
$$\varphi(s) = \frac{G(s)}{1 \mp G(s)H(s)} \quad (2\text{-}50)$$

称为闭环传递函数，是反馈连接方框的等效传递函数，式中"+"对应正反馈连接，"−"对应负反馈连接。式（2-50）可用图 2-15（b）所示的方框表示。

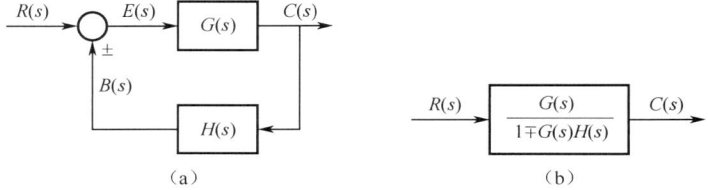

图 2-15 反馈连接方框及其简化

4．比较点移动的简化

若传递函数如图 2-16（a）所示，将比较点移至 $G(s)$ 之后，输入量 $R_2(s)$ 不再通过 $G(s)$，则在 $R_2(s)$ 和比较点之间应串联一个传递函数 $G(s)$，如图 2-16（b）所示。若传递函数如图 2-17（a）所示，将比较点移至 $G(s)$ 之前，输入量 $R_2(s)$ 多通过了一次 $G(s)$，则在 $R_2(s)$ 和比较点之间应串联一个传递函数 $1/G(s)$，如图 2-17（b）所示。

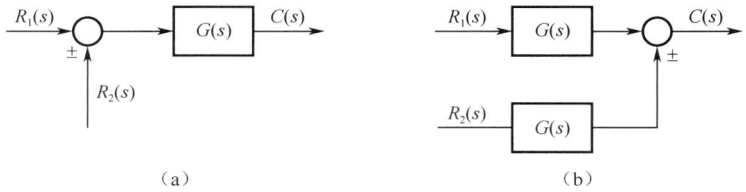

图 2-16 比较点后移的简化

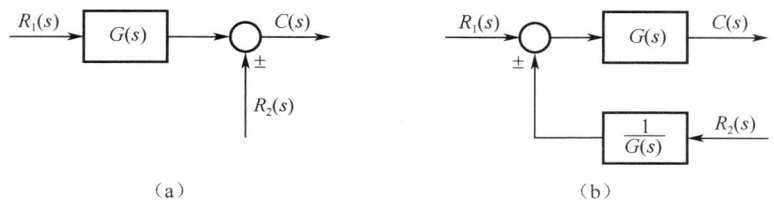

图 2-17 比较点前移的简化

5．引出点移动的简化

若传递函数如图 2-18（a）所示，将引出点移至 $G(s)$ 之前，输出量 $C_2(s)$ 少通过了一次 $G(s)$，则在 $C_2(s)$ 和引出点之间应串联一个传递函数 $G(s)$，如图 2-18（b）所示。若传递函数如图 2-19（a）所示，将引出点移至 $G(s)$ 之后，输出量 $C_2(s)$ 多通过了一次 $G(s)$，则在 $C_2(s)$ 和引出点之间应串联一个传递函数 $1/G(s)$，如图 2-19（b）所示。

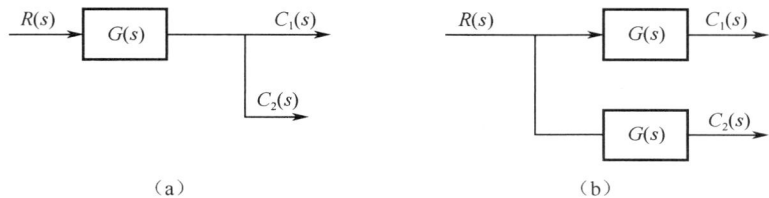

图 2-18 引出点前移的简化

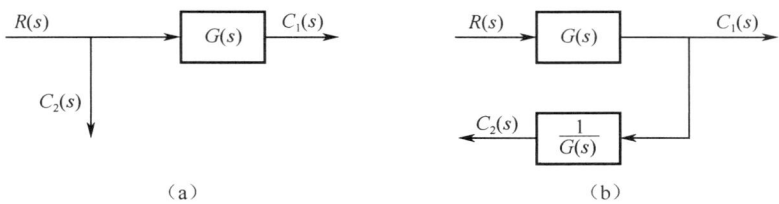

图 2-19 引出点后移的简化

在系统结构图的简化过程中，有时为了便于进行方框的串联、并联或反馈连接的运算，需要移动比较点或引出点的位置。值得注意的是，移动前、后必须保持信号的等效性，而且比较点和引出点一般不宜交换位置。此外，"-"可以在信号线上越过方框移动，但不能越过比较点和引出点。

【**例 2-8**】 试简化图 2-20 所示的系统结构图，并求传递函数 $C(s)/R(s)$。

解：为简化图 2-20 所示的系统结构图，必须移动引出点或比较点。将 $G_4(s)$ 与 $G_3(s)$ 之前的两个比较点分别移到 $G_4(s)$ 及 $G_3(s)$ 之后，可得传递函数为

$$\frac{C(s)}{R(s)} = [G_1(s)G_3(s) + G_2(s)G_4(s)]\frac{[G_3(s)+G_4(s)]}{1+G_3(s)H(s)+G_4(s)H(s)}G_5(s) \qquad (2\text{-}51)$$

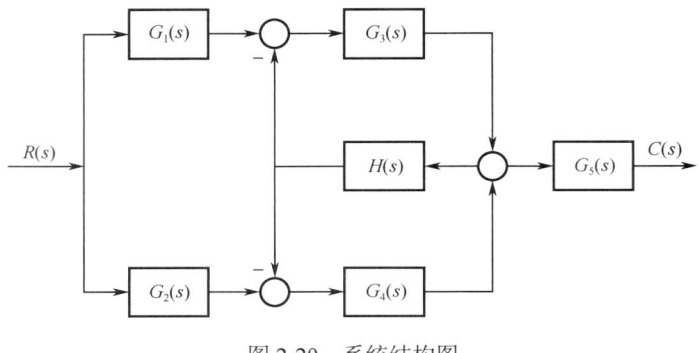

图 2-20 系统结构图

2.4 系统的信号流图

信号流图是一种用于表示系统变量之间关系的图解描述,特别是在控制系统中的信号传递和变换关系的描述中发挥着重要作用。信号流图实质上是描述系统变量之间关系的数学方程的图形表示,任何线性或非线性的数学方程都可以用信号流图来表示。

在信号流图中,节点用来表示变量或信号,支路是连接两个节点的定向线段,标有支路增益(包括传递函数)。信号只能沿箭头方向传递,经支路传递后的信号应乘以支路增益。此外,还有输入节点(源节点)、输出节点(阱节点)及混合节点等基本概念。通路是指从某一节点开始沿支路箭头方向经过各相连支路到另一节点所构成的路径,其各支路增益的乘积叫作通路增益。

信号流图具有许多优点,如符号简单、绘制容易、运用方便等。利用梅森(Mason)公式,可以直接由信号流图给出系统的传递函数。同时,信号流图还有助于联立方程组求解,对于采用由一阶线性微分方程组构成的状态方程的过渡过程的分析和自动控制问题的求解也是有效的。因此,信号流图在系统研究和工程管理中被广泛应用。

若代数方程组为

$$\begin{cases} x_1 = x_1 \\ x_2 = ax_1 + fx_4 \\ x_3 = hx_1 + bx_2 + ix_4 \\ x_4 = cx_3 + ex_5 \\ x_5 = gx_3 + dx_4 \\ x_6 = x_5 \end{cases} \quad (2\text{-}52)$$

则其对应的信号流图如图 2-21 所示。

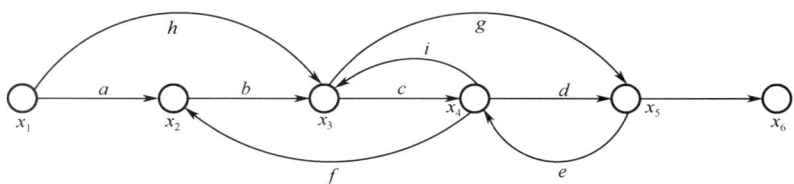

图 2-21 代数方程组对应的信号流图

2.4.1 信号流图的绘制

信号流图可以根据微分方程绘制，也可以按照与系统结构图的对应关系得到。

【例 2-9】 绘制图 2-22 所示的系统结构图对应的信号流图。

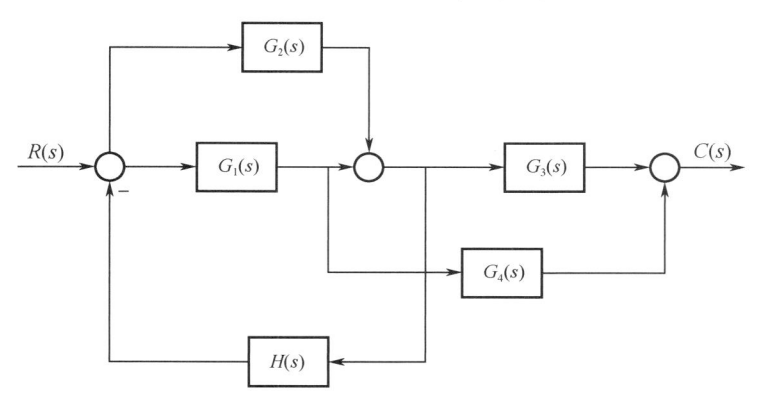

图 2-22 系统结构图

解： 首先，在系统结构图的信号线上，用圆圈标注各变量对应的节点，如图 2-23（a）所示。其次，将各节点按原来的顺序自左向右排列，连接各节点的支路，使之与系统结构图中的方框相对应，也就是将系统结构图中的方框用具有相应增益的支路代替，并连接有关的节点，便可得到相应的信号流图，如图 2-23（b）所示。

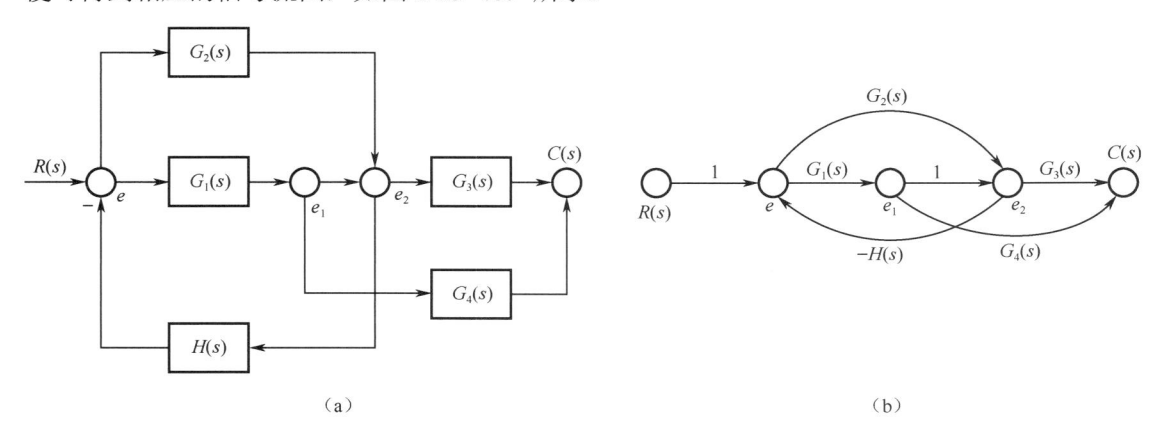

图 2-23 标注并连接节点后的系统结构图及对应的信号流图

2.4.2 梅森公式

对一个复杂系统的信号流图进行简化可以求出系统的传递函数，而且结构图的等效变换亦适用于信号流图的简化，但这个过程还是很麻烦的。控制工程中常用梅森公式直接求从输入节点到输出节点的传递函数，而无须简化信号流图，这为信号流图的应用提供了方便。

计算总增益的梅森公式为

$$p = \frac{\sum_{i=1}^{n} p_i \Delta_i}{\Delta} \tag{2-53}$$

式中，p 表示系统的总增益（总的传递函数）；p_i 表示从输入节点到输出节点的第 i 条前向通路的增益；Δ 表示梅森公式的特征式；Δ_i 表示第 i 条前向通路的余子式。

梅森公式的特征式为

$$\Delta = 1 - \sum_a L_a + \sum_{b,c} L_b L_c - \sum_{d,e,f} L_d L_e L_f + \cdots \quad (2\text{-}54)$$

式中，$\sum_a L_a$ 表示所有独立回路的增益之和；$\sum_{b,c} L_b L_c$ 表示所有两两互不接触的回路的增益乘积之和；$\sum_{d,e,f} L_d L_e L_f$ 表示所有三三互不接触的回路的增益乘积之和。

梅森公式中第 i 条前向通路的余子式 Δ_i 的计算：在特征式中，将与第 i 条前向通路相接触的回路各项全部去除后剩下的余子式即 Δ_i。

【例 2-10】 用梅森公式求图 2-24 所示的系统信号流图的传递函数。

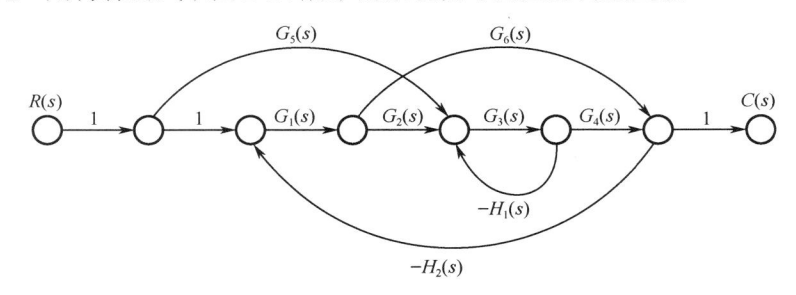

图 2-24　系统信号流图

解：该系统信号流图有三条前向通路，三条独立回路，一组两两互不接触的回路。

（1）三条独立回路的增益分别为

$$L_1 = -G_1 G_2 G_3 G_4 H_2$$
$$L_2 = -G_1 G_6 H_2$$
$$L_3 = -G_3 H_1$$

（2）有一组两两互不接触的回路：L_2 与 L_3。

（3）没有三三互不接触的回路。

（4）梅森公式的特征式为

$$\Delta = 1 - (L_1 + L_2 + L_3) + L_2 L_3$$
$$= 1 + G_1 G_2 G_3 G_4 H_2 + G_1 G_6 H_2 + G_3 H_1 + G_1 G_3 G_6 H_1 H_2$$

（5）三条前向通路的增益及对应的余子式分别为

$$p_1 = G_1 G_2 G_3 G_4, \quad \Delta_1 = 1$$
$$p_2 = G_3 G_4 G_5, \quad \Delta_2 = 1$$
$$p_3 = G_1 G_6, \quad \Delta_3 = 1 - L_3 = 1 + G_3 H_1$$

（6）根据梅森公式可得传递函数为

$$G(s) = p = \frac{p_1 \Delta_1 + p_2 \Delta_2 + p_3 \Delta_3}{\Delta} = \frac{G_1 G_2 G_3 G_4 + G_3 G_4 G_5 + G_1 G_6 (1 + G_3 H_1)}{1 + G_1 G_2 G_3 G_4 H_2 + G_1 G_6 H_2 + G_3 H_1 + G_1 G_3 G_6 H_1 H_2}$$

【例 2-11】 试用梅森公式求图 2-25 所示的系统结构图的传递函数。

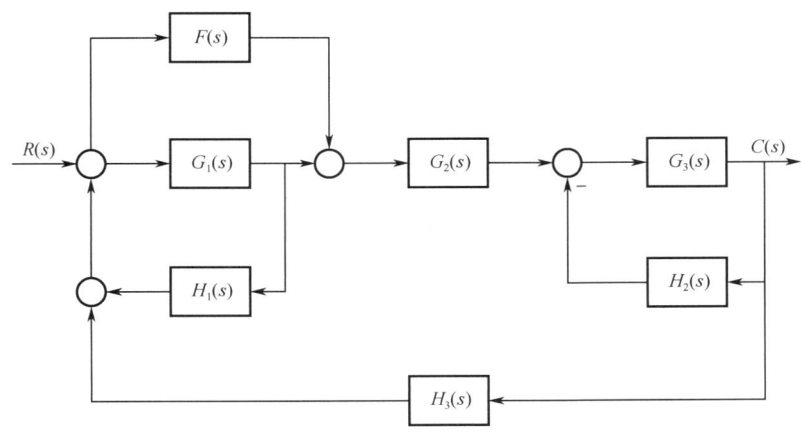

图 2-25 系统结构图

解：为了便于观察，将图 2-25 所示的系统结构图绘制成对应的信号流图，如图 2-26 所示。由图 2-26 可见，从输入节点 $R(s)$ 到输出节点 $C(s)$ 有两条前向通路，即 $n=2$，其增益分别为 $p_1=G_1G_2G_3$，$p_2=FG_2G_3$；有三条单独回路，即 $L_1=G_1H_1$，$L_2=-G_3H_2$，$L_3=G_1G_2G_3H_3$；回路 L_1 和回路 L_2 为不接触回路，两条前向通路与所有回路均有接触，因此余子式 $\Delta_1=\Delta_2=1$，而 $\Delta=1-(L_1+L_2+L_3)+L_1L_2$。根据梅森公式可得传递函数为

$$\frac{C(s)}{R(s)}=\frac{1}{\Delta}(p_1\Delta_1+p_2\Delta_2)=\frac{G_1G_2G_3+FG_2G_3}{1-G_1H_1+G_3H_2-G_1G_2G_3H_3-G_1G_3H_1H_2}$$

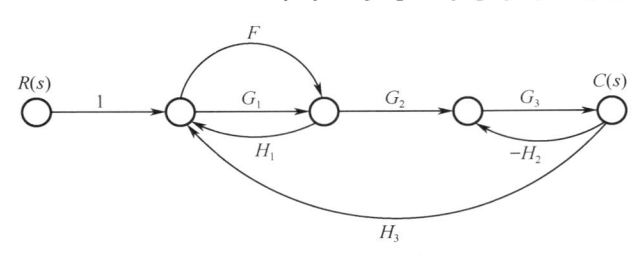

图 2-26 对应的信号流图

2.5 MATLAB 用于控制系统建模

MATLAB 虚拟仿真实验以软件平台为教学工具，取代了传统的自动控制原理实验箱硬件设备，使用 MATLAB 程序命令或 GUIDE 指令构建人机交互界面，完成控制系统的建模、稳定性判断、时域分析、频域分析、根轨迹分析、状态空间分析、非线性分析及控制器设计等实验。学生通过使用虚拟仿真技术，可以提高其创新能力和实践能力。

单输入-单输出系统结构的分类如下。

1. 串联结构

串联结构示意图如图 2-27 所示。

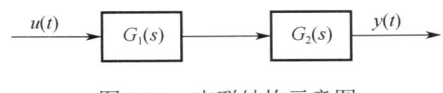

图 2-27 串联结构示意图

命令格式如下。

```
G(s)=G₁(s)*G₂(s)
```

也可直接写成如下格式。

```
[num,den]=series(num1,den1,num2,den2)
```

【例2-12】 简化图2-27所示的串联结构为最简传递函数形式,如图2-28所示。

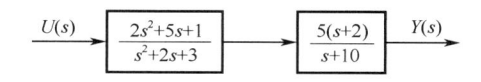

$$U(s) \rightarrow \boxed{\frac{2s^2+5s+1}{s^2+2s+3}} \rightarrow \boxed{\frac{5(s+2)}{s+10}} \rightarrow Y(s)$$

图2-28 简化串联结构

MATLAB命令如下。

```
G₁(s) = tf([2,5,1],[1,2,3]);
G₂(s) = zpk(-2,-10,5);
G(s) = G₁(s) * G₂(s)或G = series(G₁(s),G₂(s))
```

结果如下。

```
G(s) = 10(s + 2.281) (s + 2) (s + 0.2192)
```

2．并联结构

并联结构示意图如图2-29所示。

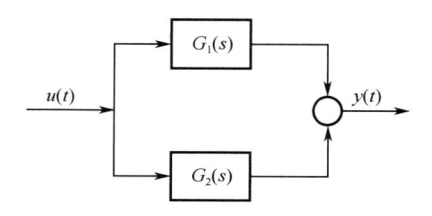

图2-29 并联结构示意图

命令格式如下。

```
G(s) = G₁(s) + G₂(s)
G(s) = paralle(G₁(s) + G₂(s))
```

也可直接写成如下格式。

```
[num,den] = parallel(num1,den1,num2,den2)
```

【例2-13】 简化图2-29所示的并联结构为最简传递函数形式,如图2-30所示。

MATLAB命令如下。

```
G₁(s) = tf([2,5,1],[1,2,3]);
G₂(s) = zpk(-2,-10,5);
G(s) = G₁(s) + G₂(s)或G = parallel(G₁(s),G₂(s))
```

结果如下。

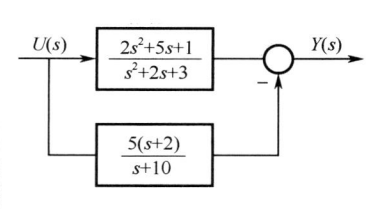

图2-30 简化并联结构

$$G(s) = \frac{7(s + 0.6837)(s^2 + 5.745s + 8.358)}{(s + 10)(s^2 + 2s + 3)}$$

3．反馈结构

反馈结构示意图如图 2-31 所示。其中，"+"为正反馈，"-"为负反馈。

命令格式如下。

```
G(s) = feedback(G₁(s),G₂(s),Sign)
```

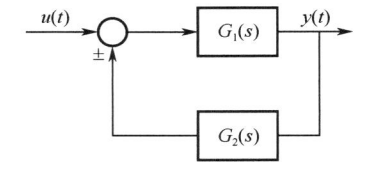

图 2-31 反馈结构示意图

其中，Sign 表示反馈的符号，Sign=1 表示正反馈，Sign=-1 表示负反馈，省略表示负反馈。

也可以直接写成如下格式。

```
[num,den] = feedback(num1,den1,num2,den2,sign)
```

【例 2-14】 简化图 2-31 所示的反馈结构为最简传递函数形式，如图 2-32 所示。

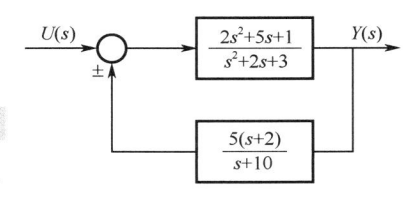

图 2-32 简化反馈结构

MATLAB 命令如下。

```
G₁(s) = tf([2,5,1],[1,2,3]);
G₂(s) = zpk(-2,-10,5);
G(s) = feedback(G₁(s),G₂(s),-1)或G(s) = feedback(G₁(s),G₂(s))
```

结果如下。

$$G(s) = \frac{0.18182(s + 10)(s + 2.281)(s + 0.2192)}{(s + 3.419)(s^2 + 1.763s + 1.064)}$$

应用案例 2　吊车双摆控制系统

吊车双摆控制系统是一个非线性、多变量的复杂系统，是检验各种控制理论的理想模型。实际的吊车需要将货物尽可能快地运送到目的地，且在移动过程中不能有大幅度的晃动，这就要求吊车在移动过程中保持上、下摆角平稳。同时，吊车本身也要到达指定的位置，这些要求可通过电动机的控制来实现。

图 2-33 所示为双摆系统，双摆悬挂在无摩擦的转轴上，并且用弹簧把它们的中点连在一起。假定：摆的质量为 M；摆杆长度为 l，摆杆质量不计；弹簧置于摆杆的 1/2 处，其弹性系数为 k；摆的角位移很小，$\sin\theta$ 和 $\cos\theta$ 均可进行线性近似处理，当 $\theta_1 = \theta_2$ 时，弹簧变形；外力 $f(t)$ 只作用于左侧摆杆。令 $a = g/l + k/4M$，$b = k/4M$，试求解如下问题。

（1）列出双摆系统 $\phi(s)$ 的运动方程。
（2）确定传递函数 $\phi(s)/F(s)$。
（3）画出双摆系统的结构图和信号流图。

解：（1）弹簧所受到的压力为

$$F = k\frac{1}{2}(\sin\theta_1 - \sin\theta_2)$$

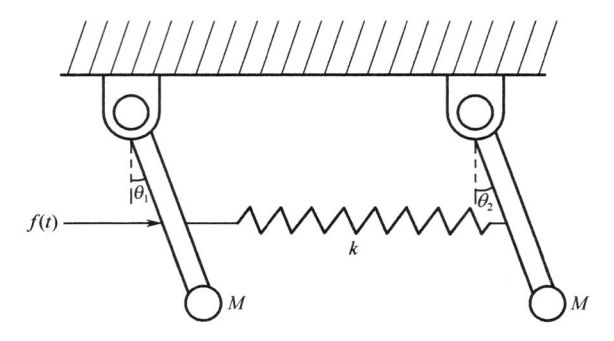

左侧摆杆的受力方程为

$$f(t)\frac{l}{2}\cos\theta_1 - F\cos\theta_1 - Mgl\sin\theta_1 = Ml^2\frac{d^2\theta_1}{dt^2}$$

即

$$\frac{d^2\theta_1}{dt^2} = \frac{f(t)\cos\theta_1}{2Ml} - \frac{F\cos\theta_1}{Ml^2} - \frac{g\sin\theta_1}{l}$$

右侧摆杆的受力方程为

$$F\frac{l}{2}\cos\theta_2 - Mgl\sin\theta_2 = Ml^2\frac{d^2\theta_2}{dt^2}$$

即

$$\frac{d^2\theta_2}{dt^2} = \frac{F\cos\theta_2}{2Ml} - \frac{g\sin\theta_2}{l}$$

有如下近似关系:

$$\sin\theta_1 = \theta_1, \quad \cos\theta_1 = 1$$
$$\sin\theta_2 = \theta_2, \quad \cos\theta_2 = 1$$

将 $F = k\frac{1}{2}(\sin\theta_1 - \sin\theta_2)$ 代入左侧摆杆和右侧摆杆的受力方程,可得

$$\ddot{\theta}_1 = \frac{1}{2Ml}f(t) - \left(\frac{g}{l} + \frac{k}{4M}\right)\theta_1 + \frac{k}{4M}\theta_2 \qquad (2\text{-}55)$$

$$\ddot{\theta} = \frac{1}{4M}\theta_1 - \left(\frac{g}{l} + \frac{k}{4M}\right)\theta_2 \qquad (2\text{-}56)$$

将 $a = g/l + k/4M$ 和 $b = k/4M$ 代入式(2-55)、式(2-56),并令 $\omega_1 = \dot{\theta}_1$, $\omega_2 = \dot{\theta}_2$,可得双摆系统的运动方程为

$$\frac{d\omega_1}{dt} = \ddot{\theta}_1 = -a\theta_1(t) + b\theta_2(t) + \frac{1}{2Ml}f(t)$$

$$\frac{d\omega_2}{dt} = \ddot{\theta}_2 = b\theta_1(t) - a\theta_2(t)$$

(2)对运动方程进行零初始条件下的拉普拉斯变换,可得

$$s^2\theta_1(s) = -a\theta_1(s) + b\theta_2(s) + \frac{1}{2Ml}F(s)$$

$$s^2\theta_2(s) = -b\theta_1(s) + a\theta_2(s)$$

化简可得

$$\phi(s) = \frac{\theta_1(s)}{F(s)} = \frac{1}{2Ml} \cdot \frac{s^2+a}{(s^2+a)^2-b^2}$$

（3）双摆系统的结构图和信号流图分别如图 2-34、图 2-35 所示。

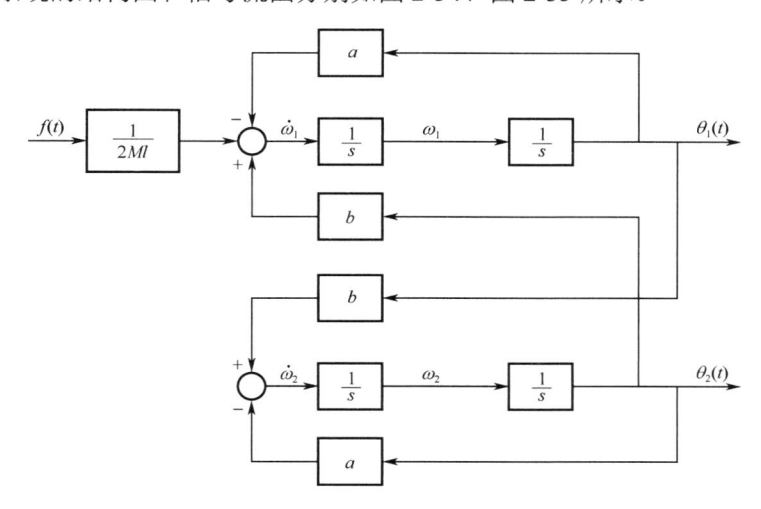

图 2-34　双摆系统的结构图

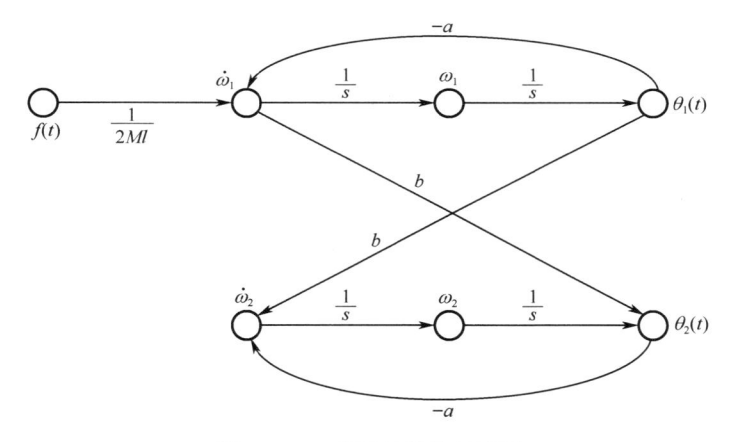

图 2-35　双摆系统的信号流图

小结

本章首先介绍了控制系统微分方程的建立方法。微分方程是描述系统输入量与输出量之间关系的时域数学模型。通过确定系统的输入量和输出量，建立初始微分方程组，并消除中间变量将公式标准化，可以得到整个系统的微分方程。一旦建立了微分方程，只要知道输入作用和变量的初始条件，就可以对微分方程进行求解，得出系统输出量的时域解。

其次详细阐述了控制系统的传递函数的概念、定义和性质。传递函数是指在零初始条件下线性定常系统输出量的拉普拉斯变换与输入量的拉普拉斯变换之比。传递函数与微分方程之间存在一一对应的关系，其中传递函数的分子与输入量相对应，传递函数的分母与输出量相对应，传递函数中 s 的幂次与微分方程中导数的阶次相对应。传递函数具有复变函数的所有性质，且只取决于系统的结构参数,与输入信号的形式和初始条件无关。

再次介绍了控制系统的结构图及其等效变换,以及信号流图和梅森公式在求解系统传递函数中的应用。通过熟练掌握结构图的等效变换和梅森公式,可以方便地求出系统的传递函数。

最后介绍通过不同途径求传递函数的方法,以及使用 MATLAB 进行控制系统建模的方法。这些方法在实际应用中具有重要的指导意义。

习题

2-1 系统电子电路如图 2-36 所示,试对该电路建立以 u_i 为输入,以 i_1、i_2 为输出的微分方程组模型。

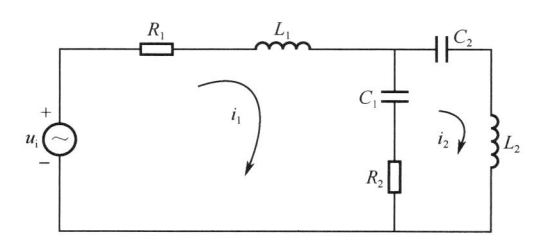

图 2-36 习题 2-1 图

2-2 简化图 2-37 所示各系统的结构图,并求其传递函数。

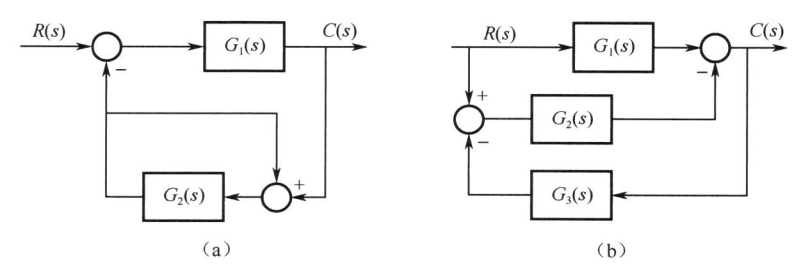

图 2-37 习题 2-2 图

2-3 已知系统的结构图如图 2-38 所示,试求其传递函数。

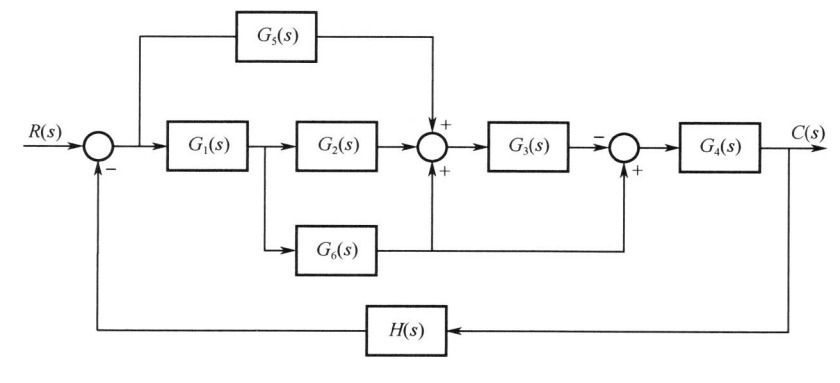

图 2-38 习题 2-3 图

2-4 已知系统的信号流图如图 2-39（a）、（b）所示，试用梅森公式求其传递函数。

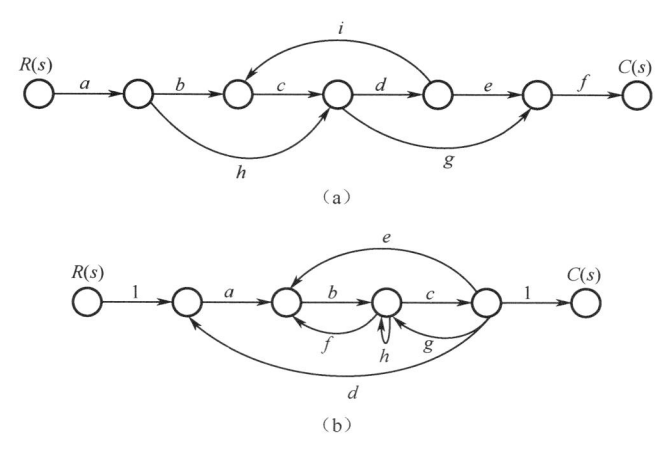

图 2-39 习题 2-4 图

2-5 已知系统的结构图如图 2-40 所示，试通过结构图的等效变换求该系统的传递函数 $C(s)/R(s)$。

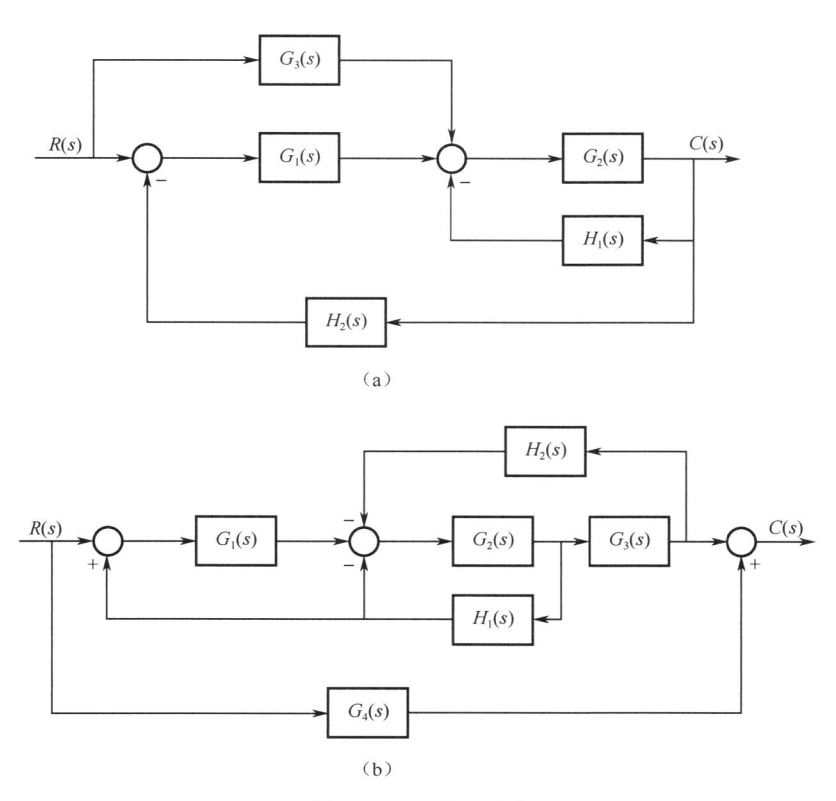

图 2-40 习题 2-5 图

2-6 已知两级 RC 网络如图 2-41 所示，画出该系统的信号流图。

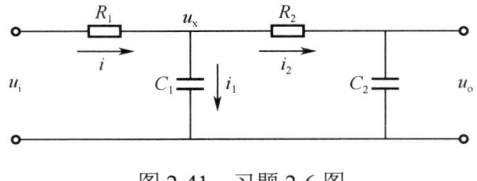

图 2-41 习题 2-6 图

2-7 试简化图 2-42 所示系统的结构图，并求其传递函数 $C(s)/R(s)$ 和 $C(s)/N(s)$。

(a)

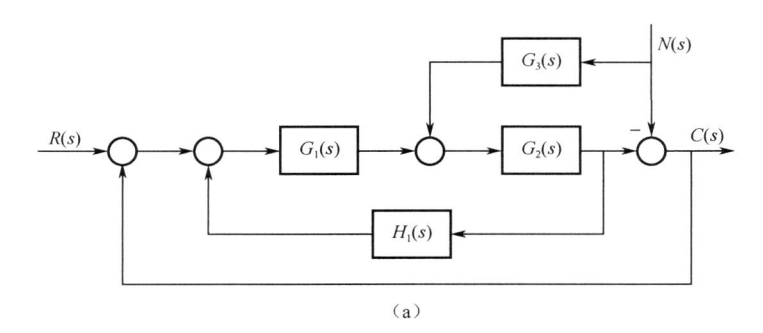

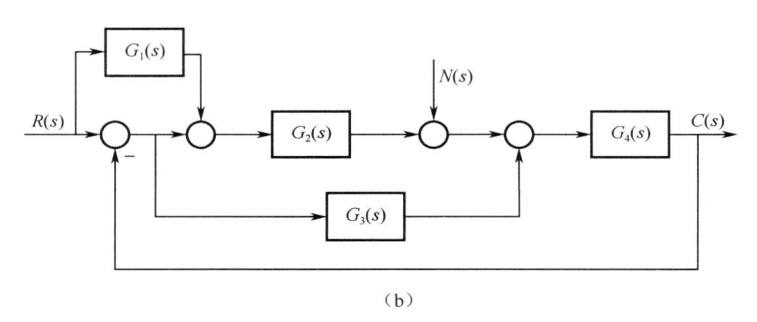

(b)

图 2-42 习题 2-7 图

2-8 已知系统的信号流图如图 2-43 所示，试用梅森公式求其传递函数 $C(s)/R(s)$。

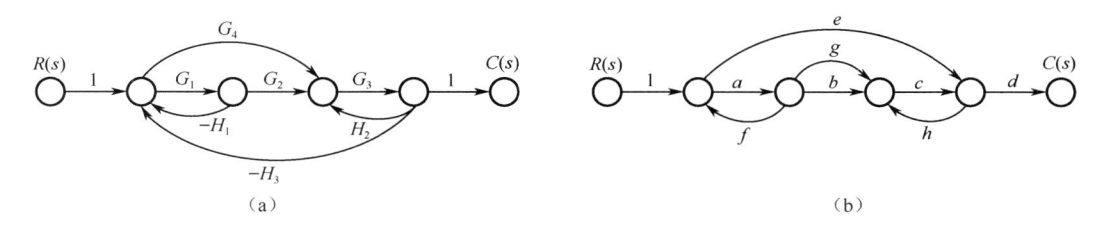

(a)　　　　　　　　　　(b)

图 2-43 习题 2-8 图

2-9 试简化图 2-44 所示的电枢控制直流电动机控制系统的结构图，并求该系统的传递函数 $\Phi(s) = \dfrac{\theta(s)}{I(s)}$。

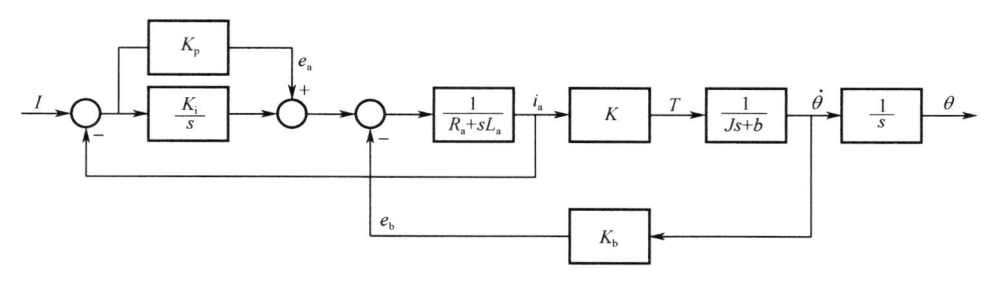

图 2-44　习题 2-9 图

2-10　已知系统的结构图如图 2-45 所示，求输入 $r(t) = 3(t)$ 时系统的输出 $c(t)$。

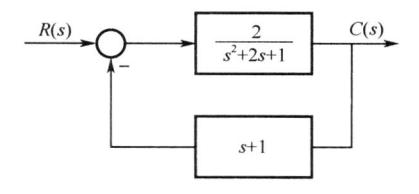

图 2-45　习题 2-10 图

2-11　已知飞机俯仰角控制系统的结构图如图 2-46 所示，试求闭环传递函数 $\Phi(s) = \dfrac{Q_c(s)}{Q_r(s)}$。

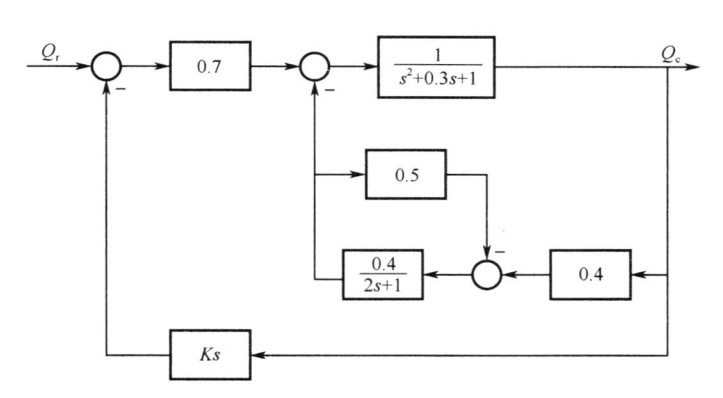

图 2-46　习题 2-11 图

2-12　试绘制图 2-47 所示的信号流图对应的系统结构图。

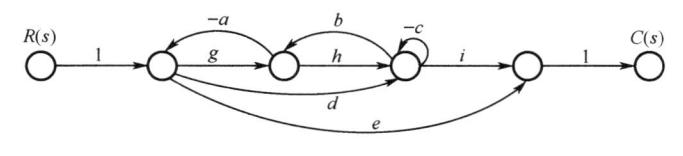

图 2-47　习题 2-12 图

2-13 试绘制图 2-48 所示系统的信号流图，并求其传递函数 $\Phi(s) = \dfrac{C(s)}{R(s)}$。

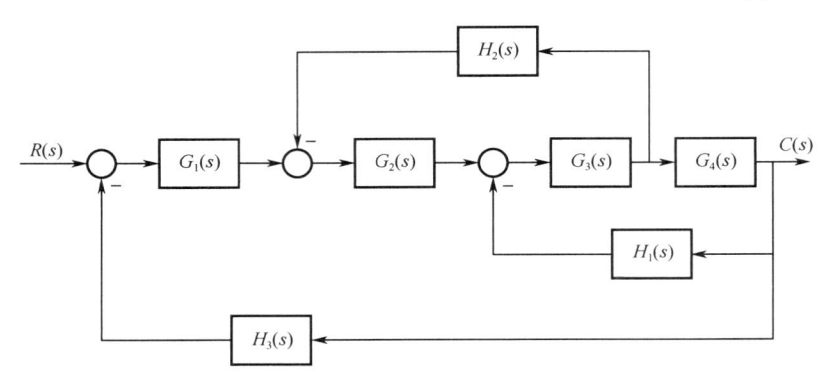

图 2-48 习题 2-13 图

解：

信号流图中有三个回路：

$$L_1 = -G_2(s)H_2(s), \quad L_2 = -G_3(s)G_4(s)H_1(s), \quad L_3 = -G_1(s)G_2(s)G_3(s)G_4(s)H_3(s)$$

其中 L_1 与 L_2 互不接触，故

$$\Delta = 1 + G_2 H_2 + G_3 G_4 H_1 + G_1 G_2 G_3 G_4 H_3 + G_2 G_3 G_4 H_1 H_2$$

前向通路只有一条：$P_1 = G_1 G_2 G_3 G_4$，$\Delta_1 = 1$。

故传递函数为

$$\Phi(s) = \frac{C(s)}{R(s)} = \frac{G_1(s)G_2(s)G_3(s)G_4(s)}{1 + G_2(s)H_2(s) + G_3(s)G_4(s)H_1(s) + G_2(s)G_3(s)G_4(s)H_1(s)H_2(s) + G_1(s)G_2(s)G_3(s)G_4(s)H_3(s)}$$

第3章 控制系统的时域分析法

> **课程思政引例**

做好电力保供，要坚持从政治上看问题。保障电力供应不仅是经济问题，更是关系国家能源安全、经济社会发展和民生福祉的政治问题、社会问题，要坚持高标站位，不断提高政治判断力、政治领悟力、政治执行力。如图3-1所示，电力系统稳定，小家才能稳定，由一个个小家组成的大家才能稳定。社会稳定，人们才能有精力进行五个文明建设，才能有条件建设美好家园，才能构建和谐社会；家庭稳定，人们才能安居乐业，才有幸福感。社会发展，电力先行，电力系统稳定了，各项建设才能顺利进行。当今社会，人们要有大局观，要顾大体、识大局，抓住主要矛盾，就像在控制系统中，只有优先确定系统稳定的主要条件才能稳定大局。

图3-1 电力系统

做好电力保供，要切实发挥好火电兜底保障作用。推动能源转型，要坚持清洁低碳是方向、能源保供是基础、能源安全是关键、能源独立是根本的基本原则，重视发挥火电的基础支撑保障作用，立足国情、控制总量、兜住底线。

做好电力保供，要用好、用足需求侧管理手段。实施需求侧有序用电，是应对发电和供电能力不足、保持电力供需平衡、保障电网安全的重要手段。要进一步加大力度落实、落细有序用电措施，最大限度地引导用户错峰、避峰用电。

做好电力保供，发挥好价格的指挥棒作用至关重要。价格在反映市场供需关系、引导资源优化配置方面具有重要作用，要从促进能源转型和电力可持续发展的大局出发，深化电价研究，推动构建科学完善的电价机制。

做好电力保供，需要全社会节约用电、提高能效。要进一步增强全社会节能节约意识，把节约用电、提高能效贯穿到经济社会发展的全过程和各领域中，推动低碳节能生产和改造，引导人们形成绿色生产、生活的观念。

> 本章学习目标

了解对线性定常连续系统进行时域分析的一般过程，掌握典型输入信号的拉普拉斯变换。掌握一阶系统、二阶系统的过渡过程，以及线性系统的稳定性分析、暂态性分析和稳态误差的计算方法。

重点：结合控制系统的性能要求，重点掌握以下三点。一是时域中描述系统动态性能的指标 σ、t_d 等；二是利用劳斯稳定判据判断系统的稳定性；三是稳态误差的计算方法，以及减小稳态误差、提高控制精度的方法。

学习要求：通过本章的学习，结合控制系统的性能要求，学生应了解对控制系统进行分析应从三个方面着手，并掌握在时域中对系统进行分析的方法及思路，加强对系统性能要求的理解，进一步掌握在时域中对系统进行分析的方法、思路及分析的目的和意义，并清楚一个性能好的控制系统的性能指标与系统结构中哪些性能参数有关。此外，学生还应学会应用 MATLAB 对系统进行时域分析。

3.1 控制系统的典型输入信号与性能指标

3.1.1 控制系统的典型输入信号

控制系统的输出响应与输入信号的形式有着直接的关系。但是，在实际情况中，输入信号并不是某种特定形式的，只有在少数情况下预先知道输入信号的形式。例如，室温系统或水位调节系统，其输入信号是要求的室温或水位高度，这是预先知道的；在防空火炮系统中，由于敌机的位置和速度无法预料，因此火炮控制系统的输入信号具有随动性，这使得火炮控制系统的设计工作变得困难。

为了便于进行分析和设计，同时也为了便于对各种控制系统的性能进行比较，我们需要假定一些基本的输入信号形式，将其称为典型输入信号。控制系统中常用的典型输入信号有单位阶跃信号、单位斜坡（速度）信号、单位加速度（抛物线）信号、单位脉冲信号和正弦信号，如表 3-1 所示。

表 3-1 典型输入信号

名称	时域表达式	复域表达式
单位阶跃信号	$1(t)$（$t \geq 0$）	$\dfrac{1}{s}$
单位斜坡（速度）信号	t（$t \geq 0$）	$\dfrac{1}{s^2}$
单位加速度（抛物线）信号	$\dfrac{1}{2}t^2$（$t \geq 0$）	$\dfrac{1}{s^3}$
单位脉冲信号	$\delta(t)$（$t = 0$）	1
正弦信号	$A\sin\omega t$	$\dfrac{A\omega}{s^2+\omega^2}$

应当指出，在分析和设计控制系统时，究竟采用哪种信号作为输入信号，取决于控制系统在正常工作情况下经常出现的输入信号形式。如果作用于控制系统的信号为突变的扰动信号，则输入信号采用阶跃信号；如果控制系统经常出现的是冲击输入信号，则输入信号采用脉冲信

号；如果控制系统的实际输入是随时间增长的信号，则输入信号采用斜坡信号。

3.1.2 控制系统的性能指标

控制系统的性能指标通常由动态性能和稳态性能两部分组成。

1. 动态性能

描述稳定系统在阶跃信号作用下输入响应的动态过程随时间 t 的变化情况的指标，称为动态性能指标。一般有阶跃信号的作用对系统来说是最严重的工作状态。因此，通常在阶跃信号作用下测定或计算系统的动态性能指标。如果系统在阶跃信号作用下的动态性能满足要求，那么在其他形式的信号作用下，该系统的动态性能也会得以满足。某系统的单位阶跃响应曲线如图 3-2 所示，其动态性能指标通常如下。

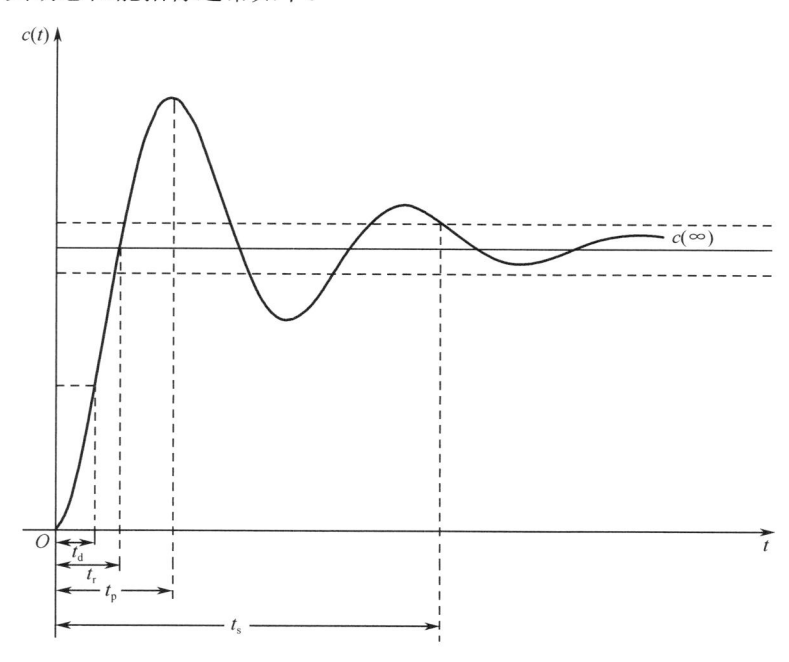

图 3-2 某系统的单位阶跃响应曲线

1）延迟时间 t_d

延迟时间是指输入响应第一次达到其终值的一半所需的时间。

2）上升时间 t_r

上升时间是指输出响应从终值的 10% 上升到终值的 90% 所需的时间。对于有振荡的系统，上升时间为输出响应从零第一次上升到终值所需的时间。上升时间越短，响应速度越快。

3）峰值时间 t_p

峰值时间是指输出响应从零到超过其终值达到第一个峰值所需的时间。

4）调节时间 t_s

调节时间是指输出响应达到并保持在终值的 ±5% 内所需的最短时间。

5）超调量 σ

超调量是指输出响应的最大偏离量 $c(t_p)$ 与终值 $c(\infty)$ 的差值和终值 $c(\infty)$ 之比的百分数，

即

$$\sigma = \frac{c(t_p) - c(\infty)}{c(\infty)} \times 100\% \tag{3-1}$$

若 $c(t_p) < c(\infty)$，则响应无超调。超调量也称为最大超调量或百分比超调量。

上述五个动态性能指标基本可以体现系统动态过程的特征。通常用 t_r 或 t_d 评价系统的响应速度，用 σ 评价系统的阻尼程度或平稳性，t_s 是同时反映响应速度和阻尼程度的综合性指标。

2．稳态性能

稳态误差是描述系统稳态性能的指标，通常在阶跃信号、斜坡信号或加速度信号作用下进行测定或计算。若时间趋于无穷时系统的输出量不等于输入量或输入量的确定函数，则系统存在稳态误差，其计算公式为

$$e_{ss} = c(\infty) - r(\infty) \tag{3-2}$$

3.2 一阶系统的性能分析

3.2.1 一阶系统的数学模型

凡是由一阶常系数线性微分方程描述的系统，均称为一阶系统。

令微分方程为

$$a_1 \frac{dy(t)}{dt} + a_0 y(t) = b_0 r(t) \tag{3-3}$$

等式两边同除以 a_0，得

$$T \frac{dy(t)}{dt} + y(t) = Kr(t) \tag{3-4}$$

式中，$T = a_1/a_0$ 称为系统的时间常数；$K = b_0/a_0$ 称为系统的稳态增益。

当初始条件为零时，对式（3-4）进行拉普拉斯变换，可得到一阶系统的传递函数，即

$$G(s) = \frac{K}{Ts+1} \tag{3-5}$$

图 3-3 所示为闭环控制系统，从其输入、输出关系看，它也是一阶系统。

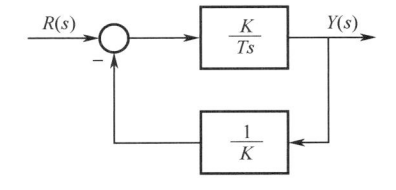

图 3-3 闭环控制系统

一阶系统只有一个极点，$P = -\frac{1}{T}$。只要系数 a_0 和 a_1 都大于零，该系统就是稳定的。

3.2.2 一阶系统的响应

下面分析一阶系统在零初始条件下对几种典型输入信号的输出响应。

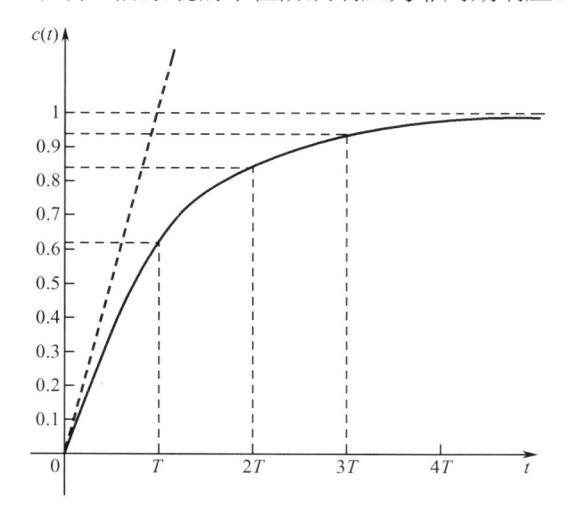

1. 一阶系统的单位阶跃响应

当输入信号为单位阶跃信号时，一阶系统的输出为

$$Y(s) = \frac{K}{1+Ts} \cdot \frac{1}{s} \tag{3-6}$$

这时一阶系统的输出称为单位阶跃响应，其表达式为

$$y(t) = K(1 - e^{-t/T}) \quad (t \geq 0) \tag{3-7}$$

当 $t \to \infty$ 时，单位阶跃响应的稳态值为

$$y(\infty) = K \tag{3-8}$$

因为系统的输入信号幅值为 1，所以 K 为一阶系统的稳态增益。当 $t=0$ 时，输出 $y(0)=0$，在该点的斜率为

$$\left. \frac{\mathrm{d}y(t)}{\mathrm{d}t} \right|_{t=0} = \left. \frac{K}{T} e^{-t/T} \right|_{t=0} = \frac{K}{T} \tag{3-9}$$

这表明一阶系统的单位阶跃响应若能保持初始速度不变，则经过 $t=T$ 的时间，输出从零达到稳态值。但是，由式（3-7）可知，一阶系统的单位阶跃响应曲线随时间推移无限接近稳态值。

一阶系统的单位阶跃响应曲线是一条初始值为零且以指数规律上升到终值 $c(\infty)=1$ 的曲线，如图 3-4 所示，这表明一阶系统的单位阶跃响应为非周期响应。

图 3-4 一阶系统的单位阶跃响应曲线

2. 一阶系统的单位脉冲响应

当输入信号为单位脉冲信号时，$R(s)=1$，一阶系统的单位脉冲响应为

$$Y(s) = \frac{K}{Ts+1} \tag{3-10}$$

这时一阶系统的输出称为单位脉冲响应，其表达式为

$$y(t) = \frac{K}{T} e^{-t/T} \quad (t \geq 0) \tag{3-11}$$

如果令 t 分别等于 T、$2T$、$3T$ 和 $4T$，则可以绘出一阶系统的单位脉冲响应曲线，如图 3-5 所示。

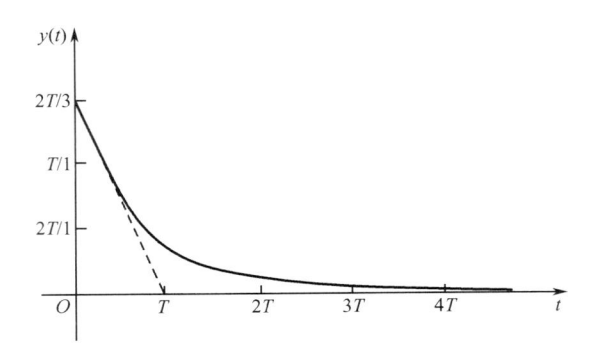

图 3-5 一阶系统的单位脉冲响应曲线

3. 一阶系统的单位斜坡响应

当输入信号为单位斜坡信号时，一阶系统的单位斜坡响应为

$$y(t) = K(t - T + Te^{-t/T}) \quad (t \geq 0) \tag{3-12}$$

式中，$t-T$ 为稳态分量；$Te^{-t/T}$ 为瞬态分量。

式（3-12）表明，一阶系统的单位斜坡响应的稳态分量是一个与斜坡输入信号斜率相同但时间滞后 T 的斜坡信号，因此在位置上存在稳态跟踪误差，其值正好等于时间常数 T；一阶系统的单位斜坡响应的瞬态分量为衰减非周期函数。根据式（3-12）绘制出一阶系统的单位斜坡响应曲线，如图 3-6 所示。

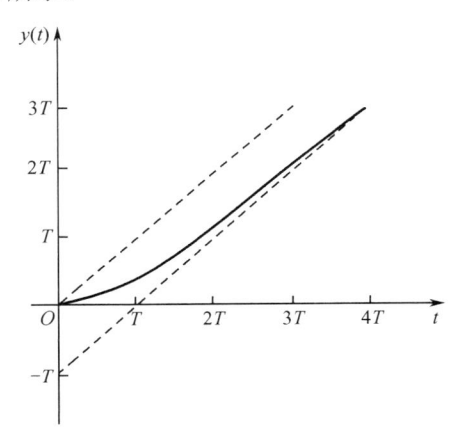

图 3-6 一阶系统的单位斜坡响应曲线

4. 一阶系统的单位加速度响应

当输入信号为单位加速度信号时，一阶系统的单位加速度响应为

$$y(t) = \frac{1}{2}t^2 - Tt + T^2(1 - e^{-t/T}) \quad (t \geq 0) \tag{3-13}$$

因此，系统的跟踪误差为

$$e(t) = r(t) - c(t) = Tt - T^2(1 - e^{-t/T}) \tag{3-14}$$

式（3-14）表明，跟踪误差随时间推移而增大，直至无限大。因此，一阶系统不能实现对加速度输入信号的跟踪。一阶系统对典型输入信号的输出响应总结如表 3-2 所示。研究线性定常系统的时间响应，不必对每种输入信号形式进行测定和计算，往往只取其中一种典型

输入信号形式进行研究。

表 3-2 一阶系统对典型输入信号的输出响应总结

输入信号	输出响应
$1(t)$	$1-e^{-t/T}$ （$t \geq 0$）
$\delta(t)$	$\dfrac{1}{T}e^{-t/T}$ （$t \geq 0$）
t	$t-T+Te^{-t/T}$ （$t \geq 0$）
$\dfrac{1}{2}t^2$	$\dfrac{1}{2}t^2-Tt+T^2(1-e^{-t/T})$ （$t \geq 0$）

3.3 二阶系统的性能分析

3.3.1 二阶系统的数学模型

典型二阶微分方程一般为

$$\frac{d^2\theta_o(t)}{dt^2} + 2\zeta\omega_n\frac{d\theta_o(t)}{dt} + \omega_n^2\theta_o(t) = \omega_n^2\theta_i(t) \tag{3-15}$$

其传递函数为

$$\Phi(s) = \frac{C(s)}{R(s)} = \frac{\omega_n^2}{s^2 + 2\zeta\omega_n s + \omega_n^2} \tag{3-16}$$

二阶系统的结构图如图 3-7 所示。其中，$\omega_n = \sqrt{\dfrac{1}{T}}$ 为自然频率（或无阻尼振荡频率），ζ 为阻尼比（或相对阻尼系数）。

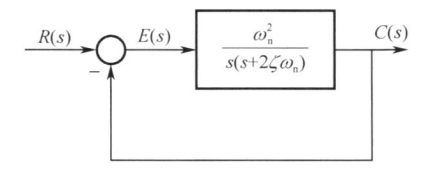

图 3-7 二阶系统的结构图

令式（3-16）的分母多项式为零，可得二阶系统的特征方程，即

$$s^2 + 2\zeta\omega_n s + \omega_n^2 = 0 \tag{3-17}$$

其两个根（闭环极点）为

$$s_{1,2} = -\zeta\omega_n \pm \omega_n\sqrt{\zeta^2 - 1} \tag{3-18}$$

显然，二阶系统的时间响应取决于 ζ 和 ω_n 这两个参数。当 ζ 取不同值时，二阶系统的极点也不相同，下面讨论二阶系统的极点和 ζ 的关系。

（1）当 $\zeta = 0$（无阻尼）时，二阶系统有一对共轭虚数极点，即

$$s_{1,2} = \pm j\omega_n$$

（2）当 $0<\zeta<1$（欠阻尼）时，二阶系统有一对共轭复数极点，即

$$s_{1,2} = -\zeta\omega_n \pm j\omega_n\sqrt{1-\zeta^2}$$

（3）当 $\zeta=1$（临界阻尼）时，二阶系统有两个相等的负实数极点，即

$$s_{1,2} = -\zeta\omega_n$$

（4）当 $\zeta>1$（过阻尼）时，二阶系统有两个不相等的负实数极点，即

$$s_{1,2} = -\zeta\omega_n \pm \omega_n\sqrt{\zeta^2-1}$$

在上述各种情况下，二阶系统的闭环极点分布如图 3-8 所示。

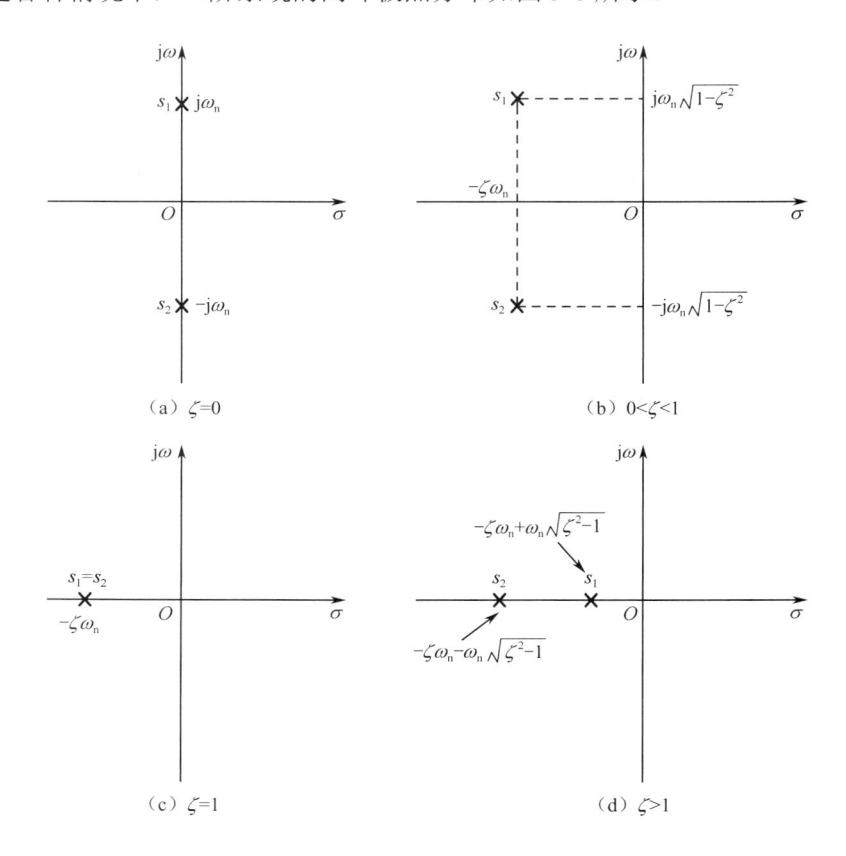

图 3-8 二阶系统的闭环极点分布

3.3.2 二阶系统的响应

本节主要介绍二阶系统的单位阶跃响应。由于二阶系统的极点不同，因此本节分别研究欠阻尼、临界阻尼、过阻尼二阶系统的单位阶跃响应。

1. 欠阻尼（$0<\zeta<1$）二阶系统的单位阶跃响应

设输入信号为单位阶跃信号，令 $\sigma=\zeta\omega_n$，$\omega_d=\omega_n\sqrt{1-\zeta^2}$，则欠阻尼二阶系统的极点为

$$s_{1,2} = -\sigma \pm j\omega_d$$

式中，σ 为衰减系数；ω_d 为阻尼振荡频率。

当 $R(s)=1/s$ 时，由式（3-16）可得

$$C(s)=\frac{\omega_n^2}{s^2+2\zeta\omega_n s+\omega_n^2}\cdot\frac{1}{s}=\frac{1}{s}-\frac{s+\zeta\omega_n}{(s+\zeta\omega_n)^2+\omega_d^2}-\frac{\zeta\omega_n}{(s+\zeta\omega_n)^2+\omega_d^2} \tag{3-19}$$

对式（3-19）进行拉普拉斯反变换，可得欠阻尼二阶系统的单位阶跃响应为

$$h(t)=1-\frac{1}{\sqrt{1-\zeta^2}}\mathrm{e}^{-\zeta\omega_n t}\sin(\omega_d t+\beta)\quad(t\geq 0) \tag{3-20}$$

式中，$\beta=\arctan(\sqrt{1-\zeta^2}/\zeta)$ 或 $\beta=\arccos\zeta$。

由此可见，欠阻尼二阶系统的单位阶跃响应有衰减的正弦振荡，其振荡频率为 ω_d。ω_d 随着 ζ 的增大而逐渐减小。当 $\zeta=1$ 时，$\omega_d=0$，欠阻尼二阶系统的单位阶跃响应将没有振荡。欠阻尼二阶系统的单位阶跃响应曲线的衰减快慢由 $\zeta\omega_n$ 决定，故称 $\zeta\omega_n$ 为阻尼系数。

2. 临界阻尼（$\zeta=1$）二阶系统的单位阶跃响应

设输入信号为单位阶跃信号，则临界阻尼二阶系统输出量的拉普拉斯变换可写为

$$C(s)=\frac{\omega_n^2}{s(s+\omega_n)^2}=\frac{1}{s}-\frac{\omega_n}{(s+\omega_n)^2}-\frac{1}{s+\omega_n}$$

对上式进行拉普拉斯反变换，可得临界阻尼二阶系统的单位阶跃响应为

$$h(t)=1-\mathrm{e}^{-\omega_n t}(1+\omega_n t)\quad(t\geq 0) \tag{3-21}$$

临界阻尼二阶系统的单位阶跃响应曲线无振荡和超调。

3. 过阻尼（$\zeta>1$）二阶系统的单位阶跃响应

设输入信号为单位阶跃信号，已知

$$s_{1,2}=-\zeta\omega_n\pm\omega_n\sqrt{\zeta^2-1}$$

则过阻尼二阶系统输出量的拉普拉斯变换为

$$C(s)=\frac{\omega_n^2}{s(s-s_1)(s-s_2)}$$

对上式进行拉普拉斯反变换，可得过阻尼二阶系统的单位阶跃响应为

$$h(t)=1-\frac{1}{2\sqrt{\zeta^2-1}}\left[\frac{\mathrm{e}^{-(\zeta-\sqrt{\zeta^2-1})\omega_n t}}{\zeta-\sqrt{\zeta^2-1}}+\frac{\mathrm{e}^{-(\zeta+\sqrt{\zeta^2-1})\omega_n t}}{\zeta+\sqrt{\zeta^2-1}}\right]\quad(t\geq 0) \tag{3-22}$$

式（3-22）表明，过阻尼二阶系统的单位阶跃响应特性包含两个单调衰减的指数项，它们的代数和不会超过稳态值 1，因而过阻尼二阶系统的单位阶跃响应是非振荡的，通常称为过阻尼响应。

四种情况下二阶系统的单位阶跃响应曲线如图 3-9 所示。由图 3-9 可知，在过阻尼和临界阻尼二阶系统的单位阶跃响应曲线中，临界阻尼二阶系统的单位阶跃响应曲线的上升时间最短，响应速度最快；在欠阻尼二阶系统的单位阶跃响应曲线中，阻尼比越小，超调量越大，上升时间越短，通常取 $\zeta=0.4\sim 0.8$ 为宜，此时超调量适度，调节时间较短；若二阶系统具有相同的 ζ 和不同的 ω_n，则其振荡特性相同但响应速度不同，ω_n 越大，响应速度越快。

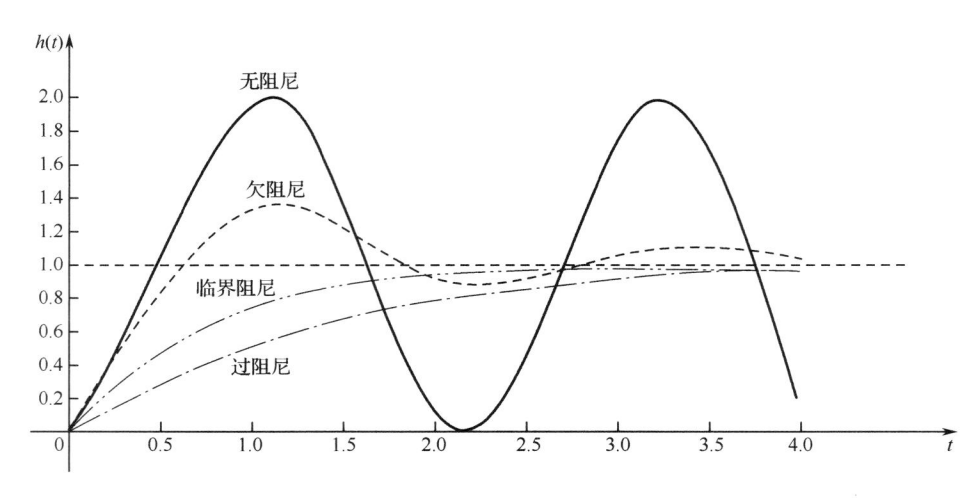

图中曲线说明：无阻尼、欠阻尼、临界阻尼、过阻尼

图 3-9 四种情况下二阶系统的单位阶跃响应曲线

3.3.3 二阶系统的动态性能指标

本节对欠阻尼二阶系统的动态性能指标进行讨论和计算。

1. 上升时间 t_r

根据定义，当 $t=t_r$ 时，$h(t_r)=1$。由式（3-20）得

$$h(t_r) = 1 - \frac{1}{\sqrt{1-\zeta^2}} e^{-\zeta\omega_n t_r} \sin(\omega_d t_r + \beta) = 1$$

则有

$$\frac{1}{\sqrt{1-\zeta^2}} e^{-\zeta\omega_n t_r} \sin(\omega_d t_r + \beta) = 0$$

由于

$$\frac{1}{\sqrt{1-\zeta^2}} \neq 0, \quad e^{-\zeta\omega_n t_r} \neq 0$$

所以有

$$\omega_d t_r + \beta = k\pi \quad (k=1,2,\cdots)$$

当 $k=1$ 时，上升时间为

$$t_r = \frac{\pi - \beta}{\omega_d} = \frac{\pi - \beta}{\omega_n \sqrt{1-\zeta^2}} \tag{3-23}$$

2. 峰值时间 t_p

根据峰值时间 t_p 的定义，可采用求极值的方法求 t_p。将式（3-20）对时间 t 求导，并令该式为零，可求得峰值时间 t_p，即

$$\left.\frac{dh(t)}{dt}\right|_{t=t_p} = -\frac{1}{\sqrt{1-\zeta^2}}[-\zeta\omega_n e^{-\zeta\omega_n t_p}\sin(\omega_d t_p + \beta) + \omega_d e^{-\zeta\omega_n t_p}\cos(\omega_d t_p + \beta)] = 0$$

则有
$$\tan(\omega_d t_p + \beta) = \frac{\sqrt{1-\zeta^2}}{\zeta}$$

又因为
$$\tan\beta = \frac{\sqrt{1-\zeta^2}}{\zeta}$$

所以有
$$\omega_d t_p = k\pi \quad (k = 1, 2, \cdots)$$

按峰值时间 t_p 的定义，它对应最大超调量，即 $h(t)$ 第一次出现峰值所对应的时间，因此 t_p 应取：
$$t_p = \frac{\pi}{\omega_d} = \frac{\pi}{\omega_n \sqrt{1-\zeta^2}} \tag{3-24}$$

3. 超调量 σ

将式（3-24）代入式（3-20），可得最大输出为
$$h(t)_{\max} = 1 - \frac{e^{-\frac{\zeta\pi}{\sqrt{1-\zeta^2}}}}{\sqrt{1-\zeta^2}} \sin(\pi + \beta)$$

因为
$$\sin(\pi + \beta) = -\sin\beta = -\sqrt{1-\zeta^2}$$

所以有
$$h(t_p) = 1 + e^{-\frac{\zeta\pi}{\sqrt{1-\zeta^2}}}$$

则超调量为
$$\sigma = e^{-\frac{\zeta\pi}{\sqrt{1-\zeta^2}}} \times 100\% \tag{3-25}$$

由此可见，超调量仅由 ζ 决定，ζ 越大，σ 越小。欠阻尼二阶系统中 σ 和 ζ 的关系曲线如图 3-10 所示。

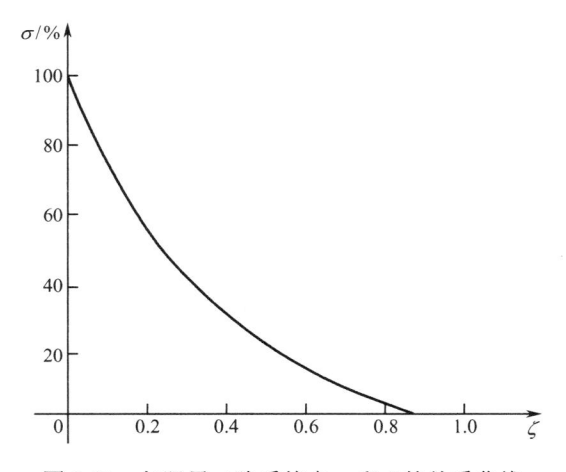

图 3-10 欠阻尼二阶系统中 σ 和 ζ 的关系曲线

4. 调节时间 t_s

根据调节时间 t_s 的定义，t_s 应由下式求出：

$$\Delta h = h(\infty) - h(t) = \left| \frac{e^{-\zeta\omega_n t_s}}{\sqrt{1-\zeta^2}} \sin(\omega_d t_s + \beta) \right| \le \Delta$$

求解上式十分困难。由于存在正弦函数，因此 t_s 与 ζ 之间的函数关系是不连续的，为简便起见，可采用近似的计算方法，忽略正弦函数的影响，认为指数函数衰减到 $\Delta = 0.05$ 或 $\Delta = 0.02$ 时，动态过程就结束。这样可得

$$\frac{e^{-\zeta\omega_n t_s}}{\sqrt{1-\zeta^2}} = \Delta$$

即

$$t_s = -\frac{1}{\zeta\omega_n} \ln(\Delta\sqrt{1-\zeta^2})$$

由此求得

$$t_s(5\%) = \frac{1}{\zeta\omega_n}\left[3 - \frac{1}{2}\ln(1-\zeta^2)\right] \approx \frac{3}{\zeta\omega_n} \quad (0 < \zeta < 0.68) \tag{3-26a}$$

$$t_s(2\%) = \frac{1}{\zeta\omega_n}\left[4 - \frac{1}{2}\ln(1-\zeta^2)\right] \approx \frac{4}{\zeta\omega_n} \quad (0 < \zeta < 0.76) \tag{3-26b}$$

3.3.4 零点、极点对二阶系统动态性能的影响

1. 有闭环零点欠阻尼系统——引进微分前馈

微分前馈系统的标准模型如图 3-11 所示。

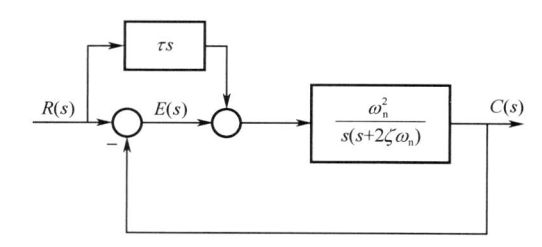

图 3-11 微分前馈系统的标准模型

校正后系统的闭环传递函数为

$$\Phi_\tau(s) = \frac{(1+\tau s)\omega_n^2}{s^2 + 2\zeta\omega_n s + \omega_n^2} \tag{3-27}$$

单位阶跃响应为

$$c(t) = 1 - r e^{-\zeta\omega_n t} \sin(\omega_d t + \psi) \quad (t > 0) \tag{3-28}$$

式中，$r = \sqrt{\dfrac{\tau^2\omega_n^2 - 2\zeta\tau\omega_n + 1}{1-\zeta^2}}$；$\psi = \arctan\dfrac{\sqrt{1-\zeta^2}}{\zeta - \tau\omega_n}$。

可获得下列动态性能。

（1）峰值时间 t_p 为

$$t_p = \frac{\pi - \psi + \theta}{\omega_d} = \frac{\pi - \arctan\dfrac{\sqrt{1-\zeta^2}\,\tau\omega_n}{1-\zeta\tau\omega_n}}{\omega_d} \qquad (3\text{-}29)$$

（2）超调量 σ 为

$$\sigma = \sqrt{\tau^2\omega_n^2 - 2\zeta\tau\omega_n + 1}\cdot e^{-\zeta\omega_n t_p} \times 100\% \qquad (3\text{-}30)$$

（3）调节时间 t_s 为

$$t_s(\Delta = 5) = \frac{1}{\zeta\omega_n}\left[3 + \frac{1}{2}\ln(\tau^2\omega_n^2 - 2\zeta\tau\omega_n + 1) - \frac{1}{2}\ln(1-\zeta^2)\right] \qquad (3\text{-}31)$$

2．有开环零点欠阻尼系统——引进微分顺馈

微分顺馈系统的标准模型及其等效模型如图 3-12 所示，可见微分顺馈系统等价于微分反馈加微分前馈系统。

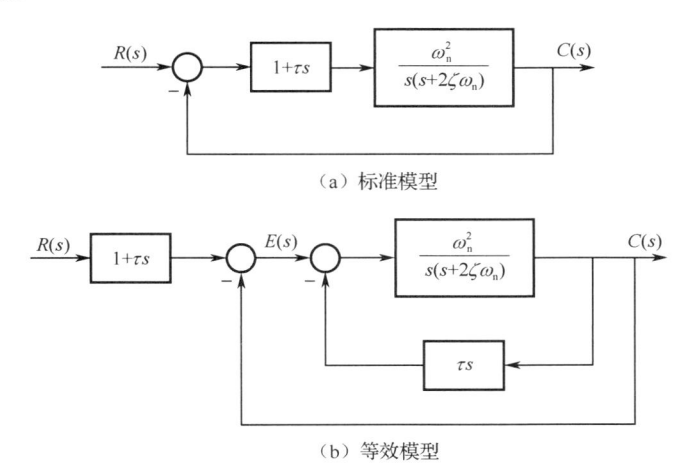

图 3-12 微分顺馈系统的标准模型及其等效模型

3．有附加极点欠阻尼系统

在典型二阶闭环控制系统上附加一个极点后，系统变为三阶系统，其传递函数为

$$\Phi(s) = \frac{\omega_n^2}{(s^2 + 2\zeta\omega_n s + \omega_n^2)(s + \chi)} \qquad (3\text{-}32)$$

$s_3 = -\chi$ 是附加极点。当 $0 < \zeta < 1$ 时，设 $\alpha = \dfrac{\chi}{\zeta\omega_n}$，三阶系统的极点分布如图 3-13 所示。为便于分析系统性能，确定 $\zeta = 0.5$，当 α 分别为 1、2、3、4 时，三阶系统的单位阶跃响应曲线如图 3-14 所示。

由图 3-13 和图 3-14 可知，在二阶系统上附加一个极点后，系统的响应变慢，超调量变小，附加的极点越靠近虚轴，这种影响就越大。当附加的极点远离虚轴时，这个极点的影响就可以忽略，三阶系统就可以降为二阶系统。

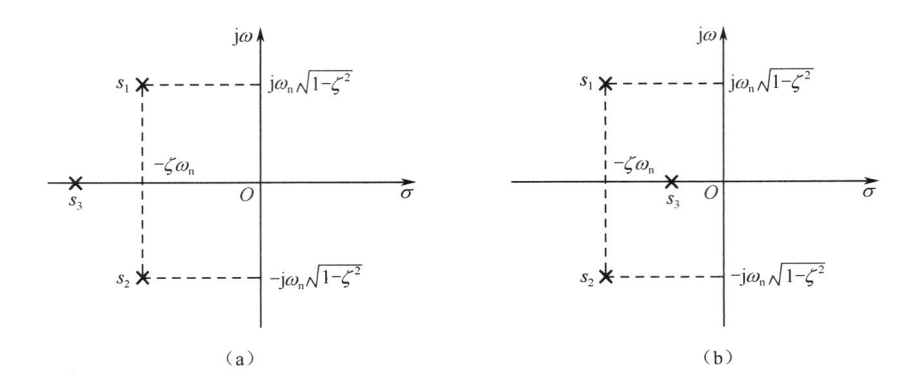

图 3-13 三阶系统的极点分布

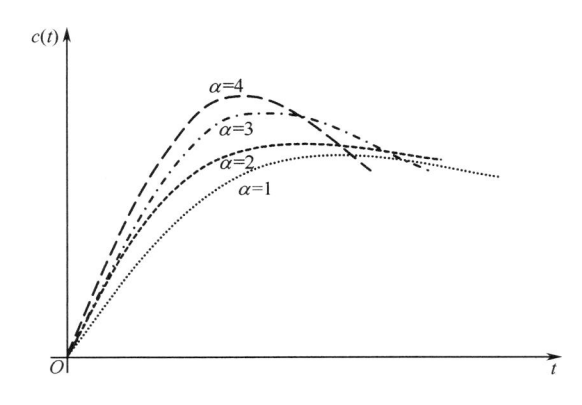

图 3-14 三阶系统的单位阶跃响应曲线

3.4 线性系统的稳定性分析

3.4.1 线性系统的稳定性判据

1. 三类稳定状态

系统就其稳定性来说，可分为渐近稳定系统、临界稳定系统和发散不稳定系统。

设系统的闭环传递函数为

$$\Phi(s) = \frac{b_m s^m + b_{m-1} s^{m-1} + \cdots + b_1 s + b_0}{a_n s^n + a_{n-1} s^{n-1} + \cdots + a_1 s + a_0} \quad (m < n) \tag{3-33}$$

将分子、分母在复数域内因式分解成闭环零点、极点形式，可写为

$$\Phi(s) = \frac{K \prod_{i=1}^{m}(s + z_i)}{\prod_{j=1}^{n}(s + s_j)} \tag{3-34}$$

式中，z_i 为闭环控制系统的零点；s_j 为闭环控制系统的极点，也称为系统特征方程的根。

假设式（3-34）中没有极点和零点相消因子，则系统稳定性可用零状态单位脉冲响应的形

态来判别。

零状态单位脉冲响应的复数域形式为

$$C(s) = \Phi(s)R(s) = \frac{\prod_{i=1}^{m}(s+z_i)}{\prod_{j=1}^{n}(s+s_j)} \quad (m<n) \tag{3-35}$$

将式（3-35）先在复数域内分解成部分分式之和，再进行拉普拉斯反变换，可求出单位脉冲响应的时域形式 $c(t)$。

当 $\prod_{j=1}^{n}(s+s_j)$ 中不只含 s^p 因式时，其单位脉冲响应含有如下分量，即

$$(A_0 + A_1 t + \cdots + A_{p-1} t^{p-1})1(t) \tag{3-36}$$

当 $\prod_{j=1}^{n}(s+s_j)$ 中不只含 $(s+\sigma)^q$ 因式时，其单位脉冲响应含有如下分量，即

$$(B_0 + Bt + \cdots + B_{q-1} t^{q-1})\mathrm{e}^{-\sigma t}1(t) \tag{3-37}$$

当 $\prod_{j=1}^{n}(s+s_j)$ 中不只含 $[(s+\mathrm{j}\omega)(s-\mathrm{j}\omega)]^r = (s^2+\omega^2)^r$ 因式时，其单位脉冲响应含有如下分量，即

$$[C_0 \sin(\omega t+\phi_0) + C_1 t \sin(\omega t+\phi_1) + \cdots + C_{r-1} t^{r-1} \sin(\omega t+\phi_{r-1})]1(t) \tag{3-38}$$

当 $\prod_{j=1}^{n}(s+s_j)$ 中不只含 $\{[(s+\sigma)+\mathrm{j}\omega][(s+\sigma)-\mathrm{j}\omega]\}^s = [(s+\sigma)^2+\omega^2]^s$ 因式时，其单位脉冲响应含有如下分量，即

$$[D_0 \sin(\omega t+\phi_0) + D_1 t \sin(\omega t+\phi_1) + \cdots + D_{s-1} t^{s-1} \sin(\omega t+\phi_{s-1})]\mathrm{e}^{-\sigma t}1(t) \tag{3-39}$$

系统的稳定性按其单位脉冲响应的形态可划分为三类。

（1）如果系统所有的极点都位于左半 s 平面，则单位脉冲响应由式（3-37）和式（3-39）可得

$$\lim_{t\to\infty}|c(t)| = 0 \tag{3-40}$$

此时系统是渐近稳定系统。

（2）如果系统有单极点位于 $\mathrm{j}\omega$ 轴上，而其余极点都严格位于左半 s 平面，则单位脉冲响应由式（3-36）和式（3-38）可得

$$0 \leqslant \lim_{t\to\infty}|c(t)| < M \quad (M>0 \text{ 且为任意实数}) \tag{3-41}$$

此时系统是临界稳定系统。

（3）如果系统有极点位于右半 s 平面，或者有重极点位于 $\mathrm{j}\omega$ 轴上，则单位脉冲响应由式（3-36）～式（3-39）可知，对于任意正数 M，总存在某足够大的 t_p 使下式成立，即

$$|c(t_\mathrm{p})| > M \tag{3-42}$$

此时系统响应无界，该系统是发散不稳定系统。

2．代数稳定判据

设系统的特征方程为

$$a_n s^n + a_{n-1} s^{n-1} + \cdots + a_1 s + a_0 = 0 \quad (a_n > 0) \tag{3-43}$$

1)劳斯稳定判据

系统渐近稳定的必要条件是 $a_n, a_{n-1}, \cdots, a_1, a_0$ 同号。系统渐近稳定的充分必要条件是劳斯阵列表首列元素均为正。利用劳斯稳定判据的劳斯阵列表可以确定特征方程严格位于右半 s 平面极点的个数和位于 $j\omega$ 轴上极点的个数。

当劳斯阵列表中首列元素全大于零时,系统是渐近稳定的;反之,系统是临界稳定或发散不稳定的。劳斯阵列表中首列元素正、负号改变的次数等于特征方程位于右半 s 平面极点的个数。

当劳斯阵列表中某行首列元素为零而该行其他元素不全为零时,可用无穷小数 ε 代替该行首列元素的零,继续计算完。令 $\varepsilon \to 0^+$,计算首列元素符号改变的次数,该次数等于右半 s 平面特征根的个数。

当劳斯阵列表中两行元素成比例时,就会出现下一行元素全为零的情况。这时,可用上一行元素构造辅助方程 $Q(s) = 0$,用 $\dfrac{\mathrm{d}Q(s)}{\mathrm{d}s}$ 的各项系数代替全为零行中的各元素,继续计算完。首列元素符号改变的次数等于特征方程严格位于右半 s 平面极点的个数;解方程 $Q(s) = 0$,可得出所有中心对称于坐标原点的极点。

【例 3-1】 设系统的特征方程为 $s^4 + 6s^3 + 12s^2 + 6s + 1 = 0$,试用劳斯稳定判据判断系统的稳定性。

解: 列出劳斯阵列表,即

s^4	1	12	1
s^3	6	6	
s^2	11	1	
s^1	60/11		
s^0	1		

劳斯阵列表中首列元素没有符号改变,所以系统渐进稳定。

【例 3-2】 设系统的特征方程为 $s^4 + 2s^3 + 3s^2 + 4s + 5 = 0$,试用劳斯稳定判据判断系统的稳定性。

解: 列出劳斯阵列表,即

s^4	1	3	5
s^3	2	4	0
s^2	$\dfrac{2\times 3 - 1\times 4}{2} = 1$	$\dfrac{2\times 5 - 1\times 0}{2} = 5$	
s^1	$\dfrac{1\times 4 - 2\times 5}{1} = -6$		
s^0	$\dfrac{(-6)\times 5}{-6} = 5$		

因为劳斯阵列表中首列元素有符号改变,所以系统不稳定;又因为首列元素的符号改变了两次,$1 \to -6 \to 5$,所以系统有两个根在右半 s 平面。

注意: 在劳斯阵列表的计算过程中,可能出现以下两种特殊情况。

（1）劳斯阵列表中首列的某个元素为零，而同行的其余元素不为零或没有其余项。在这种情况下，可以用一个很小的正数 ε 代替这个零，并据此计算出数组中其余各项。如果劳斯阵列表首列中 ε 上、下各项的符号相同，则说明系统存在一对虚根，系统处于临界稳定状态；如果 ε 上、下各项的符号不同，则说明首列元素有符号改变，系统不稳定。

【例 3-3】 设系统特征方程为 $s^4+3s^3+3s^2+3s+2=0$，试用劳斯稳定判据判断系统的稳定性。

解：特征方程各项系数均为正数，列出劳斯阵列表，即

$$\begin{array}{c|ccc} s^4 & 1 & 3 & 2 \\ s^3 & 3 & 3 & 0 \\ s^2 & 2 & 2 & \\ s^1 & \varepsilon & & \\ s^0 & 2 & & \end{array}$$

由于 ε 是很小的正数，而首列元素除有一个零值外，其余元素全部大于零，因此系统是临界稳定的。

（2）如果劳斯阵列表中某一行的所有元素都为零，则表明系统存在大小相等、符号相反的实根和（或）共轭虚根，这时可以利用该行上面一行的系数构成一个辅助方程，将对辅助方程求导后的系数列入该行。这样，劳斯阵列表中其余各行的计算便可继续下去。s 平面中这些大小相等、符号相反的根可以通过辅助方程求得，而且这些根的个数总是偶数。

2）赫尔维茨稳定判据

对于特征方程系统，其渐近稳定的必要条件是各项系数同号，如均大于零；其渐近稳定的充分必要条件是 $a_n>0$ 且赫尔维茨行列式 $D_k>0$（$k=1,2,\cdots,n$）。

赫尔维茨行列式为

$$D_1 = a_{n-1}$$

$$D_2 = \begin{vmatrix} a_{n-1} & a_{n-3} \\ a_n & a_{n-2} \end{vmatrix}$$

$$D_3 = \begin{vmatrix} a_{n-1} & a_{n-3} & a_{n-5} \\ a_n & a_{n-2} & a_{n-4} \\ 0 & a_{n-1} & a_{n-3} \end{vmatrix} \quad (3\text{-}44)$$

$$\vdots$$

$$D_n = \begin{vmatrix} a_{n-1} & a_{n-3} & a_{n-5} & \cdots & 0 \\ a_n & a_{n-2} & a_{n-4} & \cdots & 0 \\ 0 & a_{n-1} & a_{n-3} & \cdots & 0 \\ \vdots & \vdots & \vdots & & \vdots \\ 0 & 0 & 0 & \cdots & a_0 \end{vmatrix}$$

式中，n 阶行列式 D_n 的主对角线元素为 $a_{n-1},a_{n-2},a_{n-3},\cdots,a_0$，每列元素以主对角线为基准，往上按下标递减 1 的顺序排列，往下按下标递加 1 的顺序排列，凡下标大于 n 或小于 0 的元素均取零值。

这样，各阶系统渐近稳定的充分必要条件为

1 阶系统：$D_1 > 0$

2 阶系统：$D_1 > 0$ 且 $D_2 > 0$

3 阶系统：$D_1 > 0$ 且 $D_2 > 0$ 且 $D_3 > 0$ (3-45)

⋮

n 阶系统：$D_1 > 0$ 且 $D_2 > 0$ 且 $\cdots$ 且 $D_n > 0$

林纳德-奇帕特（Lienard-Chipart）判据证明：在特征方程各项系数均为正数的条件下，若 $D_i > 0$（$i = 1,3,5\cdots$），则必有 $D_j > 0$（$j = 2,4,6\cdots$）；若 $D_j > 0$（$j = 2,4,6\cdots$），则必有 $D_i > 0$（$i = 1,3,5,\cdots$）。这样，在判断系统是否渐近稳定时，计算量可以减半。

3.4.2 线性系统的稳定性判据的应用

劳斯稳定判据不仅可以判断系统是否稳定，即系统的绝对稳定性，而且可以检验系统是否有一定的稳定裕度，即相对稳定性。另外，劳斯稳定判据还可用来分析系统参数对系统稳定性的影响和鉴别延滞系统的稳定性。劳斯稳定判据可以通过检查系统的参数值，确定一个或两个系统参数的变化对系统稳定性的影响，从而界定参数值的稳定范围问题。

【**例 3-4**】已知系统的结构图如图 3-15 所示，试用劳斯稳定判据确定使闭环控制系统稳定的 K 的取值范围。

解：根据系统的结构图，可得其闭环传递函数为

$$\Phi(s) = \frac{K}{s(T_1 s + 1)(T_2 s + 1) + K}$$

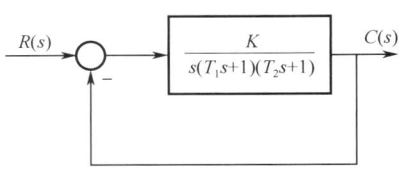

图 3-15 系统的结构图

因此，闭环特征方程为

$$T_1 T_2 s^3 + (T_1 + T_2)s^2 + s + K = 0$$

应用劳斯稳定判据，列出相应的劳斯阵列表，即

$$\begin{array}{c|cc}
s^3 & T_1 T_2 & 1 \\
s^2 & T_1 + T_2 & K \\
s^1 & \dfrac{(T_1 + T_2) - K T_1 T_2}{T_1 + T_2} & \\
s^0 & K &
\end{array}$$

为使系统稳定，必须保证劳斯阵列表中首列元素均大于零，即

$$\frac{(T_1 + T_2) - K T_1 T_2}{T_1 + T_2} > 0$$

$$K > 0$$

因此，K 的取值范围为

$$0 < K < \frac{1}{T_1} + \frac{1}{T_2}$$

3.5 线性系统的稳态误差分析

设控制系统的典型动态结构如图 3-16 所示。

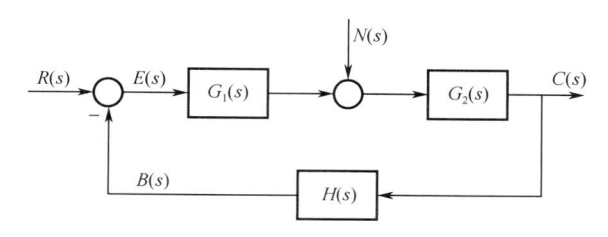

图 3-16 控制系统的典型动态结构

1. 从系统输入端定义稳态误差

令输入信号为 $r(t)$，主反馈信号为 $b(t)$，通常定义两者差值 $e(t)$ 为误差，即

$$e(t) = r(t) - b(t) \tag{3-46}$$

当时间 $t \to \infty$ 时，此值就是稳态误差，用 e_{ss} 表示，即

$$e_{ss} = \lim_{t \to \infty}[r(t) - b(t)] \tag{3-47}$$

从系统输入端定义的稳态误差测量方便，物理意义明确。

2. 从系统输出端定义稳态误差

系统输出量的实际值与期望值之差为稳态误差，即

$$e(t) = c_{request}(t) - c(t) \tag{3-48}$$

从系统输出端定义的稳态误差在实际系统中有时无法测量，因而只有数学上的意义，且应用性较差。

当 $H(s) = 1$ 时，这两种定义等价。对于图 3-16 所示的系统，两种定义可通过式（3-49）进行等价变换，即

$$E'(s) = \frac{E(s)}{H(s)} \tag{3-49}$$

式中，$E(s)$ 为从系统输入端定义的稳态误差；$E'(s)$ 为从系统输出端定义的稳态误差。本书以下均采用从系统输入端定义的稳态误差。

根据从系统输入端定义的稳态误差的概念，由图 3-16 可得，系统的误差传递函数为

$$\begin{aligned} G_{er}(s) &= \frac{E(s)}{R(s)} = \frac{R(s) - B(s)}{R(s)} \\ &= \frac{R(s) - C(s)H(s)}{R(s)} \\ &= \frac{1}{1 + G_1(s)G_2(s)H(s)} \end{aligned} \tag{3-50}$$

误差的拉普拉斯变换为

$$E(s) = R(s)G_{er}(s) = \frac{R(s)}{1 + G_1(s)G_2(s)H(s)} \tag{3-51}$$

因此，由终值定理可得，给定稳态误差为

$$e_{ss} = \lim_{t \to \infty} e(t) = \lim_{s \to 0} sE(s) = \lim_{s \to 0} \frac{sR(s)}{1 + G_1(s)G_2(s)H(s)} \tag{3-52}$$

3.5.1 线性系统的给定稳态误差

设只有给定输入信号作用时控制系统的结构图如图3-17所示。

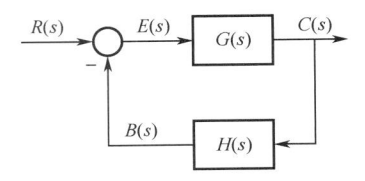

图 3-17 只有给定输入信号作用时控制系统的结构图

因此，误差为

$$E(s) = \frac{R(s)}{1 + G(s)H(s)} \tag{3-53}$$

令 $G_k(s) = G(s)H(s)$，称为系统的开环传递函数，则有

$$G_k(s) = \frac{K\prod_{i=1}^{m}(\tau_i s + 1)}{s^v \prod_{j=1}^{n-v}(T_j s + 1)} \tag{3-54}$$

式中，K 为系统开环增益；v 为积分环节的个数，并且 v 决定了系统类型。通常情况下，当 $v=0$ 时，系统为 0 型系统；当 $v=1$ 时，系统为 I 型系统；当 $v=2$ 时，系统为 II 型系统。根据不同的输入信号，系统所产生的稳态误差不同。下面分别讨论三种不同输入信号（单位阶跃信号、单位斜坡信号和单位抛物线信号）作用于不同类型的系统时产生的稳态误差。

1. 单位阶跃信号输入

当 $R(s)=1/s$ 时，有

$$e_{ss} = \lim_{s \to 0} \frac{s \times \frac{1}{s}}{1 + G_k(s)} = \frac{1}{1 + \lim_{s \to 0} G_k(s)} \tag{3-55}$$

式中，$\lim_{s \to 0} G_k(s)$ 可用 K_p 表示，称为稳态位置误差系数。由式（3-54）可得

$$K_p = \lim_{s \to 0} \frac{K\prod_{i=1}^{m}(\tau_i s + 1)}{s^v \prod_{j=1}^{n-v}(T_j s + 1)} \tag{3-56}$$

稳态位置误差系数和单位阶跃信号输入下的稳态误差如表3-3所示。

表 3-3 稳态位置误差系数和单位阶跃信号输入下的稳态误差

系统类型	稳态位置误差系数 K_p	典型输入信号 $r(t)=a \cdot 1(t)$（a 为常数）作用下的稳态误差
0 型	K	$a/(1+K)$
I 型	∞	0
II 型	∞	0

2. 单位斜坡信号输入

当 $R(s)=1/s^2$ 时，有

$$e_{ss} = \lim_{s \to 0} \frac{s \times \dfrac{1}{s^2}}{1+G_k(s)} = \frac{\dfrac{1}{s}}{1+\lim\limits_{s \to 0} G_k(s)} = \frac{1}{\lim\limits_{s \to 0} sG_k(s)} \tag{3-57}$$

式中，$\lim\limits_{s \to 0} sG_k(s)$ 可用 K_v 表示，称为稳态速度误差系数。由式（3-54）可得

$$K_v = \lim_{s \to 0} \frac{sK \prod\limits_{i=1}^{m}(\tau_i s+1)}{s^v \prod\limits_{j=1}^{n-v}(T_j s+1)} \tag{3-58}$$

稳态速度误差系数和单位斜坡信号输入下的稳态误差如表 3-4 所示。

表 3-4 稳态速度误差系数和单位斜坡信号输入下的稳态误差

系统类型	稳态速度误差系数 K_v	典型输入信号 $r(t)=a \cdot t$（a 为常数）作用下的稳态误差
0 型	0	∞
I 型	K	a/K
II 型	∞	0

3. 单位抛物线信号输入

当 $R(s)=1/s^3$ 时，有

$$e_{ss} = \lim_{s \to 0} \frac{s \times \dfrac{1}{s^3}}{1+G_k(s)} = \frac{1}{\lim\limits_{s \to 0} s^2 G_k(s)} \tag{3-59}$$

式中，$\lim\limits_{s \to 0} s^2 G_k(s)$ 可用 K_a 表示，称为稳态加速度误差系数。由式（3-54）可得

$$K_a = \lim_{s \to 0} \frac{s^2 K \prod\limits_{i=1}^{m}(\tau_i s+1)}{s^v \prod\limits_{j=1}^{n-v}(T_j s+1)} \tag{3-60}$$

稳态加速度误差系数和单位抛物线信号输入下的稳态误差如表 3-5 所示。

表 3-5 稳态加速度误差系数和单位抛物线信号输入下的稳态误差

系统类型	稳态加速度误差系数 K_a	典型输入信号 $r(t)=\dfrac{1}{2} b \cdot t^2$（$b$ 为常数）作用下的稳态误差
0 型系统	0	∞
I 型系统	0	∞
II 型系统	K	b/K

综上所述，可以得到不同类型系统的稳态误差系数及其在典型输入信号作用下的稳态误差，如表 3-6 所示。

表 3-6 稳态误差系数和典型输入信号作用下的稳态误差

系统类型	稳态误差系数			典型输入信号作用下稳态误差		
	K_p	K_v	K_a	$r(t) = a \cdot 1(t)$	$r(t) = a \cdot t$	$r(t) = \frac{1}{2}b \cdot t^2$
0 型	K	0	0	$a/(1+K)$	∞	∞
Ⅰ 型	∞	K	0	0	a/K	∞
Ⅱ 型	∞	∞	K	0	0	b/K

3.5.2 线性系统的扰动稳态误差

除给定输入信号外，控制系统还受到各种扰动信号的作用。扰动信号破坏了系统输出和给定输入信号之间的关系，因此在扰动信号作用下控制系统的稳态误差反映了系统的抗干扰能力。

设控制系统如图 3-16 所示，其中 $N(s)$ 代表扰动信号的拉普拉斯变换。由于在扰动信号 $N(s)$ 作用下，系统的理想输出应为零，因此该非单位反馈系统的输出端误差为

$$E_n(s) = -C_n(s) = -\frac{G_2(s)}{1 + G_1(s)G_2(s)H(s)} H(s)N(s) \tag{3-61}$$

根据拉普拉斯变换终值定理，可得扰动稳态误差为

$$e_{ssn} = \lim_{t \to \infty} e_n(t) = \lim_{s \to 0} sE_n(s) = \lim_{s \to 0} \frac{-sG_2(s)H(s)N(s)}{1 + G_1(s)G_2(s)H(s)} \tag{3-62}$$

【例 3-5】 图 3-18 所示为典型工业过程控制系统的结构图。设被控对象的传递函数为 $G_p(s) = \dfrac{K}{s(T_2s+1)}$，求当采用比例调节器和比例-积分调节器时系统的稳态误差。

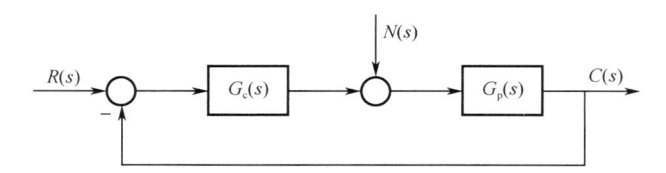

图 3-18 典型工业过程控制系统的结构图

解：（1）若采用比例调节器，即 $G_c(s) = K_p$，则由图 3-18 可以看出，系统对给定输入信号来说为 Ⅰ 型系统，令阶跃扰动转矩 $N(s) = 0$，给定输入信号 $R(s) = R/s$，则系统对阶跃给定输入信号的稳态误差为零。

若令 $R(s) = 0$，$N(s) = N/s$，则系统对阶跃扰动转矩的稳态误差为

$$e_{ssn} = \lim_{s \to 0} \frac{-s \times \dfrac{K}{s(T_2s+1)}}{1 + \dfrac{K_pK}{s(T_2s+1)}} \times \frac{N}{s} = \lim_{s \to 0} \frac{-KN}{s(T_2s+1) + K_pK} = -\frac{N}{K_p}$$

系统在阶跃扰动转矩作用下存在稳态误差的物理意义是明显的。稳态时，比例调节器产生一个与扰动转矩 N 大小相等、方向相反的转矩 $-N$ 以进行平衡，该转矩折算到比较装置输入端的数值为 $-N/K_p$，因此系统必定存在常值稳态误差 $-N/K_p$。

(2) 若采用比例-积分调节器，即 $G_c(s) = K_p \left(1 + \dfrac{1}{T_i s}\right)$，则系统对给定输入信号来说是 II 型系统，当给定输入信号为阶跃信号、斜坡信号时，系统的稳态误差为零。

当 $N(s)$ 为斜坡扰动转矩时，若令 $R(s) = 0$，$N(s) = N/s$，则有

$$e_{ssn} = \lim_{s \to 0} \dfrac{-s \times \dfrac{K}{s(T_2 s + 1)}}{1 + \dfrac{K_p K(T_i s + 1)}{T_i s^2 (T_2 s + 1)}} \times \dfrac{N}{s} = \lim_{s \to 0} \dfrac{-KNT_i s}{T_i T_2 s^3 + T_i s^2 + K_p K T_i s + K_p K} = 0$$

若令 $R(s) = 0$，$N(s) = N/s^2$，则有

$$e_{ssn} = \lim_{s \to 0} \dfrac{-KNT_i}{T_i T_2 s^3 + T_i s^2 + K_p K T_i s + K_p K} = -\dfrac{NT_i}{K_p}$$

采用比例-积分调节器后，能够消除阶跃扰动转矩作用下的稳态误差。其物理意义是，因为调节器具有积分控制作用，只要稳态误差不为零，调节器的输出转矩就会一直增长，并力图减小稳态误差，直到稳态误差变为零。在斜坡扰动转矩作用下，由于扰动转矩为斜坡信号，因此在稳态时要有一个反向的斜坡扰动转矩输出与之平衡，这样只有在调节器输入的误差信号为负常值才行。

3.5.3 减小稳态误差的方法

（1）保证系统中各个环节，特别是反馈回路中元件的参数具有一定的精度和恒定性，必要时需采取误差补偿措施。

（2）增大误差信号与扰动信号作用点之间前向通道的开环增益或积分环节数目，可以减小扰动信号引起的稳态误差。

（3）增加系统前向通道的积分环节数目，可以使系统型次提高，消除不同输入信号的稳态误差。但是，积分环节数目增加会降低系统的稳定性，并影响到其他动态性能指标。在实际过程控制系统中，常用比例-积分调节器消除系统在扰动信号作用下的稳态误差。

（4）采用复合控制系统，即将反馈控制与扰动信号的前馈或给定输入信号的顺馈相结合。复合控制系统是在系统中加入前馈通路组成的前馈控制与反馈控制相结合的系统，只要系统参数选择合适，就可以保持系统稳定，并且能极大地减小乃至消除稳态误差。

3.6 MATLAB 用于时域分析法

根据输入信号的不同，在 MATLAB 中可通过调用不同的函数实现系统的时域响应，例子如下。

（1）当输入信号为单位脉冲信号时，系统的输出为单位脉冲响应，用 impulse() 函数实现，其调用格式如下。

```
[y, x, t] = impulse (num, den, t)
```

（2）当输入信号为单位阶跃信号时，系统的输出为单位阶跃响应，用 step() 函数实现，其调用格式如下。

```
[y, x, t] = step (num, den, t)
```

MATLAB 中没有斜坡响应命令，因此，需要利用阶跃响应命令来实现斜坡响应。

【例 3-6】 已知系统的闭环传递函数 $\dfrac{C(s)}{R(s)} = \Phi(s) = \dfrac{1}{0.05s^2 + 0.5s + 5}$，求其单位斜坡响应。

解：

$$C(s) = \Phi(s)R(s) = \dfrac{1}{0.05s^2 + 0.5s + 5} \cdot \dfrac{1}{s^2} = \dfrac{1}{(0.05s^2 + 0.5s + 5)s} \cdot \dfrac{s}{s^2} = \dfrac{1}{s(0.05s^2 + 0.5s + 5)} \cdot \dfrac{1}{s}$$

MATLAB 命令如下。

```
%Z301.m
num = [1];
den = [0.05,0.5,5,0];
t = [0:0.1:10];
c = step(num,den,t);
plot(t,c);
grid;
xlabel('t');
ylabel('y');
title('单位斜坡响应')
```

单位斜坡响应结果如图 3-19 所示。

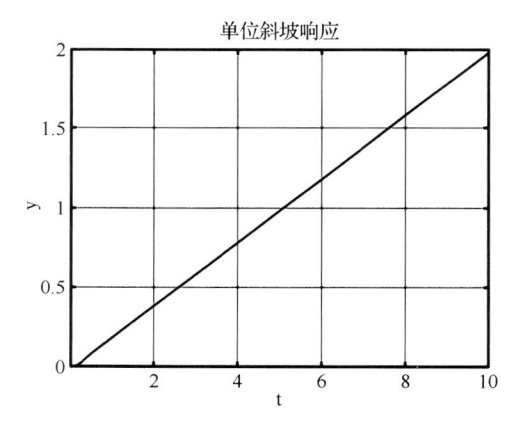

图 3-19 单位斜坡响应结果

【例 3-7】 已知系统的闭环传递函数 $\Phi(s) = \dfrac{100(s+2)}{s^3 + 1.5s^2 + 100.44s + 100}$，试绘制系统的单位阶跃响应和单位脉冲响应曲线。

解： MATLAB 命令如下。

```
%Z302.m
clf;
num = [100 200];
den = [1 1.5 100.44 100];
g = tf(num,den);
 [y, t, x] = step(g);
subplot(211),plot(t, y)
title('单位阶跃响应')
```

```
xlabel('time'),ylabel('amplitude')
subplot(212),plot(t1, y1)
title('单位脉冲响应')
xlabel('time'),ylabel('amplitude')
```

单位阶跃响应和单位脉冲响应结果如图 3-20 所示。

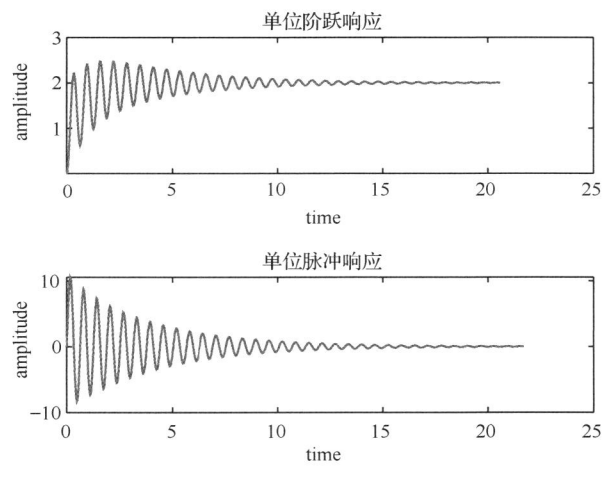

图 3-20 单位阶跃响应和单位脉冲响应结果

由于控制系统的稳定性取决于系统闭环极点的位置，因此欲判断系统的稳定性，只需求出系统的闭环极点的分布状况。利用 MATLAB 命令可以快速求解系统的零点、极点，并绘制出其零点、极点图。

【例 3-8】 已知连续系统的传递函数 $G(s) = \dfrac{4s^4 + 2s^3 + 4s^2 + 3s + 3}{s^5 + 3s^4 + 4s^3 + 2s^2 + 7s + 2}$，求该系统的零点、极点及增益，并绘制出其零点、极点图，判断系统的稳定性。

解： MATLAB 命令如下。

```
%Z303.m
num = [4 2 4 3 3];
den = [1 3 4 2 7 2];
t = [0:0.1:10];
[Z,P,K] = tf2zp(num,den);
pzmap(num,den);
title('系统的零点、极点图')
```

执行结果如下。

```
Z =

    0.329833229235145 + 0.971294283720137i
    0.329833229235145 - 0.971294283720137i
   -0.579833229235145 + 0.613664360416610i
   -0.579833229235145 - 0.613664360416610i


P =
```

```
    -1.76802679953667 + 1.26734080125059i
    -1.76802679953667 - 1.26734080125059i
    0.417562142911090 + 1.11303451806047i
    0.417562142911090 - 1.11303451806047i
    -0.299070686748835
K =

    4
```

系统的零点、极点图如图 3-21 所示。

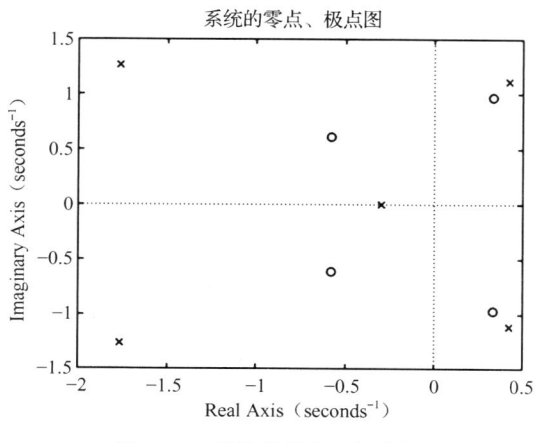

图 3-21 系统的零点、极点图

从图 3-21 中可以看出，系统有在右半 s 平面内的极点，所以系统不稳定。此外，也可以通过 MATLAB 命令判断系统的稳定性。

MATLAB 命令如下。

```
roots(den);
```

运行结果如下。

```
ans =

  -1.7680 + 1.2673i
  -1.7680 - 1.2673i
   0.4176 + 1.1130i
   0.4176 - 1.1130i
  -0.2991 + 0.0000i
```

运行结果表明，特征根中有 2 个根的实部为正，所以系统不稳定。

应用案例 3　新型电动轮椅速度控制系统

新型电动轮椅是在传统手动轮椅的基础上，通过叠加高性能动力驱动装置、智能操纵装置、电池等部件改造升级而成的。它具备人工操纵的智能控制器，能够驱动轮椅完成前进、后退、转向、站立、平躺等多种功能。这种新一代智能化轮椅是现代精密机械、智能数控、工程力学等领域技术相结合的高科技产品。

本案例采用胡寿松主编的《自动控制原理》教材的习题，其中列举了一种装有非常实用的速度控制系统，使颈部以下有残障的人士也能自行驾驶的新型电动轮椅。该轮椅控制系统在头盔上以 90°间隔安装了四个速度传感器，用来指示前、后、左、右四个方向。头盔传感系统的综合输出与头部运动的幅度成正比。图 3-22 所示为轮椅控制系统的结构图，其中时间常数 $T_1 = 0.5\text{s}$，$T_2 = 1\text{s}$，$T_3 = 0.25\text{s}$。要求如下。

（1）确定使系统稳定的 K 的取值范围（$K = K_1K_2K_3$）。

（2）确定 K 的取值范围，使系统单位阶跃响应的调节时间等于 4s（$\Delta = 2\%$），并计算此时系统的特征根。

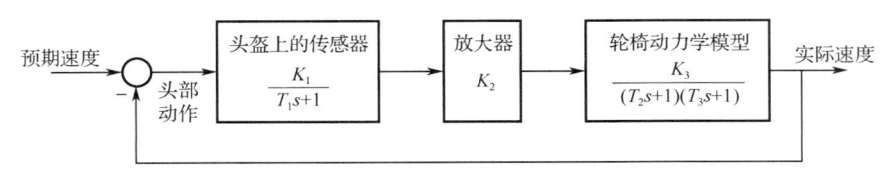

图 3-22 轮椅控制系统的结构图

解：（1）由图 3-22 可得，系统的开环传递函数为

$$G(s) = \frac{K_1K_2K_3}{(0.5s+1)(s+1)(0.25s+1)} = \frac{8K}{s^3 + 7s^2 + 14s + 8}$$

闭环传递函数为

$$\Phi(s) = \frac{8K}{s^3 + 7s^2 + 14s + 8(1+K)}$$

闭环特征方程为

$$D(s) = s^3 + 7s^2 + 14s + 8(1+K) = 0$$

列出劳斯阵列表，即

$$\begin{array}{c|cc} s^3 & 1 & 14 \\ s^2 & 7 & 8(1+K) \\ s^1 & \dfrac{90-8K}{7} & \\ s^0 & 8(1+K) & \end{array}$$

由劳斯稳定判据可得，使系统稳定的 K 的取值范围为 $-1 < K < 11.25$。

（2）由 $t_s = \dfrac{4.4}{\zeta\omega_n} = 4\text{s}$ 可得 $\zeta\omega_n$，故希望特征方程为

$$(s+b)(s^2 + 2\zeta\omega_n s + \omega_n^2) = (s+b)(s^2 + 2.2s + \omega_n^2)$$
$$= s^3 + (2.2+b)s^2 + (\omega_n^2 + 2.2b)s + b\omega_n^2$$
$$= 0$$

实际特征方程为

$$D(s) = s^3 + 7s^2 + 14s + 8(1+K) = 0$$

比较两式可得

$$\begin{cases} 2.2+b=7 \\ \omega_n^2+2.2b=14 \\ b\omega_n^2=8(1+K) \end{cases} \Rightarrow \begin{cases} b=4.8 \\ \omega_n=1.85 \\ K=1.05 \end{cases}$$

因此，闭环特征方程为

$$(s+4.8)(s^2+2.2s^2+3.42)=0$$

系统的特征根为

$$s_{1,2}=-1.1\pm j1.49, \quad s_3=-4.8$$

小结

（1）时域分析是指通过直接求解系统在典型输入信号作用下的时域响应来分析系统的性能。通常以系统阶跃响应的延迟时间、上升时间、峰值时间、调节时间、超调量和稳态误差等性能指标来评价系统性能的优劣。

（2）二阶系统在欠阻尼时的响应虽有振荡，但只要阻尼比取值适当（如取 0.707 左右），系统就既有响应的快速性，又有过渡过程的平稳性，因而在控制工程中常把二阶系统设计为欠阻尼系统。

（3）稳定是系统能正常工作的首要条件。线性定常系统的稳定性是系统的一种固有特性，它仅取决于系统的结构和参数，与控制信号的形式和大小无关。不用求根而能直接判断系统稳定性的方法，称为代数稳定判据。代数稳定判据只回答特征根在 s 平面上的分布情况，而不能确定根的具体数值。可采用劳斯稳定判据或赫尔维茨稳定判据来判断系统的稳定性。

（4）稳态误差是系统控制精度的度量，也是系统的一个重要性能指标。系统的稳态误差既与其结构和参数有关，也与控制信号的形式、大小和作用点有关。一般从系统输入端定义稳态误差，可以采用拉普拉斯变换终值定理求稳态误差。

（5）系统的稳态精度与动态性能在对系统的类型和开环增益的要求上是相互矛盾的。解决这一矛盾的方法，除了在系统中设置校正装置，还有用前馈补偿的方法来提高系统的稳态精度。

习题

3-1 设系统的结构图如图 3-23 所示，已知其传递函数 $G(s)=10/(0.2s+1)$，现在采用加负反馈的办法，将调节时间 t_s 减小为原来的 1/10，并保证总放大系数不变，试确定参数 K_1 和 K_0 的数值。

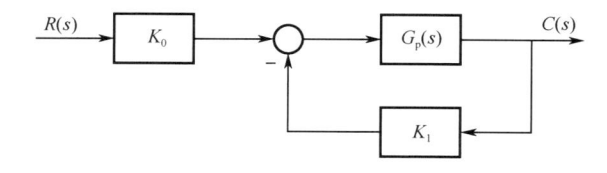

图 3-23 习题 3-1 图

第3章 控制系统的时域分析法

3-2 某系统在输入信号 $r(t) = (1+t)1(t)$ 作用下,测得输出响应 $c(t) = (t+0.9) - 0.9e^{-10t}$ ($t \geq 0$),已知初始条件为零,试求系统的闭环传递函数 $G(s)$。

3-3 设二阶控制系统的单位阶跃响应曲线如图 3-24 所示,试确定系统的闭环传递函数。

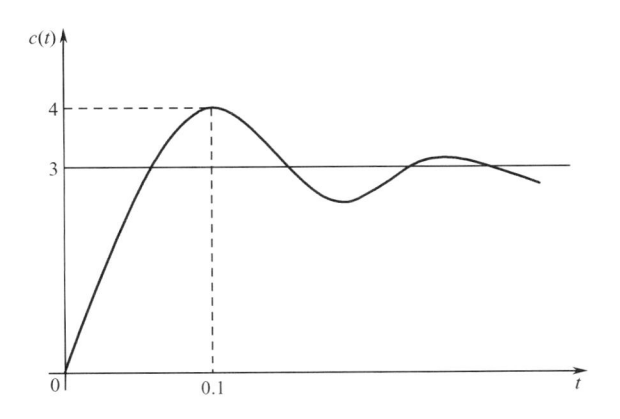

图 3-24 习题 3-3 图

3-4 设系统的结构图如图 3-25 所示,如果要求系统的超调量等于 15%,峰值时间等于 0.8s,试确定增益 K_1 和速度反馈系数 K_t 的数值,同时确定在此 K_1 和 K_t 数值下系统的上升时间和调节时间。

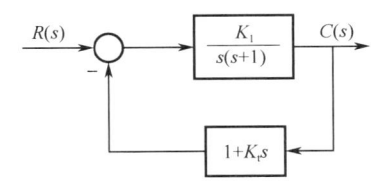

图 3-25 习题 3-4 图

3-5 设控制系统的结构图如图 3-26 所示,试设计反馈通道传递函数 $H(s)$,使系统阻尼比提高到希望的 ζ,但保持增益 K 及自然频率 ω_n 不变。

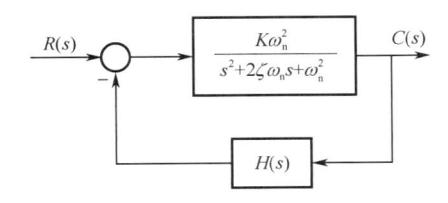

图 3-26 习题 3-5 图

3-6 已知系统特征方程为 $s^6 + 30s^5 + 20s^4 + 10s^3 + 4s^2 + 10 = 0$,试判断系统的稳定性。

3-7 已知系统特征方程为 $s^4 + 9s^3 + 20s^2 + 5 = 0$,试用劳斯稳定判据判断系统的稳定性。

3-8 已知单位反馈系统的开环传递函数如下,试分别求输入信号 $r(t)$ 为 $1(t)$、t、t^2 时系统的稳态误差。

(1) $G(s) = \dfrac{40}{(0.1s+1)(3s+1)}$。

（2） $G(s) = \dfrac{6(s+1)}{s(5s+1)(3s^2+2s+1)}$。

（3） $G(s) = \dfrac{10(2s+1)(4s+1)}{s^2(s^2+2s+30)}$。

（4） $G(s) = \dfrac{20(s+1)(4s+1)}{s^2(4s^2+5s+10)}$。

3-9 设系统的结构图如图 3-27 所示，令 $r(t)=0$，$n(t)=1(t)$，欲使其稳态误差为零，且保持系统稳定，试确定 $G_e(s)$ 的传递函数。

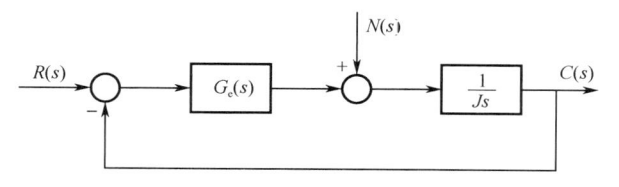

图 3-27 习题 3-9 图

3-10 设系统的结构图如图 3-28 所示，$r(t)=a(t)$（a 为常数），欲使其稳态误差等于零，试求 K_1 的数值。

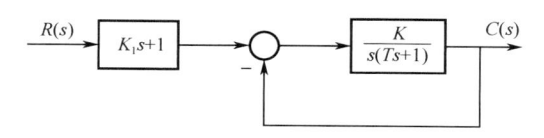

图 3-28 习题 3-10 图

3-11 系统的结构图如图 3-29 所示。

（1）当 $K=25$，$K_f=0$ 时，试求系统的阻尼系数 ζ、无阻尼自然频率 ω_n 及单位斜坡输入信号作用下的稳态误差 e_{ss}。

（2）当 $K=25$ 时，求 K_f 取何值能使闭环控制系统的阻尼系数 $\zeta=0.707$，并求单位斜坡输入信号作用下的稳态误差 e_{ss}。

（3）求可使 $\zeta=0.707$ 的单位斜坡输入信号作用时稳态误差 $e_{ss}=0.12$ 的 K 和 K_f。

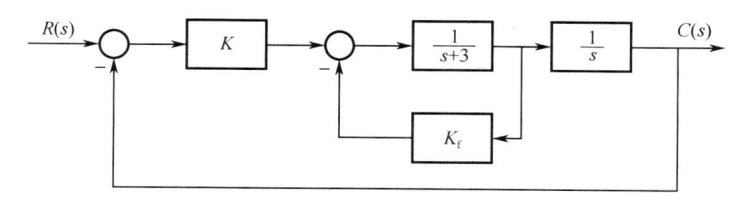

图 3-29 习题 3-11 图

3-12 单位负反馈控制系统的开环传递函数 $G(s) = \dfrac{100}{s(s+10)}$，试求以下内容。

（1）稳态位置误差系数 K_p、稳态速度误差系数 K_v 和稳态加速度误差系数 K_a。

（2）当输入 $r(t)=1+t+at^2$ 时系统的稳态误差 e_{ss}。

第 4 章　控制系统的根轨迹分析法

> **课程思政引例**

通过根轨迹分析系统性能，映射出解决问题要抓关键点，引导大学生确定好目标，早做准备（机会是留给有准备的人的），努力把握好人生的关键节点，让自己有一个更精彩的人生。

海伦·凯勒，美国现代女作家、教育家、社会活动家。她在 19 个月大的时候被猩红热夺去了视力和听力，不久，又丧失了语言表达能力。即便如此，她也没有放弃，而是自强不息，并在其导师安妮·莎莉文的帮助下，用顽强的毅力克服了生理缺陷所造成的困难。她热爱生活，会骑马、滑雪、下棋，还喜欢戏剧演出，喜欢参观博物馆和名胜古迹，并从中学到知识，她学会了读书和说话，并开始和其他人沟通，后来以优异的成绩毕业于美国拉德克利夫学院，成为一个学识渊博的人，是一位掌握英语、法语、德语、拉丁语、希腊语五种语言的著名作家和教育家，她赢得了世界各国人民的赞扬，并得到许多国家政府的嘉奖。

> **本章学习目标**

由第 3 章的时域分析可知，控制系统的性能在很大程度上由其闭环极点在 s 平面上的位置决定。当系统参数全部确定时，只需求解特征方程便可确定闭环极点的位置。当系统的某些参数发生变化时，闭环极点的位置会如何改变呢？这时就需要快速绘制出能够反映闭环极点位置变化趋势的草图，将其作为控制系统分析与设计的工具。由于闭环极点决定了系统的稳定性，并在很大程度上影响系统的稳态性能与动态性能，因此根轨迹能够直接给出闭环控制系统的时间响应信息。本章在重点介绍经典根轨迹分析法的同时，也将向读者讲解 MATLAB 中与根轨迹分析法相关的软件应用。通过本章的学习，学生应达到以下目标。

（1）掌握根轨迹的定义及相位条件、幅值条件。
（2）能够手工概略绘制系统的根轨迹图。
（3）能够利用根轨迹设计系统的开环增益，使其满足系统动态性能指标的要求。
（4）能够利用 MATLAB 绘制根轨迹图并进行系统性能分析。

4.1　根轨迹的基本概念

1948 年，伊文斯提出了一种求解代数方程的简单图解方法，称为根轨迹分析法，这种方法随后在控制工程中得到了广泛应用。该方法在系统开环零点、极点在 s 平面上分布的基础上，通过一些简单的规则，绘制出当系统中的某个参数发生变化时，系统闭环函数特征根在 s 平面上变化的轨迹，进而对系统的稳定性、动态性能与稳态性能进行定性和定量分析及计算。

4.1.1 根轨迹的定义

当系统的开环传递函数中的某个参数发生变化时,系统闭环特征根在复平面上运动的轨迹称为根轨迹。根轨迹是一个函数图形,函数的变量从零到无穷变化,这个函数图形上每个点表示的意义是在所取变量为某个值的情况下,根轨迹方程所表示的系统闭环特征根。因此,整个根轨迹是由无限个闭环极点组成的,闭环极点的情况可以反映在所取变量为一定值的情况下系统的性能。根轨迹分析法是一种由开环传递函数求闭环特征根的简便方法,它是一种表示闭环特征根与系统参数的全部数值关系的图解方法。

根轨迹具有的特点如下:
(1)直接给出闭环控制系统的时间响应的全部信息;
(2)指明开环零点、极点应该怎样变化才能满足给定闭环控制系统的性能指标要求;
(3)求解高阶代数方程比用其他近似求根法简便。

研究根轨迹的主要目的是通过根轨迹来探究系统的性能,并说明如何通过根轨迹来反映系统的性能。线性定常系统闭环特征根的位置不仅决定了系统的稳定性,而且与系统的稳态性能和动态性能也有着紧密的联系。根轨迹主要有以下三个方面的应用。

(1)用于分析开环增益(或其他参数)值的变化对系统行为的影响。

在控制系统的闭环极点中,离虚轴最近的一对孤立的共轭复数极点对系统的过渡过程行为具有主要影响,称为主导极点。在根轨迹上,很容易看出开环增益取不同值时主导极点位置的变化情况,由此可估计出其对系统性能的影响。

(2)用于分析附加环节对控制系统性能的影响。

为了达到某种目的,需要在控制系统中引入附加环节,这就相当于引入新的开环极点和开环零点。通过根轨迹可估计出引入的附加环节对系统性能的影响。

(3)用于设计控制系统的校正装置。

校正装置是为了改善控制系统性能而引入的附加环节,利用根轨迹可确定其类型,并对其进行参数设计。

4.1.2 根轨迹方程

根轨迹是系统中所有闭环极点的集合。设系统的开环传递函数以开环零点、极点的形式可以写为

$$G(s)H(s) = K_g \frac{\prod_{i=1}^{m}(s+z_i)}{\prod_{j=1}^{n}(s+p_j)} \quad (m \leq n) \tag{4-1}$$

式中,$-z_i$($i=1,2,\cdots,m$)为开环传递函数的零点;$-p_j$($j=1,2,\cdots,n$)为开环传递函数的极点;K_g为根轨迹增益。

1. 负反馈根轨迹方程

为了用图解法确定所有闭环极点的位置,设某控制系统的闭环传递函数为

$$\Phi(s) = \frac{G(s)}{1+G(s)H(s)} \tag{4-2}$$

令式（4-2）中的分母为零，可得系统的闭环特征方程为

$$1 + G(s)H(s) = 0 \quad (4\text{-}3)$$

将式（4-3）代入式（4-1）并移项，可得标准负反馈根轨迹方程为

$$K_g \frac{\prod_{i=1}^{m}(s+z_i)}{\prod_{j=1}^{n}(s+p_j)} = -1 \quad (-\infty < K_g < \infty) \quad (4\text{-}4)$$

负反馈根轨迹方程是一个复数方程，可把它写成两个实数方程。

幅值方程为

$$|G(s)H(s)| = \left|K_g\right| \frac{\prod_{i=1}^{m}|s+z_i|}{\prod_{j=1}^{n}|s+p_j|} = 1 \quad (4\text{-}5)$$

相位方程为

$$\angle G(s)H(s) = \sum_{i=1}^{m}\angle(s+z_i) - \sum_{j=1}^{n}\angle(s+p_j) = \pm(2k+1)\times 180° \quad (K_g > 0) \quad (4\text{-}6)$$

$$\angle G(s)H(s) = \sum_{i=1}^{m}\angle(s+z_i) - \sum_{j=1}^{n}\angle(s+p_j) = \pm 2k\times 180° \quad (K_g < 0) \quad (4\text{-}7)$$

式中，$k = 0, 1, 2, \cdots$。

2. 正反馈根轨迹方程

闭环特征方程为

$$1 - G(s)H(s) = 0 \quad (4\text{-}8)$$

标准正反馈根轨迹方程为

$$K_g \frac{\prod_{i=1}^{m}(s+z_i)}{\prod_{j=1}^{n}(s+p_j)} = 1 \quad (-\infty < K_g < \infty) \quad (4\text{-}9)$$

正反馈根轨迹方程是一个复数方程，可把它写成两个实数方程。

幅值方程为

$$\left|K_g\right| \frac{\prod_{i=1}^{m}|s+z_i|}{\prod_{j=1}^{n}|s+p_j|} = 1 \quad (4\text{-}10)$$

相位方程为

$$\angle G(s)H(s) = \sum_{i=1}^{m}\angle(s+z_i) - \sum_{j=1}^{n}\angle(s+p_j) = \pm 2k\times 180° \quad (K_g > 0) \quad (4\text{-}11)$$

$$\angle G(s)H(s) = \sum_{i=1}^{m}\angle(s+z_i) - \sum_{j=1}^{n}\angle(s+p_j) = \pm(2k+1)\times 180° \quad (K_g < 0) \tag{4-12}$$

式中，$k = 0,1,2,\cdots$。

式（4-6）和式（4-7）称为180°相位条件；式（4-11）和式（4-12）称为0°相位条件。在绘制根轨迹图时，正反馈$K_g < 0$等价于负反馈$K_g > 0$，均按180°相位条件绘制；正反馈$K_g > 0$等价于负反馈$K_g < 0$，均按0°相位条件绘制。

总结如下。

负反馈根轨迹方程为

$$K_g \frac{\prod_{i=1}^{m}(s+z_i)}{\prod_{j=1}^{n}(s+p_j)} = -1 \quad (-\infty < K_g < \infty) \tag{4-13}$$

当$K_g > 0$时，按180°相位条件绘制根轨迹图。

当$K_g < 0$时，$K_g \dfrac{\prod_{i=1}^{m}(s+z_i)}{\prod_{j=1}^{n}(s+p_j)} = -1$等价于$-K_g \dfrac{\prod_{i=1}^{m}(s+z_i)}{\prod_{j=1}^{n}(s+p_j)} = 1$，按0°相位条件绘制根轨迹图。

正反馈根轨迹方程为

$$K_g \frac{\prod_{i=1}^{m}(s+z_i)}{\prod_{j=1}^{n}(s+p_j)} = 1 \quad (-\infty < K_g < \infty) \tag{4-14}$$

当$K_g > 0$时，按0°相位条件绘制根轨迹图。

当$K_g < 0$时，$K_g \dfrac{\prod_{i=1}^{m}(s+z_i)}{\prod_{j=1}^{n}(s+p_j)} = 1$等价于$-K_g \dfrac{\prod_{i=1}^{m}(s+z_i)}{\prod_{j=1}^{n}(s+p_j)} = -1$，按180°相位条件绘制根轨迹图。

应当指出如下两点。

第一，复平面上的一点s_1是不是根轨迹上的点，要看它是否满足相位条件，即相位方程。

第二，根轨迹上的一点s_1对应的K_g应由幅值方程求出，具体如下。

当$K_g > 0$时，$K_g = \dfrac{\prod_{j=1}^{n}|s+p_j|}{\prod_{i=1}^{m}|s+z_i|}$；当$K_g < 0$时，$-K_g = \dfrac{\prod_{j=1}^{n}|s+p_j|}{\prod_{i=1}^{m}|s+z_i|}$。

4.2 根轨迹图绘制的基本法则

根据根轨迹方程绘制的图就是系统的根轨迹图，但根轨迹图不可能遍历s平面上所有的点来绘制。因为根轨迹图有一定的规律可循，所以工程上可以根据一些基本法则来绘制根轨迹的草图，也可以利用计算机等辅助工具来绘制更准确的根轨迹图。根轨迹是开环控制系统某个参数从零变化到无穷时，系统闭环特征根在 s 平面上变化的轨迹，有180°根轨迹、0°根轨迹和参数根轨迹。

在下面的讨论中，假定所研究的可变参数是根轨迹增益 K_g，当可变参数为系统中的其他参数时，这些基本法则仍然适用。应当指出的是，应用这些法则绘制的根轨迹图，若其相位遵循 $\pm(2k+1) \times 180°$ 条件，则相应的根轨迹称为180°根轨迹，相应的绘制法则称为180°根轨迹图绘制法则；若其相位遵循0°条件（如正反馈系统），则相应的根轨迹称为0°根轨迹，相应的绘制法则称为0°根轨迹图绘制法则；以除 K_g 外的其他参数为可变参数绘制的根轨迹称为参数根轨迹，绘制参数根轨迹图的法则和绘制常规根轨迹图的法则完全相同，只是在绘制之前需要先引入等效单位反馈系统和等效传递函数的概念。

4.2.1　180°根轨迹

法则1：根轨迹的起点和终点。

根轨迹起始于开环极点，终止于开环零点。在实际系统中，如果开环零点数 m 小于开环极点数 n，则有 $n-m$ 条根轨迹终止于无穷远处。

将式（4-5）改写为

$$K_g = \lim_{s \to \infty} \frac{\prod_{j=1}^{n}|s+p_j|}{\prod_{i=1}^{m}|s+z_i|} = \lim_{s \to \infty}|s|^{(n-m) \to \infty} \quad (n>m) \tag{4-15}$$

由此可见，当 $K_g = 0$ 时，$s = -p_j$；当 $K_g \to \infty$ 时，$s = -z_i$；当 $s \to \infty$ 且 $n > m$ 时，$K_g \to \infty$。

如果把有限数值的零点称为有限零点，把无穷远处的零点称为无限零点，那么开环零点和开环极点的数量相等，根轨迹必将终止于开环零点。

法则2：根轨迹的分支数、对称性和连续性。

根轨迹的分支数与开环有限零点数 m 和开环有限极点数 n 中的大者相等，连续且对称于实轴。

由于根轨迹是开环传递函数某个参数从零变到无穷时，闭环特征根在 s 平面上的变化轨迹，因此根轨迹的分支数必然与闭环特征根的数目一致，即根轨迹的分支数等于系统的阶数。因为闭环特征根的数目是 m 和 n 中的大者，所以根轨迹的分支数等于 m 和 n 中的大者。

闭环特征根只有实根和共轭复根两种，而根轨迹是根的集合，因此根轨迹必然对称于实轴。由对称性可知，只需先画出上半 s 平面上的根轨迹，就可以对称地画出下半 s 平面上的根轨迹。

闭环特征方程中的某些系数是根轨迹增益 K_g 的函数，当 K_g 从零到无穷连续变化时，闭环特征方程中的这些系数也随之连续变化，因此闭环特征根的变化也必然是连续的，故根轨迹具有连续性。

法则3：根轨迹在实轴上的分布。

在 s 平面实轴的线段上存在根轨迹的条件是，在这些线段右侧的开环零点数与开环极点数之和为奇数。若某段实轴右侧的开环实数零点数与开环实数极点数之和为奇数，则这段实轴是根轨迹的一部分；若某段实轴右侧的开环实数零点数与开环实数极点数之和为偶数，则这段实轴不是根轨迹的一部分。

【例 4-1】 设一个单位负反馈系统的开环传递函数 $G(s) = \dfrac{K_g(s+1)(s+3)}{(s+2)(s+4)}$，试绘制 $K_g = 0 \sim \infty$ 时闭环控制系统的根轨迹图。

解： 系统的开环传递函数有两个开环零点，$z_1 = -1$，$z_2 = -3$；两个开环极点，$p_1 = -2$，$p_2 = -4$。开环传递函数分子的阶数 $m = 2$，分母的阶数 $n = 2$。首先将开环零点和开环极点标注在 s 平面上，如图 4-1（a）所示，然后按根轨迹图绘制的基本法则逐步画出根轨迹。

（1）由法则 1 可知，有两条根轨迹，分别起始于开环极点 -2、-4，终止于有限零点 -1、-3。

（2）由法则 2 可知，两条根轨迹对称于实轴且连续。

（3）由法则 3 可知，在负实轴上，-4 到 -3 之间和 -2 到 -1 之间是根轨迹。最后绘制出的根轨迹图如图 4-1（b）所示。

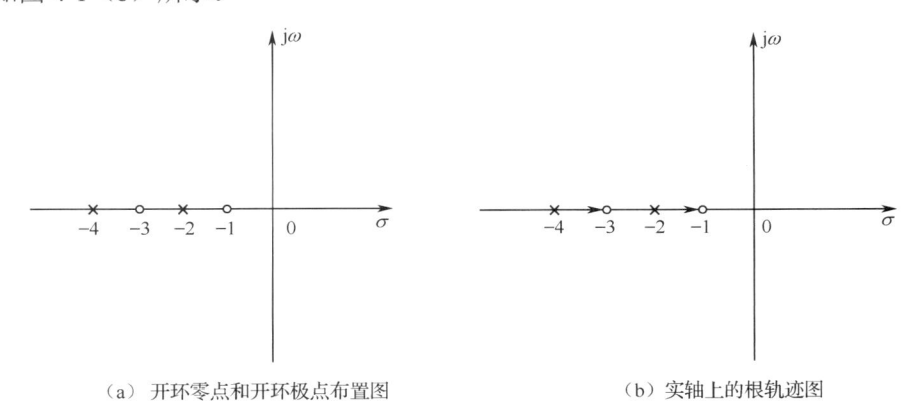

（a）开环零点和开环极点布置图　　（b）实轴上的根轨迹图

图 4-1　例 4-1 系统的根轨迹图

法则 4：根轨迹的渐近线。

当开环有限极点数 n 大于开环有限零点数 m 时，有 $n-m$ 条根轨迹沿着与实轴的交角为 φ_a、交点坐标为 σ_a 的一组渐近线趋于无穷远处，必须确定这些根轨迹的趋向才能较准确地绘制根轨迹图。若 $n=m$，则无渐近线。

当按 180° 相位条件绘制根轨迹图时，交点坐标为

$$\sigma_a = -\dfrac{\sum_{j=1}^{n}(-p_j) - \sum_{i=1}^{m}(-z_i)}{n-m} \tag{4-16}$$

交角为

$$\varphi_a = \pm\dfrac{(2k+1)\times 180°}{n-m} \quad [k=0,1,2,\cdots,(n-m-1)] \tag{4-17}$$

【例 4-2】 已知控制系统的开环传递函数 $G(s) = \dfrac{K_g}{s(s+1)(s+2)}$，试确定根轨迹的分支数、起点和终点。若终点在无穷远处，试确定渐近线与实轴的交点坐标及交角。

解： 因为 $n=3$，所以有三条根轨迹，起点分别在 $p_1 = 0$、$p_2 = -1$ 和 $p_3 = -2$ 处。又因为 $m=0$，开环传递函数没有有限个零点，所以三条根轨迹的终点都在无穷远处，其渐近线与实轴的交点

坐标 σ_a 及交角 φ_a 分别为

$$\sigma_a = -\frac{\sum_{j=1}^{3}(-p_j)}{n-m} = -\frac{0+1+2}{3-0} = -1$$

$$\varphi_a = \pm\frac{(2k+1)\times 180°}{n-m} = \pm\frac{(2k+1)\times 180°}{3}$$

当 $k=0$ 时，$\varphi_a = \pm 60°$；当 $k=1$ 时，$\varphi_a = \pm 180°$。根轨迹的起点和三条渐近线如图4-2所示。

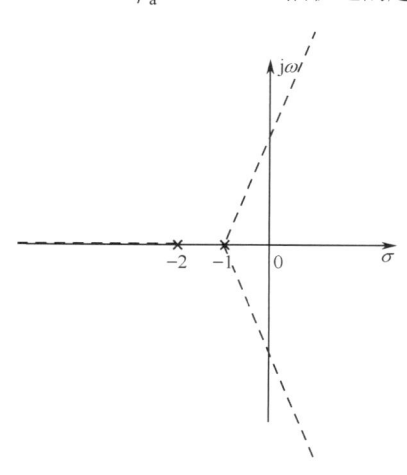

图 4-2 例 4-2 系统的根轨迹渐近线图

法则 5：根轨迹的分离点与分离角。

两条或两条以上根轨迹在 s 平面上相遇又立即分开的点，称为根轨迹的分离点（汇合点）。分离点的坐标是式（4-18）的解：

$$\sum_{j=1}^{n}\frac{1}{d-p_j} = \sum_{i=1}^{m}\frac{1}{d-z_i} \tag{4-18}$$

式中，z_i 为各开环零点的数值；p_j 为各开环极点的数值；d 为分离点坐标。

分离点实质上就是特征方程的重根，因根轨迹对称于实轴，故分离点或者位于实轴上，或者以共轭的形式成对出现在复平面上。若在实轴上两个相邻的开环极点（其中一个可以是无限极点）之间的区域为根轨迹区间，则在该区间内至少有一个分离点；若在实轴上两个相邻的开环零点（其中一个可以是无限零点）之间的区域为根轨迹区间，则在该区间内至少有一个分离点。

在分离点上，根轨迹的切线和实轴的交角称为分离角（汇合角）。分离角 θ_d 与相分离的根轨迹的分支数 l 有关，即

$$\theta_d = \frac{(2k+1)\times 180°}{l} \quad (k=0,1,2,\cdots,l-1) \tag{4-19}$$

例如，实轴上两条根轨迹的分离角为 $\pm 90°$。三条根轨迹的分离角为 $\pm 0°$、$\pm 60°$、$\pm 180°$。式（4-19）可以由相位条件公式证明。

图 4-3 所示为四条根轨迹在实轴上分离的情况。图 4-4 所示为复平面上有分离点的情况，复平面上的分离点是关于实轴对称的。

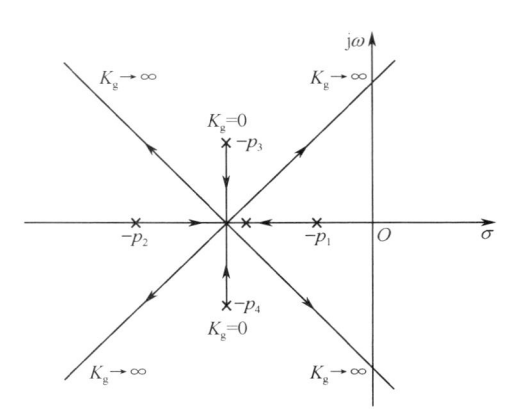

图 4-3 四条根轨迹在实轴上分离的情况 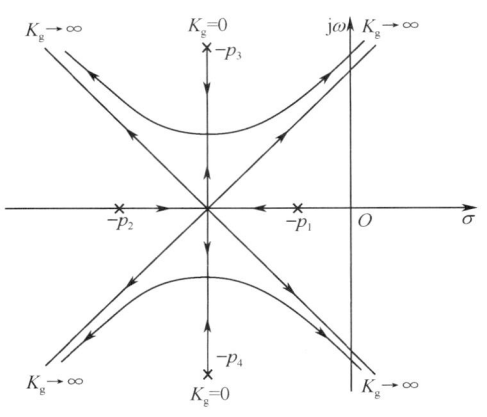   图 4-4 复平面上有分离点的情况

【例 4-3】 设控制系统的结构图如图 4-5（a）所示，试概略绘制其根轨迹图。

解： 由法则 1 可知，系统有三条根轨迹，分别起始于(0, j0)、(-2, j0)、(-3, j0)点，其中一条终止于(-1, j0)点，另外两条终止于无穷远处。

由法则 2 可知，根轨迹连续且关于实轴对称。

由法则 3 可知，实轴上的[0, -1]和[-2, -3]是根轨迹区间，在图 4-5（b）中以粗实线表示。

由法则 4 可知，两条终止于无穷远处的根轨迹的渐近线与实轴的交点坐标和交角分别为

$$\sigma_a = -\frac{\sum_{j=1}^{3}(-p_j) - \sum_{i=1}^{1}(-z_i)}{n-m} = -\frac{0+2+3-1}{3-1} = -2$$

$$\varphi_a = \pm\frac{(2k+1)\times 180°}{n-m} = \pm\frac{(2k+1)\times 180°}{3-1} = \pm 90° \quad (k=0)$$

由法则 5 可知，实轴上的[-3, -2]区间内必有一个分离点，满足下列分离点方程，即

$$\frac{1}{d+1} = \frac{1}{d} + \frac{1}{d+2} + \frac{1}{d+3}$$

初步试探，设 $d = -2.5$，上式中等号左边约为-0.67，等号右边约为-0.4，因为等号两边不等，所以 $d = -2.5$ 不是分离点。重设 $d = -2.47$，上式中等号左边约为-0.68，等号右边约为-0.65，等号两边近似相等，故本例 d 取 -2.47。最后概略绘制的系统根轨迹图如图 4-5（b）所示。

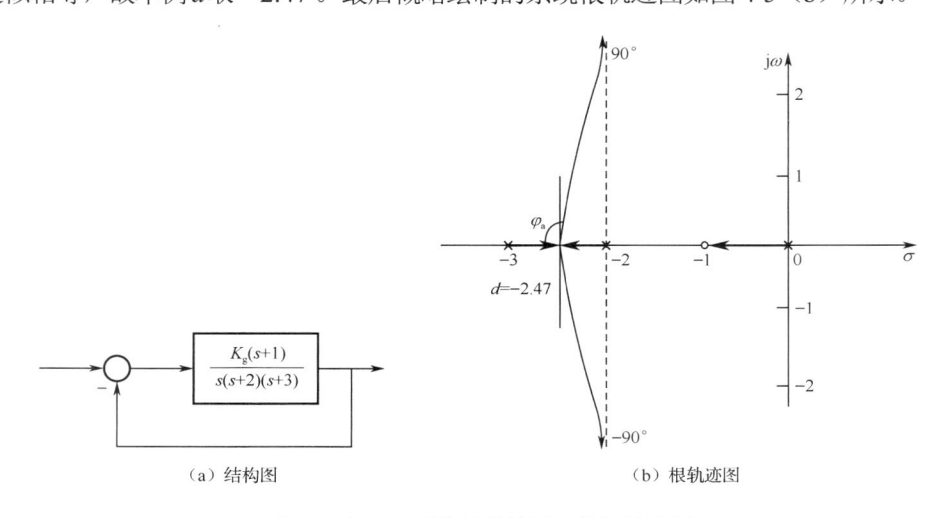

（a）结构图 $\dfrac{K_g(s+1)}{s(s+2)(s+3)}$

（b）根轨迹图

图 4-5 例 4-3 系统的结构图及其根轨迹图

第 4 章 控制系统的根轨迹分析法

法则 6：根轨迹的起始角与终止角。

根轨迹离开开环复数极点处的切线与正实轴的夹角，称为根轨迹的起始角；根轨迹进入开环复数零点处的切线与正实轴的夹角，称为根轨迹的终止角。

根轨迹的起始角和终止角可用如下公式确定，即

$$\theta_{p_j} = (2k+1) \times 180° + \left[\sum_{i=1}^{m} \angle(p_j - z_i) - \sum_{\substack{k=1 \\ k \neq j}}^{n} \angle(p_j - p_k) \right] \quad (4-20)$$

$$\varphi_{z_i} = (2k+1) \times 180° + \left[\sum_{\substack{h=1 \\ h \neq i}}^{m} \angle(z_i - z_h) - \sum_{j=1}^{n} \angle(z_i - p_j) \right] \quad (4-21)$$

【例 4-4】 设系统的开环传递函数 $G(s) = \dfrac{K_g(s+1.5)(s+2+\text{j})(s+2-\text{j})}{s(s+2.5)(s+0.5+\text{j}1.5)(s+0.5-\text{j}1.5)}$，试概略绘制该系统的根轨迹图。

解： 将开环零点和开环极点画出来，按如下步骤绘制根轨迹图。

（1）确定实轴上的根轨迹。本例实轴上的[0, −1.5]和[−2.5, −∞]为根轨迹区间。

（2）确定根轨迹的渐近线。本例中 $n = 4$，$m = 3$，故只有一条趋于 180° 的渐近线，它正好与实轴上的根轨迹区间[−2.5, −∞]重合，所以在 $n−m = 1$ 的情况下，不必再去确定根轨迹的渐近线。

（3）确定分离点。一般来说，若根轨迹位于实轴上一个开环极点和一个开环零点（有限零点或无限零点）之间，则在这两个相邻的零点、极点之间，或者不存在任何分离点，或者同时存在离开实轴和进入实轴的两个分离点。本例无分离点。

（4）确定起始角与终止角。本例系统的根轨迹图如图 4-6 所示，为了比较准确地画出这个根轨迹图，应当确定根轨迹的起始角和终止角的数值。先求起始角。作各开环零点、极点到(−0.5+j1.5)的向量，并计算出相应角度，如图 4-7（a）所示。按式（4-20）计算出根轨迹在极点(−0.5+j1.5)处的起始角为

$$\theta_{p_2} = 180° + (\varphi_1+\varphi_2+\varphi_3) - (\theta_1+\theta_3+\theta_4) = 79°$$

根据对称性，根轨迹在极点(−0.5−j1.5)处的起始角为−79°。

用类似方法可计算出根轨迹在复数零点(−2 +j)处的终止角为 149.5°。各开环零点、开环极点到(−2+j)的矢量相位如图 4-7（b）所示。

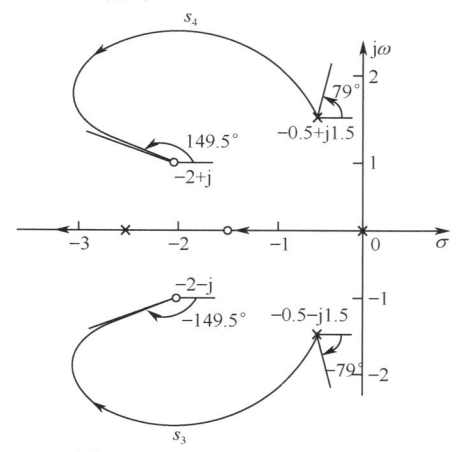

图 4-6 例 4-4 系统的根轨迹图

(a) 起始角　　　　　　　　　　　　　　(b) 终止角

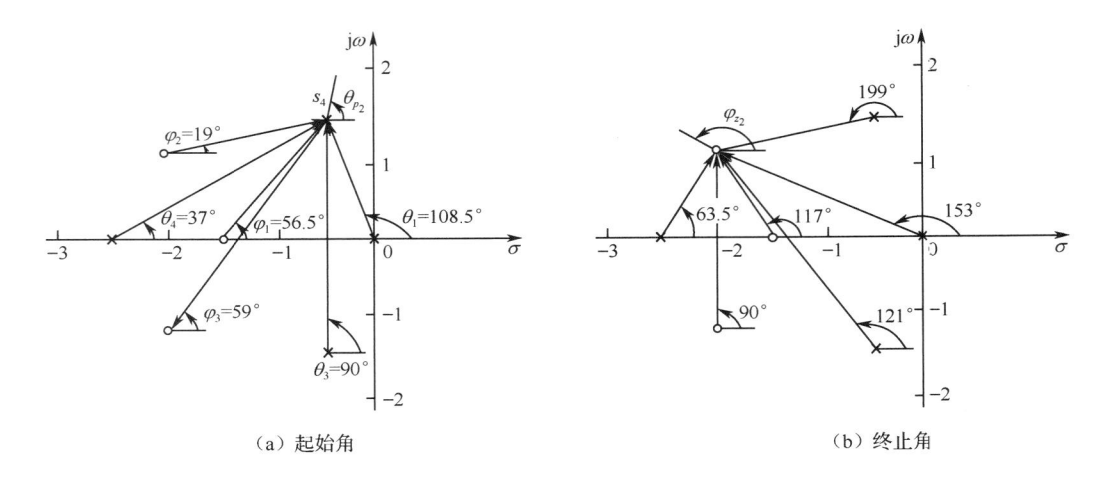

图 4-7　例 4-4 系统的根轨迹的起始角和终止角

法则 7：根轨迹与虚轴的交点。

若根轨迹与虚轴相交，则闭环特征方程中含有纯虚根。根轨迹与虚轴相交表明系统在相应 K_g 下处于临界稳定状态，故交点坐标 ω 和相应的 K_g 可用劳斯稳定判据确定，也可先令闭环特征方程中的 $s = j\omega$，然后分别令其实部和虚部为零而求得。

【例 4-5】 若开环控制系统的传递函数为 $G(s)H(s) = \dfrac{K_g}{s(s+1)(s+2)}$，求系统的根轨迹与虚轴的交点。

解：

方法一：

由传递函数可得，系统闭环特征方程为

$$s(s+1)(s+2) + K_g = 0$$

即

$$s^3 + 3s^2 + 2s + K_g = 0$$

令 $s = j\omega$，并将其代入上式可得

$$(j\omega)^3 + 3(j\omega)^2 + 2j\omega + K_g = 0$$

即

$$\begin{cases} -3\omega^2 + K_g = 0 \\ -\omega^3 + 2\omega = 0 \end{cases}$$

将上式分解为实部和虚部，并令其分别等于零可得

$$\begin{cases} \omega = 0 \\ K_g = 0 \end{cases}, \begin{cases} \omega = \pm\sqrt{2} \\ K_g = 6 \end{cases}$$

当 $K_g = 0$ 时，为根轨迹起点；当 $K_g = 6$ 时，根轨迹和虚轴相交，交点坐标为 $\pm j\sqrt{2}$，$K_g = 6$ 为临界根轨迹增益。

方法二：
（1）列出劳斯阵列表，即

$$\begin{array}{c|cc} s^3 & 1 & 2 \\ s^2 & 3 & K_g \\ s^1 & 2-K_g/3 & 0 \\ s^0 & K_g & \end{array}$$

（2）求根轨迹与虚轴的交点。

令劳斯阵列表中的 s^1 行等于 0，即

$$2 - K_g/3 = 0$$

解得

$$K_g = 6$$

把 $K_g=6$ 代入 s^2 行系数，列出由此行系数构成的辅助方程，即

$$3s^2 + 6 = 0$$

解上面的辅助方程可得

$$s_{1,2} = \pm j\sqrt{2}$$

$s_{1,2}$ 为根轨迹与虚轴的交点。

法则 8：根之和。

当系统开环传递函数的分子、分母阶次差 $n-m$ 大于或等于 2 时，闭环传递函数的极点之和等于该系统开环传递函数的极点之和，即

$$\sum_{i=1}^{n}\lambda_i = \sum_{i=1}^{n}p_i \quad (n-m \geq 2) \tag{4-22}$$

式中，$\lambda_1, \lambda_2, \cdots, \lambda_n$ 为系统闭环传递函数的极点（特征根）；$p_1, p_2, \cdots, p_n$ 为系统开环传递函数的极点。

式（4-22）表明，当系统满足 $n-m \geq 2$ 时，闭环传递函数的极点之和与根轨迹增益 K_g 无关，即随着 K_g 的增大，若闭环特征方程的某些根在 s 平面上向左移动，则其他根必向右移动，以使根之和保持不变。

根轨迹的根之和法则是一种用于控制系统稳定性分析的经典方法，我们可以通过分析系统的所有特征根来评估系统的稳定性。具体而言，如果特征根的实部之和小于零，则系统是稳定的；如果特征根的实部之和等于零，则系统是临界稳定的；如果特征根的实部之和大于零，则系统是不稳定的。

【例 4-6】 在例 4-5 中，试确定当根轨迹与虚轴相交时所对应的闭环实数根。

解： 该系统满足 $n \geq m+2$，依据式（4-22）有

$$p_1 + p_2 + p_3 = s_1 + s_2 + s_3$$

即

$$s_3 = p_1 + p_2 + p_3 - s_1 - s_2$$

由例 4-5 可知，当根轨迹与虚轴相交时，有

$$K_g = 6, \quad s_1 = j\sqrt{2}, \quad s_2 = -j\sqrt{2}$$

由题意可得

$$p_1 = 0, \quad p_2 = -1, \quad p_3 = -2$$

所以有

$$s_3 = 0 - 1 - 2 - j\sqrt{2} + j\sqrt{2} = -3$$

根据以上介绍的 8 个法则，不难概略绘制系统的根轨迹图。为了方便查阅，将所有根轨迹图绘制法则统一归纳在表 4-1 中。

表 4-1 根轨迹图绘制法则

序号	法则	内容
1	根轨迹的起点和终点	根轨迹起始于开环极点（包括无限极点），终止于开环零点（包括无限零点）
2	根轨迹的分支数、对称性和连续性	根轨迹的分支数与开环有限零点数 m 和开环有限极点数 n 中的大者相等，连续且对称于实轴
3	根轨迹在实轴上的分布	若某段实轴右侧的开环实数零点数与开环实数极点数之和为奇数，则这段实轴是根轨迹的一部分
4	根轨迹的渐近线	$n-m$ 条根轨迹的渐近线与实轴的交点坐标和交角如下。 交点坐标： $$\sigma_a = -\frac{\sum_{j=1}^{n}(-p_j) - \sum_{i=1}^{m}(-z_i)}{n-m}$$ 交角： $$\varphi_a = \pm\frac{(2k+1)\times 180°}{n-m} \quad [k=0,1,2,\cdots,(n-m-1)]$$
5	根轨迹的分离点与分离角	l 条根轨迹分支相遇，其分离点和分离角如下。 分离点： $$\sum_{j=1}^{n}\frac{1}{d-p_j} = \sum_{i=1}^{m}\frac{1}{d-z_i}$$ 分离角： $$\theta_d = \frac{(2k+1)\times 180°}{l} \quad (k=0,1,2,\cdots,l-1)$$
6	根轨迹的起始角与终止角	根轨迹的起始角和终止角可用如下公式确定。 起始角： $$\theta_{p_j} = (2k+1)\times 180° + \left[\sum_{i=1}^{m}\angle(p_j-z_i) - \sum_{\substack{k=1\\k\neq j}}^{n}\angle(p_j-p_k)\right]$$ 终止角： $$\varphi_{z_i} = (2k+1)\times 180° + \left[\sum_{\substack{h=1\\h\neq i}}^{m}\angle(z_i-z_h) - \sum_{j=1}^{n}\angle(z_i-p_j)\right]$$
7	根轨迹与虚轴的交点	根轨迹与虚轴的交点坐标 ω 和相应的 K_g 可用劳斯稳定判据确定，也可先令闭环特征方程中的 $s = j\omega$，然后分别令其实部和虚部为零而求得
8	根之和	公式为 $$\sum_{i=1}^{n}\lambda_i = \sum_{i=1}^{n}p_i \quad (n-m\geq 2)$$

4.2.2　0°根轨迹

若研究系统的根轨迹方程的等号右侧不是"−1"而是"+1"，则这时根轨迹方程的幅值方程不变，而相位方程右侧不再是"±(2k+1)×180°"，而是"±2k×180°"，这种根轨迹称为 0°根轨迹。这种情况主要出现在正反馈系统和某些非最小相位系统中，关于非最小相位系统的概念将在第 5 章介绍。

0°根轨迹图的绘制法则与常规根轨迹图的绘制法则略有不同。以正反馈系统为例，设某复杂控制系统的结构图如图 4-8 所示，其中内回路采用正反馈回路。为了分析整个控制系统的性能，需要求出内回路的闭环零点、极点。可以采用根轨迹分析法，这样就要绘制正反馈系统的根轨迹图。

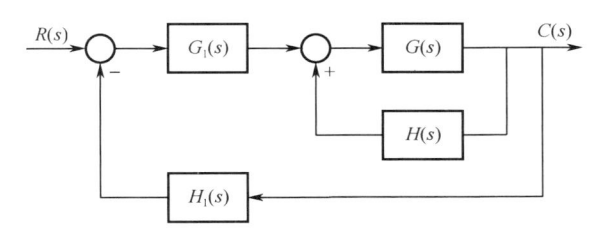

图 4-8 某复杂控制系统的结构图

系统中正反馈回路的闭环传递函数为

$$\Phi(s) = \frac{G(s)}{1 - G(s)H(s)}$$

正反馈回路的特征方程为

$$D(s) = 1 - G(s)H(s) \tag{4-23}$$

正反馈回路的根轨迹方程为

$$G(s)H(s) = 1 \tag{4-24}$$

将式（4-24）写成如下幅值方程和相位方程的形式。

幅值方程为

$$|G(s)H(s)| = \left| K_g \frac{\prod_{i=1}^{m}|s + z_i|}{\prod_{j=1}^{n}|s + p_j|} \right| = 1 \tag{4-25}$$

相位方程为

$$\sum_{i=1}^{m}\angle(s + z_i) - \sum_{j=1}^{n}\angle(s + p_j) = \pm 2k \times 180° \quad (k = 0,1,2,\cdots) \tag{4-26}$$

式（4-25）和式（4-26）与常规根轨迹方程，即式（4-5）和式（4-6）相比，显然幅值方程相同，而相位方程不同。因此，在使用常规根轨迹图的绘制法则绘制 0°根轨迹图时，对于与相位方程有关的某些法则要进行修改，应修改的法则如下。

法则 3：若某段实轴右侧的开环实数零点数与开环实数极点数之和为偶数，则这段实轴是根轨迹的一部分。

法则 4：根轨迹的渐近线与实轴的交角为

$$\varphi_a = \pm \frac{2k \times 180°}{n - m} [k = 0,1,2,\cdots,(n - m - 1)] \tag{4-27}$$

交点坐标 σ_a 的计算公式不变。

法则 6：根轨迹的起始角与终止角分别为

$$\theta_{p_j} = 2k \times 180° + \left[\sum_{i=1}^{m}\angle(p_j - z_i) - \sum_{\substack{k=1 \\ k \neq j}}^{n}\angle(p_j - p_k)\right] \tag{4-28}$$

$$\varphi_{z_i} = 2k \times 180° + \left[\sum_{\substack{h=1\\h\neq i}}^{m} \angle(z_i - z_h) - \sum_{j=1}^{n} \angle(z_i - p_j) \right] \qquad (4\text{-}29)$$

除上述三个法则外，其他法则不变。

4.2.3 参数根轨迹

在利用根轨迹分析自动控制系统时，最常用的可变参数是 K_g，但有时也采用其他参数作为可变参数，相应的根轨迹称为参数根轨迹。

在绘制参数根轨迹图之前，先引入等效单位反馈系统及等效开环传递函数的概念。这样，在对原系统进行简单处理之后，常规根轨迹图的所有绘制法则均将适用于参数根轨迹图绘制。原系统的闭环特征方程为

$$1 + G(s)H(s) = 0 \qquad (4\text{-}30)$$

式中，$G(s)H(s)$ 包含可变参数 A。对式（4-30）进行处理，分离可变参数，可得

$$1 + A\frac{P(s)}{Q(s)} = 0 \qquad (4\text{-}31)$$

式中，A 为系统的可变参数；$P(s)$ 和 $Q(s)$ 为与可变参数无关的多项式。根据式（4-31）可得，等效单位反馈系统的等效开环传递函数为

$$G_1(s)H_1(s) = A\frac{P(s)}{Q(s)} \qquad (4\text{-}32)$$

由于式（4-31）与式（4-32）是等价的，因此根据式（4-32）绘制的根轨迹图就是可变参数 A 变化时的根轨迹图。将系统闭环特征方程整理为式（4-31）的形式后，便可利用常规根轨迹图的绘制法则进行参数根轨迹图的绘制。

在根轨迹方程中，特征方程 $D(s) = \prod_{j=1}^{n}(s+p_j) + K_g \prod_{i=1}^{m}(s+z_i) = 0$ 中的变量 K_g 与系统开环放大系数成正比，$-z_i$ 既是开环传递函数的零点，也是闭环传递函数的零点。在以除 K_g 外的其他参数为可变参数的情况下，需要把特征方程变换成标准根轨迹方程。变换后的系统与原系统具有相同的闭环极点，但闭环零点不尽相同，这是需要特别注意的一点。

例如，某单位负反馈系统的开环传递函数 $G(s) = \dfrac{4}{s^2 + ps}$，绘制 $p = 0 \sim \infty$ 时的根轨迹图。首先将特征方程写成标准根轨迹方程。

特征方程为

$$s^2 + ps + 4 = 0$$

标准根轨迹方程为

$$\frac{ps}{s^2 + 4} = -1$$

变换后闭环控制系统在坐标原点处就增加了一个零点，而变换前闭环系统无零点。应当注意以下几点。

（1）变换前、后闭环控制系统具有相同的特征方程，即具有相同的极点。
（2）变换前闭环控制系统无零点，而变换后闭环控制系统有零点，即变换前、后零点不同。
（3）若要计算系统阶跃响应性能指标，则必须按原系统的零点、极点分布来计算。

4.3 利用根轨迹分析系统性能

在经典控制理论中,控制系统设计的重要评价标准是系统的单位阶跃响应性能。应用根轨迹分析法,可以迅速确定系统在某个开环增益或参数值下的闭环零点、极点位置,从而得到相应的闭环传递函数。这时,可以利用拉普拉斯反变换法确定系统的单位阶跃响应,由单位阶跃响应可以较容易地求出系统的各项性能指标。

有了根轨迹图后,在已知 K_g 的条件下,可以确定闭环控制系统的零点、极点分布,从而可以分析系统的稳定性、稳态性能和动态性能。当闭环传递函数中存在主导极点或偶极子时,可用降阶数学模型估算系统性能。

4.3.1 在根轨迹上确定特征根

对于特定 K_g 下的闭环极点,可用幅值条件确定特征根。一般来说,比较简单的方法是先用试探法确定闭环实数极点的数值,然后用长除法得到其余的闭环极点。

【例 4-7】 在图 4-9 所示的根轨迹图中,试确定 $K_g = 12.375$ 的闭环极点。

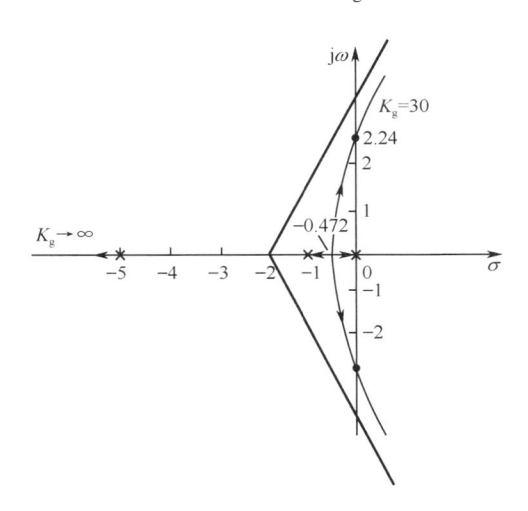

图 4-9 例 4-7 的根轨迹图

解:由于实轴上的根轨迹是准确的,且 $m = 0$,$n = 3$,因此幅值条件为

$$K_g = \prod_{j=1}^{3} |s - p_j| = 12.375$$

对于本例,应有

$$K_g = |s| \cdot |s+1| \cdot |s+5| = 12.375$$

在实轴上任选 s 点,经过几次简单的试探,找出满足要求的闭环实数极点为

$$s_1 = -5.5$$

闭环特征方程为

$$s^3 + 6s^2 + 5s + K_g = 0$$

将 $K_g = 12.375$ 和 $s_1 = -5.5$ 代入闭环特征方程,可得

$$(s+5.5)(s-s_2)(s-s_3) = 0$$

应用长除法可求得

$$s_2=-0.25+j1.479,\ s_3=-0.25-j1.479$$

在相除过程中通常不可能完全除尽，这是因为在图解过程中不可避免地会引入一些误差。

4.3.2 根轨迹与系统性能的关系

根轨迹是开环控制系统某个参数从零变到无穷时，系统闭环特征根在 s 平面上变化的轨迹。根轨迹分析法是分析和设计线性定常系统的图解方法，在工程实践中得到了广泛应用。根据根轨迹可以分析系统的以下几种性能。

1．稳定性

当增益 K_g 从零变到无穷时，根轨迹不会越过虚轴进入右半 s 平面，因此系统对所有的 K_g 都是稳定的，这与第 3 章所得出的结论完全相同。如果分析高阶系统的根轨迹，根轨迹就有可能越过虚轴进入右半 s 平面，穿越处系统处于临界稳定状态，此时根轨迹与虚轴交点处的 K_g 就是临界增益值。

2．稳态性能

开环控制系统在坐标原点处有一个极点，所以该系统属于 I 型系统，根轨迹上的 K_g 就是稳态速度误差系数。若给定系统的稳态误差要求，则由根轨迹可以确定闭环极点位置的容许范围。在一般情况下，根轨迹上标注出来的参数不是开环增益 K，而是根轨迹增益 K_g。下面将要指出，开环增益和根轨迹增益之间仅相差一个比例常数，很容易进行换算。对于以其他参数为可变参数的根轨迹，情况是类似的。

3．动态性能

当特征根均位于左半 s 平面的实轴上时，系统为过阻尼系统，其单位阶跃响应过程为非周期过程；当特征根重合位于左半 s 平面实轴上时，系统为临界阻尼系统，其单位阶跃响应过程为非周期过程，但响应速度变快；当特征根位于左半 s 平面复数点上时，系统为欠阻尼系统，其单位阶跃响应过程为阻尼振荡过程，超调量随 K_g 的增大而增大，但调节时间变化不明显。

上述分析表明，根轨迹与系统性能之间有着密切的联系。然而，对于高阶系统，由于其特征根往往很难具体求出，因此用解析的方法绘制系统的根轨迹图显然是不适用的。希望能有简便的图解方法，可以根据已知的开环传递函数迅速绘制出闭环控制系统的根轨迹图。下面对一般控制系统进行分析。

4.3.3 开环零点、开环极点对系统根轨迹的影响

因为根轨迹与开环传递函数的极点、零点直接相关，所以增加一个开环极点或开环零点必然会使根轨迹移动，从而使闭环极点的位置发生变化。下面用三个系统举例说明。

1．无零点的开环系统

开环传递函数为

$$G_1(s) = \frac{K}{(s+1)(s+3)}$$

其根轨迹是图 4-10 中的虚线和 -3 与 -1 之间的线段。

2. 附加零点的开环系统

开环传递函数为

$$G_2(s) = \frac{K(s+4)}{(s+1)(s+3)}$$

其根轨迹如图 4-10 中的实线所示。

对比 $G_1(s)$ 与 $G_2(s)$ 的根轨迹可以发现，$G_2(s)$ 增加一个零点后，根轨迹向左侧移动，改善了系统的动态性能，增加开环零点相当于给系统加了一个比例-微分控制器。

3. 附加极点的开环系统

开环传递函数为

$$G_3(s) = \frac{K}{(s+1)(s+3)(s+4)}$$

其根轨迹如图 4-11 中的实线所示。

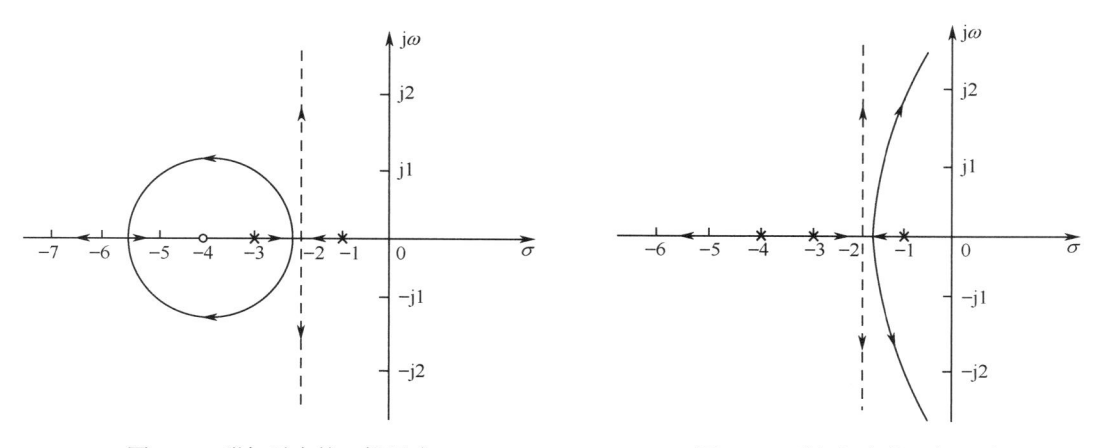

图 4-10　附加零点的一般影响

图 4-11　附加极点的一般影响

对比 $G_1(s)$ 与 $G_3(s)$ 的根轨迹可以发现，增加一个极点后，根轨迹向右侧移动，系统由稳定变为条件稳定，动态性能变差。

图 4-10 和图 4-11 针对特定系统展示了增加零点或极点对根轨迹的影响，但这种现象具有普遍性和一般意义。

4.3.4　主导极点与偶极子

1. 主导极点

在工程实践中，常常采用主导极点对高阶系统进行近似分析。若最小相位闭环传递函数中存在某个单极点或某对共轭极点，其距虚轴最近且其附近又没有其他零点、极点，则该单极点或共轭极点对系统的动态性能影响最大，起决定性作用，称它们为主导极点。一般来说，主导极点实部绝对值不大于非主导零点、极点实部绝对值的 1/5。

2. 偶极子

若最小相位闭环传递函数中存在某零点、极点对，并且闭环零点、闭环极点相距很近，则它们之差的绝对值不大于它们中任意一个绝对值的 1/10，这样的闭环零点、闭环极点通常称为偶极子。偶极子有实数偶极子和复数偶极子之分，复数偶极子必共轭出现。偶极子对系统的动态性能基本无影响。但当偶极子距虚轴很近时，其对系统的静态性能有显著影响；当偶极子距虚轴很远时，其对系统的静态性能无显著影响，可视为互相抵消因子。

3. 用降阶数学模型近似估算系统的性能指标

若降阶后的数学模型为典型一阶、二阶系统，则可利用时域分析法中的公式来计算系统的性能指标；若降阶后的数学模型为一般的二阶、三阶系统，则可利用估算公式来计算系统的性能指标。

在工程计算中，采用主导极点代替系统全部闭环极点来估算系统性能指标的方法，称为主导极点法。当采用主导极点法时，在全部闭环极点中，选留最靠近虚轴而又不十分靠近闭环零点的一个或几个闭环极点作为主导极点，略去不十分接近原点的偶极子，以及比主导极点距虚轴远 6 倍以上的闭环零点、极点。为了使估算得到满意的结果，选留的主导零点数不要超过选留的主导极点数。需要注意的是，在略去偶极子和非主导零点、非主导极点的情况下，闭环控制系统的根轨迹增益通常会发生变化，必须进行核算，否则可能导致性能指标的估算错误。

4.4 MATLAB 用于根轨迹分析法

本章前面的内容介绍了控制系统根轨迹图绘制的基本法则，以及利用根轨迹分析系统性能的方法，利用 MATLAB 可以迅速绘制出较精确的根轨迹图，并且可求出根轨迹上某闭环极点的值和相应的根轨迹增益。

在 MATLAB 工具箱中，求系统根轨迹的常用函数有 rlocus()、rlocfind()、sgrid()，下面具体说明这些函数的应用。

1. 求系统根轨迹的函数 rlocus( )

函数命令调用格式如下。

```
rlocus(sys)
rlocus(sys,k)
[r,k]=rlocus(sys)
```

rlocus(sys)用来绘制单入单出（Single Input Single Output，SISO）的线性定常系统的根轨迹图。

rlocus(sys,k)可以用指定的反馈增益向量 k 来绘制系统 sys 的根轨迹图。

[r,k]=rlocus(sys)表示带有输出变量的引用函数，其返回系统闭环极点位置的复数矩阵及其相应的增益向量，而不直接绘制出系统的根轨迹图。

2. 计算系统根轨迹增益的函数 rlocfind( )

函数命令调用格式如下。

```
[k,poles]=rlocfind(sys)
[k,poles]=rlocfind(sys,p)
```

[k,poles]=rlocfind(sys)的输入变量 sys 是由函数 tf()、zpk()等建立的线性定常系统模型，即开环传递函数 $G(s)H(s)$。函数命令执行后，可在根轨迹图形窗口中显示十字形光标，当用户选择根轨迹上的某一点时，其相应的增益由 k 记录，与增益相对应的所有闭环极点记录在 poles 中。

[k,poles]=rlocfind(sys,p)可对期望根 p 计算对应的增益 k 和闭环极点 poles。

3．绘制根轨迹图栅格线的函数 sgrid( )

函数命令调用格式如下。

```
sgrid('new')
sgrid(z,ωn)
sgrid(z,ωn,'new')
```

sgrid('new')会先清除当前图形，然后绘制栅格线，并将坐标轴属性设置成 hold on。

sgrid(z,ωn)会指定阻尼系数 z 和自然频率 ωn 来绘制栅格线。

sgrid(z,ωn,'new')会指定阻尼系数 z 和自然频率 ωn，在绘制栅格线之前清除当前的图形，并将坐标轴属性设置成 hold on。

【例 4-8】 求某单位正反馈系统的根轨迹，其开环传递函数为

$$G(s) = K_g \frac{s+2}{(s+3)(s^2+2s+2)}$$

解：输入以下 MATLAB 命令。

```
num=[-1 -2];
den=conv([1 3],[1 2 2]);
rlocus(num,den);
```

程序运行结果如图 4-12 所示。

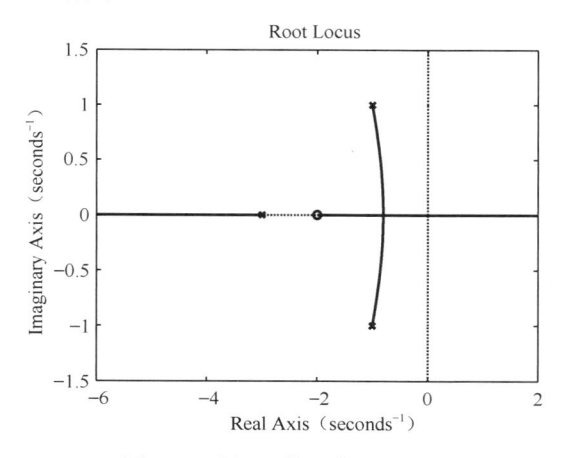

图 4-12　例 4-8 的程序运行结果

下面介绍如何利用 MATLAB 来分析线性系统的稳定性、输出响应及性能指标。

【例 4-9】 已知系统的开环传递函数 $G(s) = K_g \dfrac{s+1}{s^3 + 5s^2 + 6s}$，试绘制系统的根轨迹图。

解：绘制系统的根轨迹图的 MATLAB 命令如下。

```
p=[1,1];
q=[1,5,6,0];
sys=tf(p,q);
rlocus(sys);
```

程序运行结果如图 4-13 所示。系统有 3 条根轨迹，所有的根轨迹均在左半 s 平面内，所以系统是稳定的。

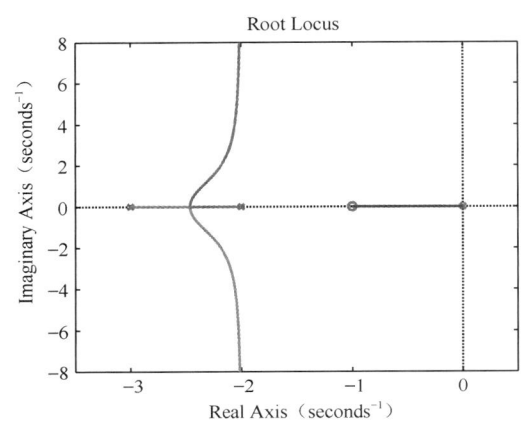

图 4-13 例 4-9 的程序运行结果

【例 4-10】 已知系统的开环传递函数 $G(s) = \dfrac{K_g}{s(s+1)(s+5)}$，试绘制系统的根轨迹图，并求出根轨迹上任意一点对应的根轨迹增益及闭环极点。

解：利用 MATLAB 中的 rlocus() 函数绘制系统的根轨迹图，利用 rlocfind() 函数求出根轨迹上与虚轴相交处的增益 K_g。MATLAB 命令如下。

```
k=1;
z=[ ];
p=[0,-1,-5];
[n,d]=zp2tf(z,p,k);
rlocus(n,d);
[k2,p2]=rlocfind(n,d);
```

程序执行时会先绘制出系统的根轨迹图，如图 4-14 所示。单击根轨迹与虚轴的交点，在 MATLAB 命令窗口中会显示此点的根轨迹增益及所有闭环极点的值。此时根轨迹增益为 29.2906，三个闭环极点分别为-5.9826、0.0087+2.2721j、0.0087-2.2721j，此时接近系统的临界稳定点。

第 4 章 控制系统的根轨迹分析法

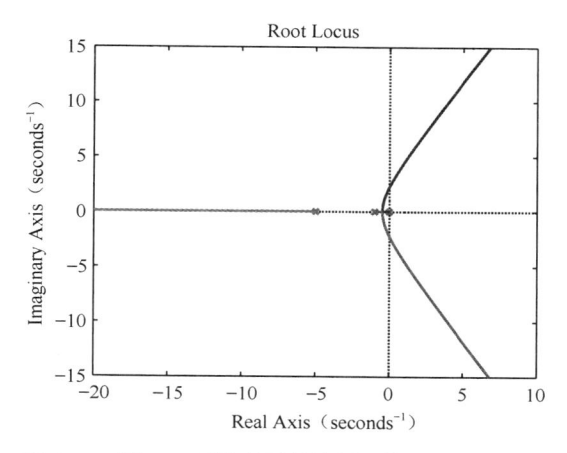

图 4-14 例 4-10 系统的根轨迹图（临界稳定的根）

应用案例 4　直线一级倒立摆系统

直线一级倒立摆系统是典型的非线性不稳定系统，但其在科技应用中有着重要的作用。随着我国航天技术的不断发展，对直线一级倒立摆系统进行分析和研究具有一定的实际意义。在直线一级倒立摆系统中，由外界环境的干扰而引起的系统参数变化，会导致控制器性能的改变，通常系统灵敏度是衡量外界环境的干扰对系统性能影响的指标。由于实际应用中直线一级倒立摆系统的数学模型非常复杂，因此很难对该系统进行性能分析，利用 MATLAB 绘制系统的根轨迹图可使问题变得相对简单。

图 4-15 所示为直线一级倒立摆系统的结构原理图。M 为小车质量，m 为摆杆质量，μ 为小车摩擦系数，l 为摆杆转动轴心到摆杆质心的长度，I 为摆杆惯量，f 为加在小车上的力，x 为小车位置，θ 为摆杆与垂直向下方向的夹角（摆杆初始位置为竖直向下）。忽略空气流动和摩擦的影响。假设：$M=0.5\text{kg}$，$m=0.2\text{kg}$，$\mu=0.1$，$l=0.3\text{m}$，$I=0.06\text{kg}\cdot\text{m}^2$。直线一级倒立摆系统的传递函数为

$$\frac{Y(s)}{f(s)} = \frac{4.545s}{s^3 + 0.1818s^2 - 31.182s - 4.455} \tag{4-33}$$

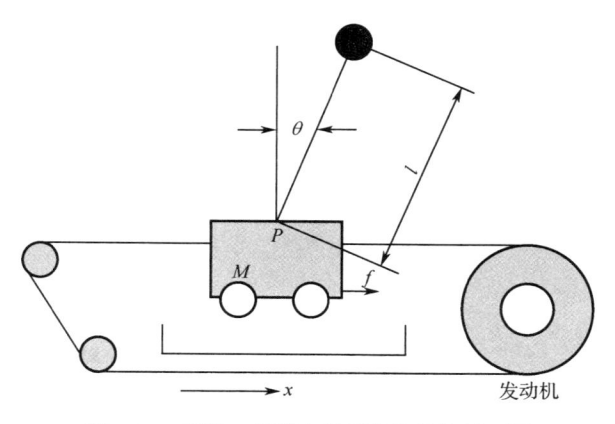

图 4-15　直线一级倒立摆系统的结构原理图

由式（4-33）可得，系统闭环特征方程为

$$1 + \frac{4.545s}{s^3 + 0.1818s^2 - 31.182s - 4.455} = 0 \quad (4\text{-}34)$$

显然在右半 s 平面内有特征根，即式（4-34）表示的直线一级倒立摆系统是不稳定的。

对于式（4-33），从根轨迹着手，将其校正为一个近似欠阻尼的二阶系统，即闭环控制系统只有一对共轭复数极点。假设校正环节的表达式为

$$G_1(s) = \frac{1 + 0.8s + (0.45s)^2}{s} \quad (4\text{-}35)$$

结合式（4-33）可得，校正后直线一级倒立摆系统的传递函数为

$$\frac{Y(s)}{f(s)} = \frac{4.545(1 + 0.8s + 0.45^2 s^2)}{s^3 + 0.1818s^2 - 31.182s - 4.455} \quad (4\text{-}36)$$

校正后直线一级倒立摆系统的特征方程为

$$1 + \frac{4.545(1 + 0.8s + 0.45^2 s^2)}{s^3 + 0.1818s^2 - 31.182s - 4.455} = 0 \quad (4\text{-}37)$$

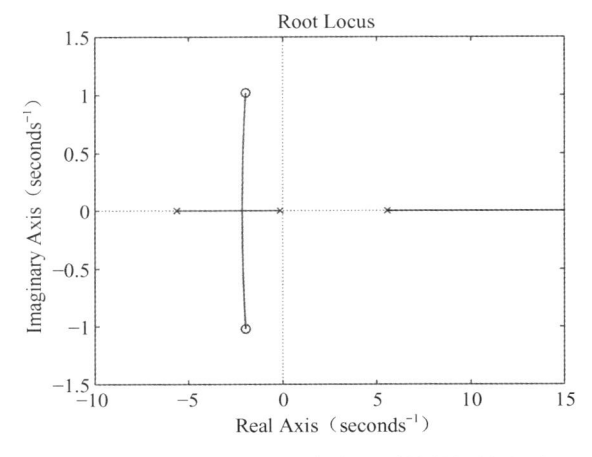

校正后直线一级倒立摆系统的根轨迹图如图 4-16 所示。由此可知，系统是稳定的。

图 4-16 校正后直线一级倒立摆系统的根轨迹图

小结

根轨迹分析法是经典控制理论的三大分析方法之一，它的特点在于通过系统的开环传递函数中的某个参数的变化求出系统闭环特征根的变化轨迹，从而对系统进行定性分析和定量估算。利用根轨迹能方便地确定高阶系统中某个参数变化时闭环极点的分布规律，可以形象地看出参数对系统稳定性及动态过程的影响，特别是可以看出根轨迹增益变化的影响。

习题

4-1 已知单位反馈系统的开环传递函数，试概略绘制系统的根轨迹图。

（1）$G(s) = \dfrac{K_g}{s(s+3)^2}$。

（2）$G(s) = \dfrac{K_g(s+5)}{s(s+2)(s+3)}$。

（3）$G(s) = \dfrac{K_g(s+1)}{s(s+0.5)}$。

（4）$G(s) = \dfrac{K_g(s+2)}{(s+1+2j)(s+1-2j)}$。

4-2 已知系统的开环传递函数 $G(s) = \dfrac{K_g}{(s+1)(s+2)(s+4)}$，试证明点 $s_1 = -1 + j\sqrt{3}$ 在根轨迹上，并求出相应的根轨迹增益 K_g 和开环增益 K。

4-3 已知单位反馈系统的开环传递函数 $G(s) = \dfrac{K_g(s+z)}{s^2(s+10)(s+20)}$，确定在产生纯虚根 ±j1 时的 z 和 K_g。

4-4 已知单位反馈系统的开环传递函数，试概略绘制系统的根轨迹图（要求确定渐近线、分离点、与虚轴的交点和起始角）。

（1）$G(s)H(s) = \dfrac{K_g}{s(s+1)(s+3.5)(s+3+2j)(s+3-2j)}$。

（2）$G(s)H(s) = \dfrac{K_g(s+2)}{(s^2+4s+9)^2}$。

4-5 已知系统的开环传递函数 $G(s) = \dfrac{K_g(s+0.5)}{(s+1)^2(4s-7)}$，试绘制系统的根轨迹图，并确定使系统稳定的 K_g 的取值范围。

4-6 已知单位负反馈系统的开环传递函数 $G(s) = \dfrac{K_g(s+5)}{s(s+2)^2}$，试绘制系统的根轨迹图，并确定以下内容。

（1）闭环控制系统出现重根时的 K_g。
（2）使系统稳定的 K_g 的取值范围。

4-7 已知单位负反馈系统的开环传递函数 $G(s) = \dfrac{K_g}{s+1}$，试绘制闭环根轨迹图，并判断以下点是否在根轨迹上：$-2 + j0$，$0 + j1$，$-3 + j2$。

4-8 已知单位反馈系统的开环传递函数 $G(s) = \dfrac{K_g}{s^2(s+2)}$，试解决以下问题。

（1）概略绘制系统的根轨迹图，并对系统的稳定性进行分析。
（2）若增加一个零点 $z = -1$，根轨迹有何变化？对系统的稳定性和动态性能有何影响？

4-9 已知单位负反馈控制系统的开环传递函数 $G(s) = \dfrac{K_g}{s^2(s+2)(s+5)}$，利用 MATLAB 绘制系统的根轨迹图，并判定闭环控制系统的稳定性。

4-10 绘制下列闭环特征方程对应的根轨迹图，并确定系统稳定时 K_g 的取值范围。

（1）$s^3 + 3s^2 + (K_g + 2)s + 10K_g = 0$。

（2）$s^3 + 2s^2 + (3 + K_g)s + 2K_g = 0$。

4-11 已知单位反馈系统的开环传递函数 $G(s) = \dfrac{20}{(s+4)(s+b)}$，试绘制参数 b 从 0 变化到 ∞ 时的根轨迹图。

第 5 章　控制系统的频域分析法

> 课程思政引例

奈奎斯特（Nyquist，1889—1976 年），美国物理学家，曾在美国贝尔实验室（见图 5-1）任职。奈奎斯特为近代信息理论做出了突出贡献，他总结出来的奈奎斯特采样定理是通信与信号处理学科中的重要基本结论。1932 年，奈奎斯特提出了频域稳定判据，为控制系统频域分析法的发展奠定了基础。

图 5-1　美国贝尔实验室

伯德（Bode，1905—1982 年），美籍荷兰人，也曾在美国贝尔实验室任职，是应用数学家、现代控制理论与电子通信的先驱。1940 年，伯德在自动控制系统的频率法中引入了半对数坐标系，使频率特性曲线的绘制工作更加适用于工程设计。1945 年，伯德在 *Network Analysis and Feedback Amplifier Design* 中提出了频率响应分析方法，即简便且实用的控制系统设计的频域方法——伯德图（Bode Plots）。

时域分析法主要是指在典型输入信号作用下，快速、直接地求出一阶、二阶系统输出的时域表达式并绘制出响应曲线，从而利用时域指标直接评价系统的性能，具有直观、准确的优点。但在实际工程中存在大量的高阶系统，要通过时域分析法求解高阶系统在输入信号作用下的输出表达式是相当困难的，要进行大量的计算，只有在计算机的辅助下才能完成分析。另外，在需要改善系统性能时，采用时域分析法难以确定如何调整系统的结构或参数，因此催生了频域分析法。控制系统的频域分析法自问世以来，将系统的分析拓展到了频域，为问题的解决增加了一个维度，在现代社会的各个方面都得到了相应的应用。

在雷达系统中，目标检测是其基本功能之一。系统频率特性对雷达信号的发射、接收和处理过程具有重要影响。雷达信号的频率特性决定了其在空间中的传播特性、目标回波的强度和多普勒频移等参数。为了实现对目标的准确检测和跟踪，雷达系统需要具备宽频带、高灵敏度和高分辨率等性能特点。对雷达系统各组件的频率特性进行精确设计和优化调整，可以提高雷达系统的目标检测能力和抗干扰性，为军事侦察、气象观测和民用航空等领域提供有力支持。

在电力系统中，谐波是指频率为基波频率整数倍的电压或电流分量。谐波的存在会对电力系统的稳定性、电能质量和设备使用寿命产生不良影响。电力系统的频率特性分析在谐波检测和治理中发挥着重要作用。通过对电力系统各环节的频率特性进行精确测量和分析，可以准确识别出谐波源的位置和类型，进而采取有效的滤波措施来抑制谐波的传播和影响。这有助于保障电力系统的安全稳定运行，提高电能质量，延长设备使用寿命。

在通信系统中，信号传输的可靠性和稳定性对于保障通信质量至关重要。频率特性对于信号的调制、解调、滤波和放大等处理过程具有重要影响。信号的频率特性决定了其在传输过程中的衰减、失真和抗干扰等性能表现。为了优化通信系统的性能，工程师需要对信号的频率特性进行深入分析，选择合适的调制方式、滤波器类型和放大器增益等参数，确保信号在传输过程中具有较低的误码率和较高的信噪比，从而提高通信系统的可靠性和稳定性。

在机械工程中，振动是机械设备运行过程中不可避免的现象。机械振动系统的频率特性对于机械设备的运行状态监测和故障诊断具有重要意义。对机械设备振动信号的频率特性进行分析，可以提取出机械设备的振动特征频率、幅值和相位等信息，进而判断机械设备的运行状态及是否存在故障。

> **本章学习目标**

了解一个系统和一个环节的频率特性并得出系统的传递函数；了解频率特性的图形表示方法，即奈奎斯特图和伯德图，并学会绘制典型环节的频率特性图（奈奎斯特图和伯德图）；了解闭环频率特性图的画法。

利用奈奎斯特图和伯德图来分析系统的稳定性——奈奎斯特稳定判据，利用奈奎斯特图和伯德图来分析系统的动态性能——控制系统的相对稳定性；掌握开环频率特性与闭环控制系统性能的关系。

重点： 用频率特性的方法来分析系统的稳定性，以及开环频率特性与控制系统性能的关系。

难点： 利用奈奎斯特稳定判据判断系统的稳定性时幅相曲线包围(-1, j0)点的圈数情况，以及负数轴上(-1, j0)点以左正、负穿越的定义；控制系统的相对稳定性的含义；幅相曲线变化情况；应用 MATLAB 对系统进行频域分析。

5.1 频率特性概述

频域分析法利用系统在不同频率输入信号下的响应特性来分析系统的性能，通过系统在不同频率下的增益和相位变化揭示系统的稳定性、阻尼特性及共振等关键特性。将关键特性的分析结果运用在控制系统的设计中，根据被控对象的频率特性来选择合适的控制器参数，可以实现期望的系统性能。频域分析法具有以下特点。

（1）物理意义鲜明，且具有实际意义。根据系统的开环频率特性分析系统的动态性能和稳态性能，得到定性和定量的结论，可以简单、迅速地判断某些环节或参数对系统闭环性能的影响,并提出改进系统的方法,这对难以用理论分析方法建立数学模型的系统尤其有利。

(2) 与时域分析法相比,工程运算量小。时域指标和频域指标之间有对应关系,而且频域分析法大量使用简洁的曲线、图表及经验公式,可简化控制系统的分析与设计。

(3) 应用对象广泛。频域分析法不仅适用于二阶系统,而且适用于高阶系统;不仅适用于线性定常系统,而且可推广应用于某些非线性系统。尤其是当系统在某些频率范围内存在严重的噪声时,应用频域分析法可以比较好地抑制噪声。

因此,频域分析法对于理解和评估系统的性能至关重要,分析系统的频率特性对于理解系统动态行为、优化控制系统设计,以及实现故障诊断和预防性维护都具有重要意义。同时,由于在目前的实际工程中往往并不需要准确地计算系统响应的全部过程,而是希望避开复杂的计算,简单、直观地分析出系统结构、参数对系统性能的影响,因此在工程实践中主要采用频域分析法,并辅以其他方法。

5.1.1 频率特性的基本概念

电子领域的滤波器可以过滤掉某个不需要的频率的波形。按内部是否有电源和有源元器件,可以将滤波器分为有源滤波器和无源滤波器。前者一般由集成运算放大器和 RC 滤波网络组成,由电源向集成运算放大器提供能量。后者一般由电容、电感、电阻等无源元器件构成,不具备波形放大能力,只能维持或减小输入信号的幅度。

现以图 5-2 所示的 RC 滤波网络为例,介绍频率特性的基本概念。设电容的初始电压为 u_{o0},取输入信号 u_i 为正弦信号,即

$$u_i = A\sin\omega t \tag{5-1}$$

记录网络的输入、输出信号。当输出信号 u_o 呈稳态时,记录曲线如图 5-3 所示。

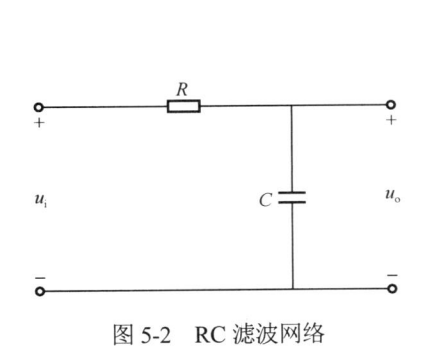

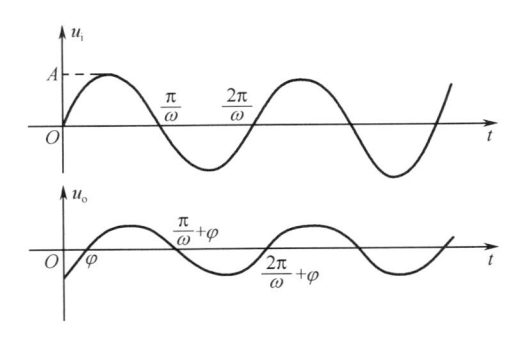

图 5-2 RC 滤波网络

图 5-3 RC 滤波网络的输入和稳态输出信号

由图 5-3 可见,RC 滤波网络的稳态输出信号仍为正弦信号,频率与输入信号的频率相同,幅值较输入信号有一定衰减,相位存在一定延迟,符合低通无源滤波器的工作原理。

RC 滤波网络的输入和输出的关系可由以下微分方程描述,即

$$T\frac{du_o}{dt} + u_o = u_i \tag{5-2}$$

式中,$T = RC$,为时间常数。对式(5-2)进行拉普拉斯变换并代入初始条件 $u_o(0) = u_{o0}$,可得

$$U_o(s) = \frac{1}{Ts+1}[U_i(s) + Tu_{o0}] = \frac{1}{Ts+1}\left(\frac{A\omega}{s^2+\omega^2} + Tu_{o0}\right) \tag{5-3}$$

由拉普拉斯反变换可得

$$u_o(t) = \left(u_{o0} + \frac{A\omega T}{1+T^2\omega^2}\right)e^{-t/T} + \frac{A}{\sqrt{1+T^2\omega^2}}\sin(\omega t - \arctan\omega T) \quad (5\text{-}4)$$

在式（5-4）中，第一项由于 $T>0$，所以将随时间增大而趋于零，为输出的瞬态分量；第二项正弦信号为输出的稳态分量 $u_{os}(t)$，即

$$u_{os}(t) = \frac{A}{\sqrt{1+T^2\omega^2}}\sin(\omega t - \arctan\omega T) = A \cdot A(\omega)\sin[\omega t + \varphi(\omega)] \quad (5\text{-}5)$$

式中，$A(\omega) = \frac{1}{\sqrt{1+T^2\omega^2}}$，$\varphi(\omega) = -\arctan\omega T$，它们分别反映了 RC 滤波网络在正弦信号作用下，输出稳态分量的幅值和相位的变化情况，分别称为幅值比和相位差，且它们皆为输入正弦信号频率 ω 的函数。

RC 滤波网络的传递函数为

$$G(s) = \frac{1}{Ts+1} \quad (5\text{-}6)$$

若取 $s = j\omega$，则有

$$G(j\omega) = G(s)|_{s=j\omega} = \frac{1}{\sqrt{1+T^2\omega^2}}e^{-j\arctan\omega T} \quad (5\text{-}7)$$

比较式（5-5）和式（5-7）可知，$A(\omega)$、$\varphi(\omega)$ 分别为 $G(j\omega)$ 的幅值 $|G(j\omega)|$ 和相位 $\angle G(j\omega)$。这个结论反映了 $A(\omega)$ 和 $\varphi(\omega)$ 与系统数学模型的本质关系，具有普遍性。

设有一个稳定的线性定常系统，其闭环传递函数为

$$G(s) = \frac{\sum_{i=0}^{m}b_i s^{m-i}}{\sum_{i=0}^{n}a_i s^{n-i}} = \frac{B(s)}{A(s)} \quad (5\text{-}8)$$

系统输入为谐波信号，即

$$r(t) = A\sin(\omega t + \varphi) \quad (5\text{-}9)$$

$$R(s) = \frac{A(\omega\cos\varphi + s\sin\varphi)}{s^2 + \omega^2} \quad (5\text{-}10)$$

由于系统稳定，因此输出稳态分量的拉普拉斯变换为

$$\begin{aligned}C_s(s) &= \frac{1}{s+j\omega}\left[(s+j\omega)R(s)G(s)|_{s=-j\omega}\right] + \frac{1}{s-j\omega}\left[(s-j\omega)R(s)G(s)|_{s=-j\omega}\right] \\ &= \frac{A}{s+j\omega} \cdot \frac{\cos\varphi - j\sin\varphi}{-2j}G(-j\omega) + \frac{A}{s-j\omega} \cdot \frac{\cos\varphi + j\sin\varphi}{2j}G(j\omega)\end{aligned} \quad (5\text{-}11)$$

假设有

$$G(j\omega) = \frac{a(\omega) + jb(\omega)}{c(\omega) + jd(\omega)} = |G(j\omega)|e^{j\angle G(j\omega)} \quad (5\text{-}12)$$

因为 $G(s)$ 的分子和分母多项式为实系数，所以式（5-12）中的 $a(\omega)$ 和 $c(\omega)$ 为关于 ω 的偶次幂实系数多项式，$b(\omega)$ 和 $d(\omega)$ 为关于 ω 的奇次幂实系数多项式，即 $a(\omega)$ 和 $c(\omega)$ 为 ω 的偶函数，$b(\omega)$ 和 $d(\omega)$ 为 ω 的奇函数。鉴于有

$$|G(j\omega)| = \left(\frac{b^2(\omega)+a^2(\omega)}{c^2(\omega)+d^2(\omega)}\right)^{\frac{1}{2}} \tag{5-13}$$

$$\angle G(j\omega) = \arctan\frac{b(\omega)c(\omega)-a(\omega)d(\omega)}{a(\omega)c(\omega)+d(\omega)b(\omega)} \tag{5-14}$$

所以有

$$G(-j\omega) = \frac{a(\omega)-jb(\omega)}{c(\omega)-jd(\omega)} = |G(j\omega)|e^{-j\angle G(j\omega)} \tag{5-15}$$

再由式（5-11）得

$$C_s(s) = \frac{A|G(j\omega)|}{s+j\omega}\cdot\frac{e^{-j[\varphi+\angle G(j\omega)]}}{-2j} + \frac{A|G(j\omega)|}{s-j\omega}\cdot\frac{e^{j[\varphi+\angle G(j\omega)]}}{2j}$$

$$c_s(t) = A|G(j\omega)|\frac{e^{j[\omega t+\varphi+\angle G(j\omega)]}-e^{-j[\omega t+\varphi+\angle G(j\omega)]}}{2j} \tag{5-16}$$

$$= A|G(j\omega)|\sin[\omega t+\varphi+\angle G(j\omega)]$$

比较式（5-16）与式（5-5），可得

$$\begin{cases}A(\omega) = |G(j\omega)|\\ \varphi(\omega) = \angle G(j\omega)\end{cases} \tag{5-17}$$

式（5-16）表明，对于稳定的线性定常系统，由谐波输入产生的输出稳态分量仍然是和输入同频率的谐波函数，而幅值和相位的变化是频率 ω 的函数，且与系统数学模型相关。为此，在定义谐波输入下，输出响应中和输入同频率的谐波分量与谐波输入的幅值之比 $A(\omega)$ 为幅频特性，相位之差 $\varphi(\omega)$ 为相频特性，并称其指数表达形式为系统的频率特性，即

$$G(j\omega) = A(\omega)e^{j\varphi(\omega)} \tag{5-18}$$

5.1.2 频率特性的物理意义

5.1.1 节中所述的频率特性既适用于稳定系统，也适用于不稳定系统。稳定系统的频率特性可以用实验方法确定，即首先在系统的输入端施加不同频率的正弦信号，然后测量系统输出的稳态响应，最后根据幅值比和相位差绘制出系统的频率特性曲线。

RC 滤波网络的频率特性曲线如图 5-4 所示。

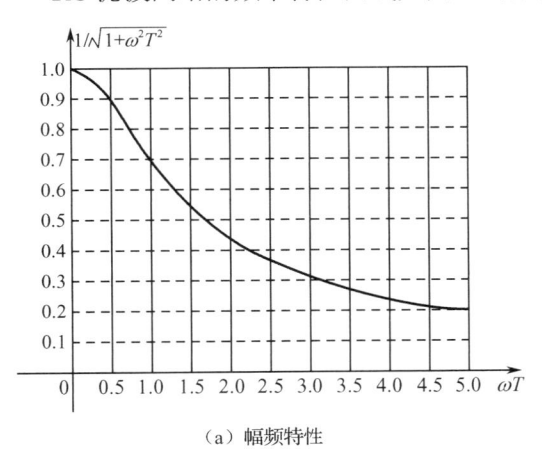

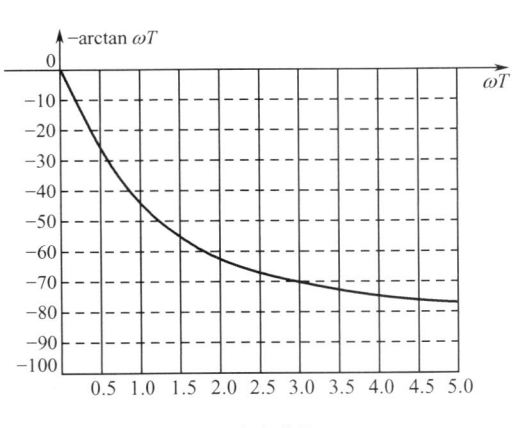

（a）幅频特性　　（b）相频特性

图 5-4　RC 滤波网络的频率特性曲线

对于不稳定系统，输出稳态分量中含有由系统传递函数的不稳定极点产生的呈发散或振荡发散状态的分量，因此不稳定系统的频率特性不能用实验方法确定。

在线性定常系统的传递函数为零的初始条件下，输出和输入的拉普拉斯变换之比为

$$G(s) = \frac{C(s)}{R(s)} \tag{5-19}$$

式（5-19）的拉普拉斯反变换式为

$$g(t) = \frac{1}{2\pi \mathrm{j}} \int_{\sigma-\mathrm{j}\infty}^{\sigma+\mathrm{j}\infty} G(s) \mathrm{e}^{st} \mathrm{d}s \tag{5-20}$$

式中，σ 位于 $G(s)$ 的收敛域。若系统稳定，则 σ 可以取零。如果 $r(t)$ 的傅里叶变换存在，可令 $s = \mathrm{j}\omega$，则有

$$g(t) = \frac{1}{2\pi} \int_{-\infty}^{\infty} G(\mathrm{j}\omega) \mathrm{e}^{\mathrm{j}\omega t} \mathrm{d}\omega = \frac{1}{2\pi} \int_{-\infty}^{\infty} \frac{C(\mathrm{j}\omega)}{R(\mathrm{j}\omega)} \mathrm{e}^{\mathrm{j}\omega t} \mathrm{d}\omega \tag{5-21}$$

因此有

$$G(\mathrm{j}\omega) = \frac{C(\mathrm{j}\omega)}{R(\mathrm{j}\omega)} = G(s)\big|_{s=\mathrm{j}\omega} \tag{5-22}$$

由此可知，稳定系统的频率特性等于输出和输入的傅里叶变换之比，这正是频率特性的物理意义。频率特性与微分方程和传递函数一样，也表征了系统的运动规律，是系统频域分析的理论依据。三种系统描述之间的关系如图 5-5 所示，其中 s 为微分算子，$p = \dfrac{\mathrm{d}}{\mathrm{d}t}$。

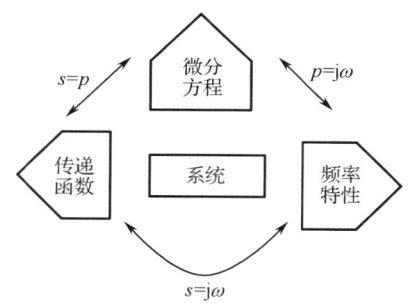

图 5-5 三种系统描述之间的关系

5.1.3 频率特性的表示方法

在工程分析和设计中，通常先绘出线性系统的频率特性曲线，再运用图解法进行研究。常用的频率特性曲线有以下两种。

1. 幅相频率特性曲线

幅相频率特性曲线简称幅相曲线，又称极坐标图、奈奎斯特图，其以横轴为实轴，以纵轴为虚轴，构成复平面。对于任一给定的频率 ω，频率特性值为复数。若将频率特性表示为实数与虚数之和的形式，则实部为实轴坐标值，虚部为虚轴坐标值。若将频率特性表示为复指数形式，则为复平面上的向量，向量的长度为频率特性的幅值，向量与实轴正方向的夹角等于频率特性的相位。

由于幅频特性为 ω 的偶函数，相频特性为 ω 的奇函数，ω 从零变化到 $+\infty$ 和 ω 从零变化到 $-\infty$ 的幅相曲线关于实轴对称，因此一般只绘制 ω 从零变化到 $+\infty$ 的幅相曲线。在系统幅相曲线中，频率 ω 为可变参数，一般用箭头表示 ω 增大时幅相曲线的变化方向。

由 5.1.1 节可知，对于 RC 滤波网络，有

$$G(j\omega) = \frac{1}{1+jT\omega} = \frac{1-jT\omega}{1+(T\omega)^2} \tag{5-23}$$

故有 $\left[\operatorname{Re}G(j\omega)-\frac{1}{2}\right]^2 + \operatorname{Im}^2 G(j\omega) = \left(\frac{1}{2}\right)^2$，表明 RC 滤波网络的幅相曲线是以 $\left(\frac{1}{2}, j0\right)$ 为圆心、半径为 $\frac{1}{2}$ 的半圆，如图 5-6 所示。

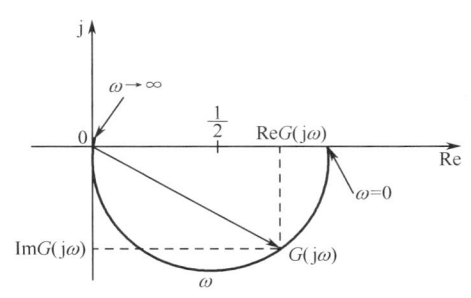

图 5-6 RC 滤波网络的幅相曲线

2．对数频率特性曲线

对数频率特性曲线又称伯德曲线或伯德图。对数频率特性曲线由对数幅频曲线和对数相频曲线组成，是工程中广泛使用的一组曲线。

对数频率特性曲线中包含的两组曲线的横坐标均按 $\lg\omega$ 分度，即对数分度，单位为弧度/秒（rad/s）。

对数幅频曲线的纵坐标 $L(\omega)$ 按线性分度，单位为分贝（dB）。

$$L(\omega) = 20\lg|G(j\omega)| = 20\lg A(\omega) \tag{5-24}$$

对数相频曲线的纵坐标 $\varphi(\omega)$ 按线性分度，单位为度（°）。由此构成的坐标系称为半对数坐标系。

对数分度与线性分度如图 5-7 所示。在线性分度中，当变量增大或减小 1 时，坐标间距变化一个单位长度，如图 5-7（b）所示；在对数分度中，当变量增大或减小 10 时，称为十倍频程（dec），坐标间距变化一个单位长度，如图 5-7（a）所示。设对数分度中的单位长度为 L，ω 的某个十倍频程的左端点为 ω_0，则坐标点相对于左端点的距离为表 5-1 中所示的值乘以 L。

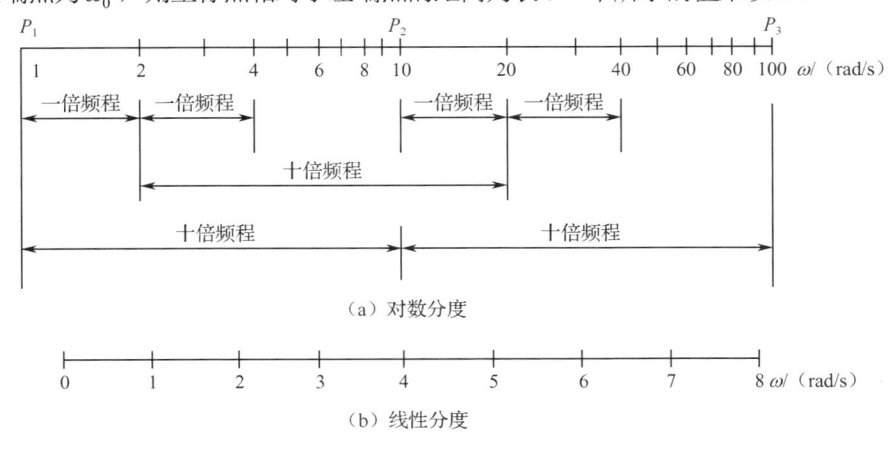

图 5-7 对数分度与线性分度

表 5-1　十倍频程中的对数分度

ω/ω_0	1	2	3	4	5	6	7	8	9	10
$\lg(\omega/\omega_0)$	0	0.301	0.477	0.602	0.699	0.778	0.845	0.903	0.954	1

对数频率特性曲线按 $\lg\omega$ 分度实现了横坐标的非线性压缩，便于在较大频率范围内反映频率特性的变化情况。其中，对数幅频特性采用 $20\lg A(\omega)$，将幅值的乘除运算化为加减运算，简化了曲线的绘制过程。若在前文所述的 RC 滤波网络中，取 $T=0.5$，则其对数频率特性曲线如图 5-8 所示。

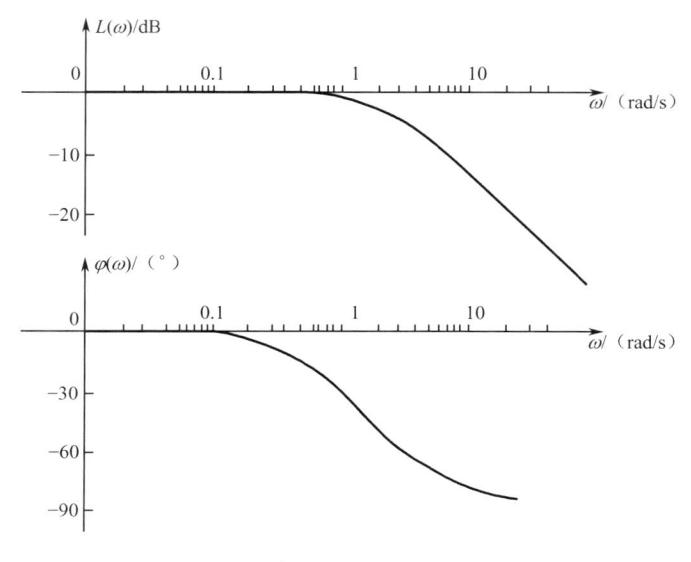

图 5-8　$\dfrac{1}{1+j0.5\omega}$ 的对数频率特性曲线

5.2　控制系统的奈奎斯特图

设线性定常系统的结构图如图 5-9 所示，其开环传递函数为 $G(s)H(s)$，本节先研究开环系统的典型环节相应的频率特性，然后对各环节进行整合，最后绘制开环系统的奈奎斯特图。

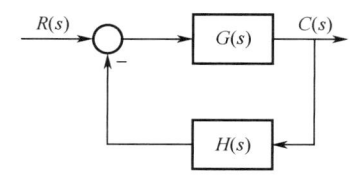

图 5-9　线性定常系统的结构图

5.2.1　典型环节的奈奎斯特图

由于开环传递函数的分子和分母多项式的系数皆为实数，因此系统开环零点、开环极点为实数或共轭复数。根据开环零点、开环极点可将分子和分母多项式分解成因式，将因式分类即可得典型环节。典型环节可分为两大类：一类为最小相位环节；另一类为非最小相位环节。

第5章 控制系统的频域分析法

开环传递函数中没有右半 s 平面上的极点和零点的环节，称为最小相位环节，如图 5-10 左半部分所示；开环传递函数中含有右半 s 平面上的极点或零点的环节，称为非最小相位环节，如图 5-10 右半部分所示。

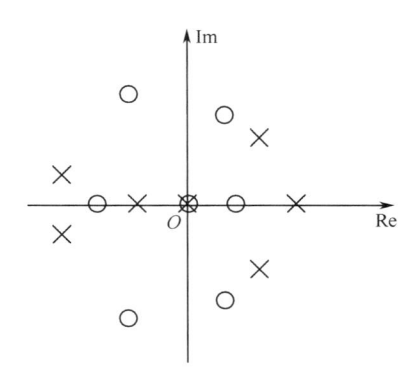

图 5-10 最小相位环节与非最小相位环节

最小相位环节有如下七种：
（1）比例环节 K （$K>0$）；
（2）惯性环节 $1/(Ts+1)$ （$T>0$）；
（3）一阶微分环节 $Ts+1$ （$T>0$）；
（4）振荡环节 $\dfrac{\omega_n^2}{s^2+2\zeta\omega_n s+\omega_n^2}$ （$\omega_n>0$，$0<\zeta<1$）；
（5）二阶微分环节 $\dfrac{1}{\omega_n^2}(s^2+2\zeta\omega_n s+\omega_n^2)$ （$\omega_n>0$，$0<\zeta<1$）；
（6）积分环节 $1/s$；
（7）微分环节 s。

非最小相位环节有如下五种：
（1）比例环节 K （$K<0$）；
（2）惯性环节 $1/(-Ts+1)$ （$T>0$）；
（3）一阶微分环节 $-Ts+1$ （$T>0$）；
（4）振荡环节 $\dfrac{\omega_n^2}{s^2+2\zeta\omega_n s+\omega_n^2}$ （$\omega_n>0$，$0<\zeta<1$）；
（5）二阶微分环节 $\dfrac{1}{\omega_n^2}(s^2+2\zeta\omega_n s+\omega_n^2)$ （$\omega_n>0$，$0<\zeta<1$）。

除了比例环节，非最小相位环节和与之相对应的最小相位环节的区别在于开环零点、开环极点的位置不同。非最小相位环节的（2）～（5）对应右半 s 平面上的开环零点或开环极点，而最小相位环节的（2）～（5）对应左半 s 平面上的开环零点或开环极点。

根据典型环节的传递函数和频率特性的定义，取 $\omega\in(0,+\infty)$，可以绘制典型环节的奈奎斯特图。下面研究的典型环节的频率特性均为最小相位环节的频率特性。

（1）比例环节 $G(s)=K$ （$K>0$），其幅频特性和相频特性分别为

$$A(\omega)=K, \quad \varphi(\omega)=0° \tag{5-25}$$

在奈奎斯特图上表示为实轴上的 K 点，如图 5-11 所示。

（2）积分环节 $G(s)=1/s$，其幅频特性和相频特性分别为

$$A(\omega)=\frac{1}{\omega}, \quad \varphi(\omega)=-90° \qquad (5\text{-}26)$$

当 ω 从 0_+ 到 ∞ 变化时，各矢量的角度均为 $-90°$，矢量的模随着 ω 的增大而减小，如图 5-12 所示。

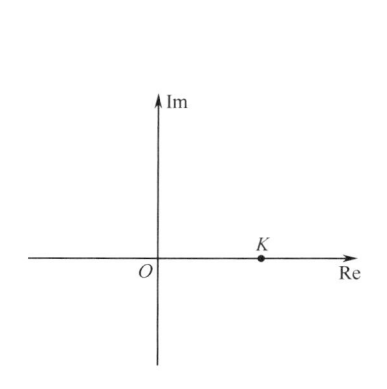

图 5-11　比例环节的奈奎斯特图　　　　图 5-12　积分环节的奈奎斯特图

（3）微分环节 $G(s)=s$，其幅频特性和相频特性分别为

$$A(\omega)=\omega, \quad \varphi(\omega)=90° \qquad (5\text{-}27)$$

当 ω 从 0_+ 到 ∞ 变化时，各矢量的角度均为 $+90°$，矢量的模随着 ω 的增大而增大，如图 5-13 所示。

（4）惯性环节 $G(s)=\dfrac{1}{1+Ts}$（$T>0$），其幅频特性和相频特性分别为

$$A(\omega)=\frac{1}{(1+T^2\omega^2)^{\frac{1}{2}}}, \quad \varphi(\omega)=-\arctan T\omega \qquad (5\text{-}28)$$

当 ω 从 0_+ 到 ∞ 变化时，惯性环节的奈奎斯特图是第四象限的半圆，如图 5-14 所示。

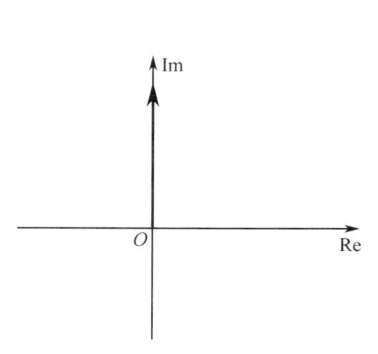

图 5-13　微分环节的奈奎斯特图　　　　图 5-14　惯性环节的奈奎斯特图

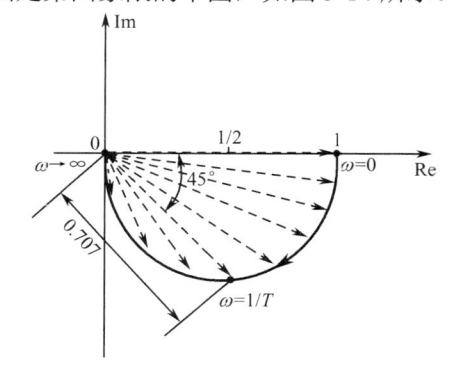

（5）一阶微分环节 $G(s)=Ts+1$（$T>0$），其幅频特性和相频特性分别为

$$A(\omega)=\sqrt{1+(T\omega)^2}, \quad \varphi(\omega)=\arctan T\omega \qquad (5\text{-}29)$$

当 ω 从 0_+ 到 ∞ 变化时，矢量的角度从 0_+ 变化到 $+90°$，矢量的模随着 ω 的增大从 1 变化到 ∞，如图 5-15 所示。

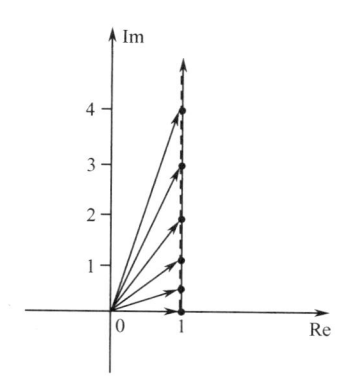

图 5-15 一阶微分环节的奈奎斯特图

（6）振荡环节 $G(s) = \dfrac{1}{T^2 s^2 + 2\zeta T s + 1}$，其中 $T = \dfrac{1}{\omega_n}$，令 $s = j\omega$，则有

$$G(j\omega) = \dfrac{1}{1 - T^2\omega^2 + j2\zeta T\omega}$$

由此可得，其幅频特性和相频特性分别为

$$A(\omega) = \dfrac{1}{\sqrt{(1 - T^2\omega^2)^2 + (2\zeta T\omega)^2}}$$

$$\varphi(\omega) = -\arctan\dfrac{2\zeta T\omega}{1 - T^2\omega^2} \tag{5-30}$$

当 $\omega = 0$ 时，$A(\omega) = 1$，$\varphi(\omega) = 0°$，此为起点。

当 $\omega = \omega_n = \dfrac{1}{T}$ 时，$A(\omega) = \dfrac{1}{2\zeta}$，$\varphi(\omega) = -90°$，此为曲线与虚轴的交点。

当 $\omega \to \infty$ 时，$A(\omega) = 0$，$\varphi(\omega) = -180°$，此为终点。

为分析 $A(\omega)$ 的变化，需要求 $A(\omega)$ 的极值，即令 $\dfrac{\mathrm{d}A(\omega)}{\mathrm{d}\omega} = 0$，可得谐振频率为

$$\omega_r = \omega_n \sqrt{1 - 2\zeta^2} \quad \left(0 < \zeta \leq \dfrac{\sqrt{2}}{2}\right) \tag{5-31}$$

将 ω_r 代入式（5-30），求得谐振峰值为

$$M_r = A(\omega_r) = \dfrac{1}{2\zeta\sqrt{1 - \zeta^2}} \quad \left(0 < \zeta \leq \dfrac{\sqrt{2}}{2}\right) \tag{5-32}$$

由于当 $\zeta = \dfrac{\sqrt{2}}{2}$ 时 $M_r = 1$，因此当 $0 < \zeta \leq \dfrac{\sqrt{2}}{2}$ 时有

$$\dfrac{\mathrm{d}M_r}{\mathrm{d}\zeta} = \dfrac{-(1 - 2\zeta^2)}{\zeta^2(1 - \zeta^2)^{\frac{3}{2}}} < 0 \tag{5-33}$$

由此可见，ω_r 和 M_r 均为阻尼比 ζ 的减函数（$0 < \zeta \leq \sqrt{2}/2$）。当 $0 < \zeta \leq \sqrt{2}/2$ 时，若 $\omega \in (0, \omega_r)$，则 $A(\omega)$ 单调递增；若 $\omega \in (\omega_r, \infty)$，则 $A(\omega)$ 单调递减。当 $\sqrt{2}/2 < \zeta < 1$ 时，$A(\omega)$ 单调递减。在不同阻尼比情况下，当 ω 从 0_+ 到 ∞ 变化时，振荡环节的奈奎斯特图如图 5-16 所示，

其中 $u = \dfrac{\omega}{\omega_n}$。

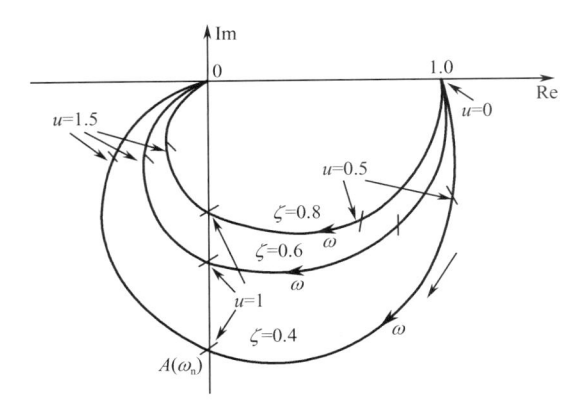

图 5-16 振荡环节的奈奎斯特图

5.2.2 系统开环奈奎斯特图的绘制

可将开环系统表示为若干典型环节的串联形式，即

$$G(s)H(s) = \prod_{i=1}^{N} G_i(s) \tag{5-34}$$

设第 i（$i=1,2,\cdots,N$）个典型环节的频率特性为

$$G_i(j\omega) = A_i(\omega)e^{j\varphi_i(\omega)} \tag{5-35}$$

系统开环频率特性为

$$G(j\omega)H(j\omega) = \left[\prod_{i=1}^{N} A_i(\omega)\right] e^{j\left[\sum_{i=1}^{N}\varphi_i(\omega)\right]} \tag{5-36}$$

系统开环幅频特性和开环相频特性分别为

$$A(\omega) = \prod_{i=1}^{N} A_i(\omega), \quad \varphi(\omega) = \sum_{i=1}^{N} \varphi_i(\omega) \tag{5-37}$$

式（5-37）表明，系统开环频率特性表现为组成开环系统的各个典型环节频率特性的合成，因此，本节在研究典型环节频率特性的基础上，还介绍系统开环奈奎斯特图的绘制方法。系统开环奈奎斯特图的绘制可以通过取点、计算和作图等方法完成，这里着重介绍结合工程需要的概略绘制开环奈奎斯特图的方法。

概略绘制的开环奈奎斯特图应反映开环频率特性的三个重要因素。

（1）开环奈奎斯特图的起点（$\omega = 0_+$）和终点（$\omega \to \infty$）。

（2）开环奈奎斯特图与实轴的交点。设当 $\omega = \omega_x$ 时，$G(j\omega_x)(j\omega_x)$ 的虚部为

$$\text{Im}\left[G(j\omega_x)H(j\omega_x)\right] = 0 \tag{5-38}$$

或

$$\varphi(\omega_x) = \angle\left[G(j\omega_x)H(j\omega_x)\right] = k\pi \quad (k = 0, \pm 1, \pm 2, \cdots, \pm n) \tag{5-39}$$

称 ω_x 为穿越频率，而开环奈奎斯特图与实轴的交点坐标为

$$\text{Re}\left[G(j\omega_x)H(j\omega_x)\right] = G(j\omega_x)H(j\omega_x) \tag{5-40}$$

（3）开环奈奎斯特图的变化范围（象限、单调性）。开环系统典型环节分解和典型环节奈

奈奎斯特图的特点是概略绘制开环奈奎斯特图的基础，下面结合具体的系统加以介绍。

【例 5-1】 某 0 型单位反馈系统开环传递函数为

$$G(s) = \frac{K}{(T_1s+1)(T_2s+1)} \quad (K, T_1, T_2 > 0)$$

试概略绘制系统开环奈奎斯特图。

解：由于惯性环节的角度变化为 $0° \sim -90°$，因此该系统开环奈奎斯特图的起点、终点的幅频特性和相频特性分别为

$$A(0) = K, \quad \varphi(0) = 0°$$

$$A(\infty) = 0, \quad \varphi(\infty) = 2 \times (-90°) = -180°$$

系统开环频率特性为

$$G(j\omega) = \frac{K\left[1 - T_1T_2\omega^2 - j(T_1+T_2)\omega\right]}{(1+T_1^2\omega^2)(1+T_2^2\omega^2)}$$

令 $\operatorname{Im} G(j\omega_x) = 0$，可得 $\omega_x = 0$，即系统开环奈奎斯特图除在 $\omega = 0$ 处外与实轴无交点。

由于惯性环节单调地从 $0°$ 变化到 $-90°$，因此该系统奈奎斯特图的变化范围为第四象限和第三象限，概略绘制的系统开环奈奎斯特图如图 5-17 中的实线所示。

若取 $K < 0$，则由于非最小相位比例环节的相位恒为 $-180°$，因此此时系统开环奈奎斯特图由原曲线绕原点顺时针旋转 $180°$ 可得，如图 5-17 中的虚线所示。

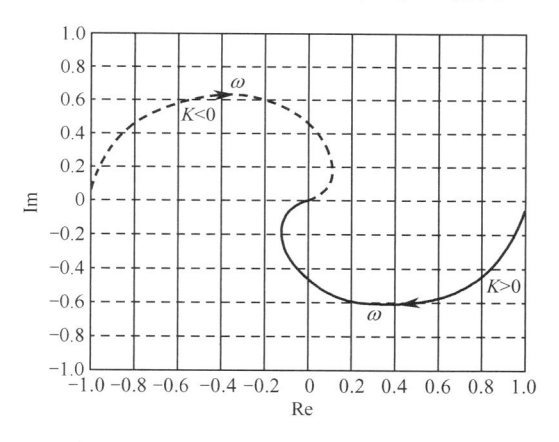

图 5-17 概略绘制的系统开环奈奎斯特图 1

【例 5-2】 设系统开环传递函数为

$$G(s)H(s) = \frac{K}{s(T_1s+1)(T_2s+1)} \quad (K, T_1, T_2 > 0)$$

试概略绘制系统开环奈奎斯特图。

解：系统开环频率特性为

$$G(j\omega)H(j\omega) = \frac{K(1-jT_1\omega)(1-jT_2\omega)(-j)}{\omega(1+T_1^2\omega^2)(1+T_2^2\omega^2)} = \frac{K\left[-(T_1+T_2)\omega + j(-1+T_1T_2\omega^2)\right]}{\omega(1+T_1^2\omega^2)(1+T_2^2\omega^2)}$$

幅值变化为

$$A(0_+) = \infty, \quad A(\infty) = 0$$

相位变化为

$$\angle\left(\frac{1}{\mathrm{j}\omega}\right): \quad -90°\sim-90°$$

$$\angle\left(\frac{1}{1+\mathrm{j}T_1\omega}\right): \quad 0°\sim-90°$$

$$\angle\left(\frac{1}{1+\mathrm{j}T_2\omega}\right): \quad 0°\sim-90°$$

$$\angle K: \quad 0°\sim 0°$$

$$\varphi(\omega): \quad -90°\sim-270°$$

在起点处,有

$$\mathrm{Re}[G(\mathrm{j}0_+)H(\mathrm{j}0_+)] = -K(T_1+T_2)$$
$$\mathrm{Im}[G(\mathrm{j}0_+)H(\mathrm{j}0_+)] = -\infty$$

对于与实轴的交点,令 $\mathrm{Im}[G(\mathrm{j}\omega)H(\mathrm{j}\omega)] = 0$,可得 $\omega_x = \dfrac{1}{\sqrt{T_1T_2}}$,于是可得

$$G(\mathrm{j}\omega_x)H(\mathrm{j}\omega_x) = \mathrm{Re}[G(\mathrm{j}\omega_x)H(\mathrm{j}\omega_x)] = -\frac{KT_1T_2}{T_1+T_2}$$

由此概略绘制系统开环奈奎斯特图,如图 5-18 中的曲线(1)所示。横坐标值为-2.5 处的纵向虚线为开环奈奎斯特图的低频渐近线。由于开环奈奎斯特图用于系统分析时不需要准确知道渐近线的位置,因此一般根据 $\varphi(0_+)$ 取渐近线为坐标轴,图 5-18 中的曲线(2)为相应的开环奈奎斯特图。

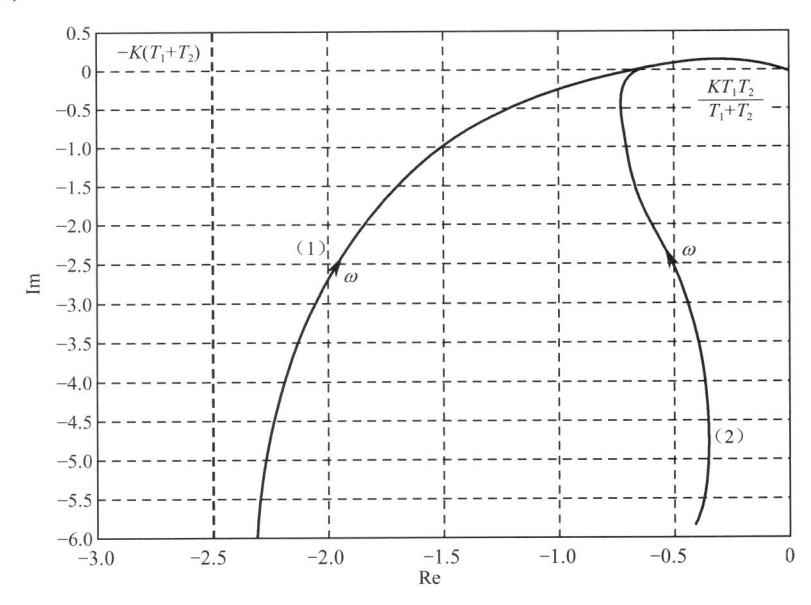

图 5-18 概略绘制的系统开环奈奎斯特图 2

【例 5-3】 已知单位反馈系统开环传递函数为

$$G(s) = \frac{K(\tau s+1)}{s(T_1s+1)(T_2s+1)} \quad (K,T_1,T_2,\tau > 0)$$

试概略绘制系统开环奈奎斯特图。

解：系统开环频率特性为

$$G(\mathrm{j}\omega) = \frac{-\mathrm{j}K\left[1 - T_1T_2\omega^2 + T_1\tau\omega^2 + T_2\tau\omega^2 + \mathrm{j}\omega(\tau - T_1 - T_2 - T_1T_2\tau\omega^2)\right]}{\omega(1+T_1^2\omega^2)(1+T_2^2\omega^2)}$$

开环奈奎斯特图的起点和终点分别为

$$G(\mathrm{j}0_+) = \infty\angle(-90°)$$
$$G(\mathrm{j}\infty) = 0\angle(-180°)$$

对于与实轴的交点，当 $\tau < \dfrac{T_1T_2}{T_1+T_2}$ 时，有

$$\begin{cases} \omega_x = \dfrac{1}{\sqrt{T_1T_2 - T_1\tau - T_2\tau}} \\ G(\mathrm{j}\omega_x) = -\dfrac{K(T_1+T_2)(T_1T_2 - T_1\tau - T_2\tau + \tau^2)}{(T_1T_2 - T_1\tau - T_2\tau + T_1^2)(T_1T_2 - T_1\tau - T_2\tau + T_2^2)} \end{cases}$$

变化范围：当 $\tau > \dfrac{T_1T_2}{T_1+T_2}$ 时，开环奈奎斯特图位于第三象限或第四象限与第三象限；当 $\tau < \dfrac{T_1T_2}{T_1+T_2}$ 时，开环奈奎斯特图位于第三象限与第二象限。

概略绘制的系统开环奈奎斯特图如图 5-19 所示。

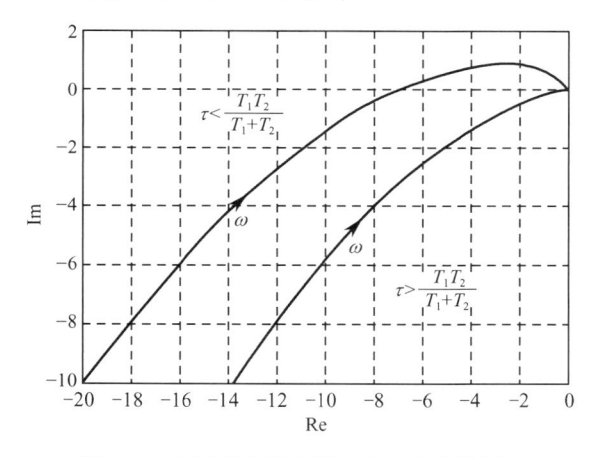

图 5-19 概略绘制的系统开环奈奎斯特图 3

应该指出的是，开环传递函数具有一阶微分环节，系统开环奈奎斯特图有凹凸现象，因为是概略绘制的奈奎斯特图，所以这一现象无须准确反映。

【例 5-4】 已知系统开环传递函数为

$$G(s)H(s) = \frac{K(-\tau s + 1)}{s(Ts+1)} \quad (K, \tau, T, > 0)$$

试概略绘制系统开环奈奎斯特图。

解：系统开环频率特性为

$$G(\mathrm{j}\omega)H(\mathrm{j}\omega) = \frac{K\left[-(T+\tau)\omega - \mathrm{j}(1 - T\tau\omega^2)\right]}{\omega(1+T^2\omega^2)}$$

开环奈奎斯特图的起点、终点的幅频特性和相频特性分别为

$$A(0_+) = \infty, \quad \varphi(0_+) = -90°$$
$$A(\infty) = 0, \quad \varphi(\infty) = -270°$$

对于与实轴的交点，令虚部为零，解得

$$\omega_x = \frac{1}{\sqrt{T\tau}}, \quad G(j\omega_x)(j\omega_x) = -K\tau$$

因为 $\varphi(\omega)$ 从 $-90°$ 单调递减至 $-270°$，所以奈奎斯特图在第三象限与第二象限之间变化。概略绘制的系统开环奈奎斯特图如图 5-20 所示。

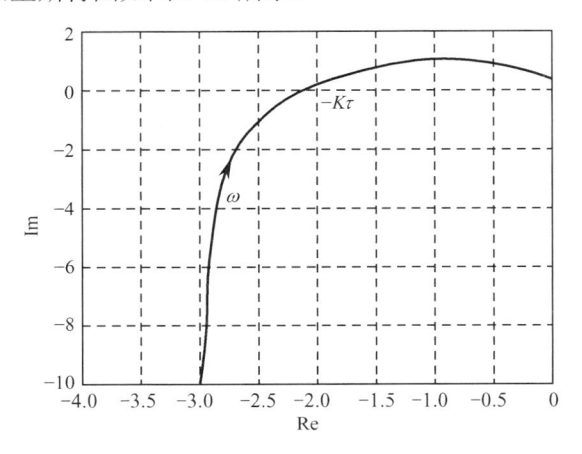

图 5-20　概略绘制的系统开环奈奎斯特图 4

在例 5-4 中，系统中含有非最小相位一阶微分环节，开环传递函数中含有非最小相位环节的系统称为非最小相位系统，开环传递函数全部由最小相位环节构成的系统称为最小相位系统。比较例 5-2、例 5-3 和例 5-4 可知，非最小相位环节的存在将对系统的频率特性产生一定的影响，故在控制系统分析中必须加以重视。

【例 5-5】 设系统开环传递函数为

$$G(s)H(s) = \frac{K}{s(Ts+1)(s^2/\omega_n^2 + 1)} \quad (K, T > 0)$$

试概略绘制系统开环奈奎斯特图。

解： 系统开环频率特性为

$$G(j\omega)H(j\omega) = \frac{-K(T\omega + j)}{\omega(1 + T^2\omega^2)\left(1 - \frac{\omega^2}{\omega_n^2}\right)}$$

开环奈奎斯特图的起点和终点分别为

$$G(j0_+)H(j0_+) = \infty\angle(-90°)$$
$$G(j\infty)H(j\infty) = 0\angle(-360°)$$

由开环频率特性表达式可知，$G(j\omega)H(j\omega)$ 的虚部不为零，故与实轴无交点。注意到开环系统中含有等幅振荡环节（$\zeta = 0$），当 ω 趋于 ω_n 时，$A(\omega_n)$ 趋于无穷大，而相频特性为

$$\varphi(\omega_{n-}) \approx -90° - \arctan T\omega_n - 180°, \quad \omega_{n-} = \omega_n - \varepsilon \quad (\varepsilon > 0)$$
$$\varphi(\omega_{n+}) \approx -90° - \arctan T\omega_n - 180°, \quad \omega_{n+} = \omega_n + \varepsilon \quad (\varepsilon > 0)$$

也就是说，$\varphi(\omega)$ 在 $\omega = \omega_n$ 的附近，相位突变 $-180°$，幅相曲线在 ω_n 处呈现不连续现象。

概略绘制的系统开环奈奎斯特图如图 5-21 所示。

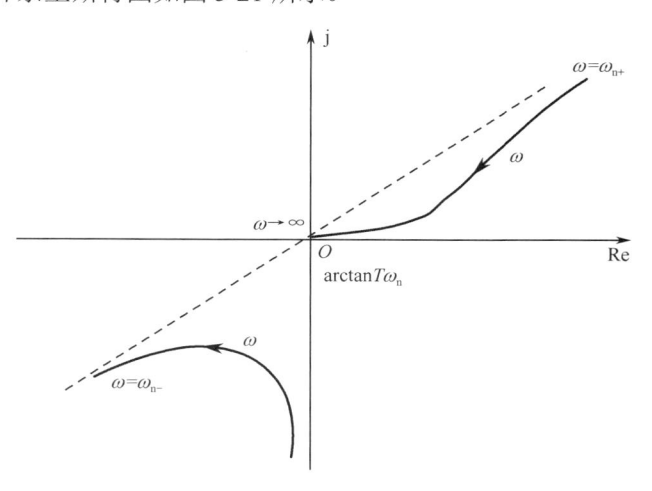

图 5-21 概略绘制的系统开环奈奎斯特图 5

根据以上例子，可以总结出概略绘制系统开环奈奎斯特图的规律如下。
（1）开环奈奎斯特图的起点取决于比例环节 K 和系统积分或微分环节的个数 v。
当 $v<0$ 时，起点为原点。
当 $v=0$ 时，起点在实轴上的点 K 处，K 为系统开环增益，注意 K 有正、负之分。
当 $v>0$ 时，设 $v=4k+i$（$k=0,1,2,\cdots,n$，$i=1,2,3,\cdots,n$），则 $K>0$ 时起点在 $i\times(-90°)$ 的无穷远处，$K<0$ 时起点在 $i\times(-90°)-180°$ 的无穷远处。

（2）开环奈奎斯特图的终点取决于系统开环传递函数分子、分母多项式中最小相位环节和非最小相位环节的阶次和。

设系统开环传递函数分子、分母多项式的阶次分别为 m 和 n，记除 K 外分子多项式中最小相位环节的阶次和为 m_1，非最小相位环节的阶次和为 m_2，分母多项式中最小相位环节的阶次和为 n_1，非最小相位环节的阶次和为 n_2，则有

$$m=m_1+m_2, \quad n=n_1+n_2$$

$$\varphi(\infty)=\begin{cases}[(m_1-m_2)-(n_1-n_2)]\times 90° & (K>0)\\ [(m_1-m_2)-(n_1-n_2)]\times 90°-180° & (K<0)\end{cases} \tag{5-41}$$

当开环系统为最小相位系统时，有

$$\begin{cases}n=m, & G(\mathrm{j}\infty)H(\mathrm{j}\infty)=K^*\\ n>m, & G(\mathrm{j}\infty)H(\mathrm{j}\infty)=0\angle[(n-m)\times(-90°)]\end{cases} \tag{5-42}$$

式中，K^* 为系统开环根轨迹增益。

（3）若开环系统中存在等幅振荡环节，虚重根数 l 为正整数，即开环传递函数为

$$G(s)H(s)=\frac{1}{\left(\dfrac{s^2}{\omega_n^2}+1\right)^l}G_1(s)H_1(s)$$

且 $G_1(s)H_1(s)$ 不含 $\pm\mathrm{j}\omega_n$ 的极点，则当 ω 趋于 ω_n 时，$A(\omega)$ 趋于无穷大，而

$$\varphi(\omega_{n-}) \approx \varphi_1(\omega_n) = \angle[G_1(j\omega_n)H_1(j\omega_n)]$$
$$\varphi(\omega_{n+}) \approx \varphi_1(\omega_n) - l \times 180°$$

即 $\varphi(\omega)$ 在 $\omega = \omega_n$ 附近，相位突变 $-l \times 180°$。

5.3 控制系统的伯德图

5.3.1 典型环节的伯德图

根据典型环节的传递函数和频率特性的定义，取 $\omega \in (0, +\infty)$，可以绘制典型环节的伯德图。下面研究的典型环节的频率特性均为最小相位环节的频率特性。

（1）比例环节 $G(s) = K (K > 0)$，其对数幅频特性和对数相频特性分别为

$$L(\omega) = 20\lg K, \quad \varphi(\omega) = 0° \tag{5-43}$$

比例环节的伯德图不随输入信号频率的变化而变化，如图 5-22 所示。

（2）积分环节 $G(s) = \dfrac{1}{s}$，其对数幅频特性和对数相频特性分别为

$$L(\omega) = -20\lg\omega, \quad \varphi(\omega) = -90° \tag{5-44}$$

其对数幅频曲线是一条直线，斜率为 -20dB/dec，如图 5-23 所示。

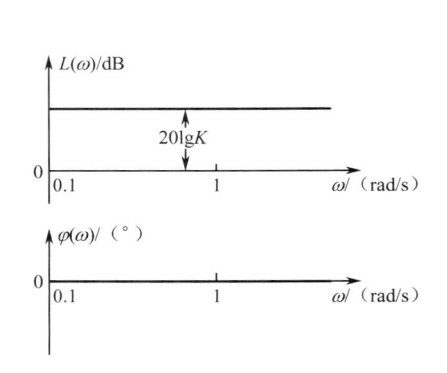

图 5-22 比例环节的伯德图   图 5-23 积分环节的伯德图

（3）微分环节 $G(s) = s$，其对数幅频特性和对数相频特性分别为

$$L(\omega) = 20\lg\omega, \quad \varphi(\omega) = 90° \tag{5-45}$$

其对数幅频曲线是一条直线，斜率为 20dB/dec，如图 5-24 所示。

（4）惯性环节 $G(s) = \dfrac{1}{1+Ts}$（$T > 0$），其对数幅频特性和对数相频特性分别为

$$L(\omega) = -20\lg\sqrt{1+T^2\omega^2}, \quad \varphi(\omega) = -\arctan T\omega \tag{5-46}$$

当 $\omega \ll \dfrac{1}{T}$ 时，$\omega^2 T^2 \approx 0$，有

$$L(\omega) \approx -20\lg 1 = 0 \tag{5-47}$$

当 $\omega \gg \dfrac{1}{T}$ 时，$\omega^2 T^2 \gg 1$，有

$$L(\omega) \approx -20\lg\omega T \tag{5-48}$$

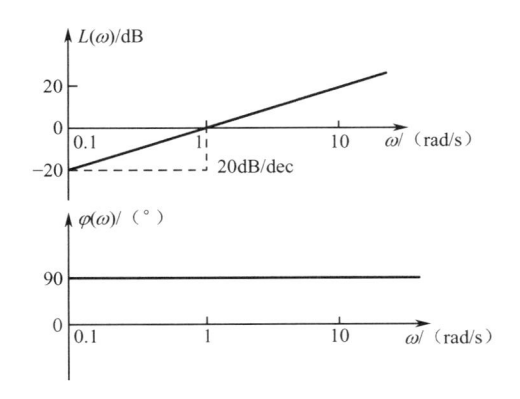

图 5-24　微分环节的伯德图

因此，惯性环节的对数幅频渐近特性为

$$L_a(\omega) = \begin{cases} 0 & \left(\omega < \dfrac{1}{T}\right) \\ -20\lg \omega T & \left(\omega > \dfrac{1}{T}\right) \end{cases} \tag{5-49}$$

惯性环节的对数幅频渐近特性曲线如图 5-25 所示，低频部分是零分贝线，高频部分是斜率为 -20dB/dec 的直线，两条直线相交于 $\omega = \dfrac{1}{T}$ 处，称频率 $\dfrac{1}{T}$ 为惯性环节的交接频率。惯性环节的伯德图如图 5-25 所示。

（5）一阶微分环节 $G(s) = Ts + 1$（$T > 0$），其对数幅频特性和对数相频特性分别为

$$L(\omega) = 20\lg\sqrt{1 + T^2\omega^2}, \quad \varphi(\omega) = \arctan T\omega \tag{5-50}$$

一阶微分环节的伯德图与惯性环节的伯德图呈对称关系，如图 5-26 所示。

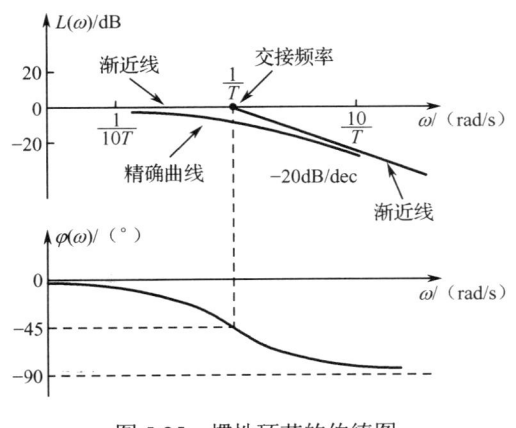

图 5-25　惯性环节的伯德图 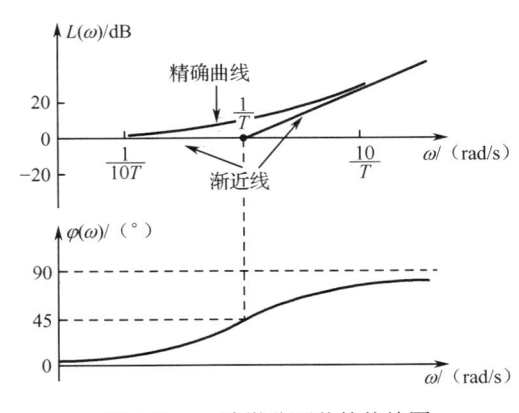　　　　图 5-26　一阶微分环节的伯德图

（6）振荡环节 $G(s) = \dfrac{1}{T^2 s^2 + 2\zeta T s + 1}$，其中 $T = \dfrac{1}{\omega_n}$，令 $s = j\omega$，则有

$$G(j\omega) = \dfrac{1}{1 - T^2\omega^2 + j2\zeta T\omega}$$

由此可得，其对数幅频特性为

$$L(\omega) = -20\lg\sqrt{\left(1-\frac{\omega^2}{\omega_n^2}\right)^2 + 4\zeta^2\frac{\omega^2}{\omega_n^2}} \tag{5-51}$$

当 $\omega \ll \omega_n$ 时，$L(\omega) \approx 0$，低频渐近特性曲线为零分贝线；当 $\omega \gg \omega_n$ 时，$L(\omega) = -40\lg\frac{\omega}{\omega_n}$，高频渐近特性曲线为过点 $(\omega_n,0)$、斜率为 –40dB/dec 的直线。振荡环节的交接频率为 ω_n，对数幅频渐近特性为

$$L_a(\omega) = \begin{cases} 0 & (\omega < \omega_n) \\ -40\lg\dfrac{\omega}{\omega_n} & (\omega > \omega_n) \end{cases} \tag{5-52}$$

由于 $L_a(\omega)$ 与 ζ 无关，因此用对数幅频渐近特性曲线近似表示对数幅频曲线存在误差，而误差的大小不仅与 ω 有关，而且与 ζ 有关。误差曲线 $\Delta L(\omega,\zeta)$ 为一个曲线簇，根据误差曲线可以修正对数幅频渐近特性曲线，从而获得精确曲线。振荡环节的伯德图如图 5-27 所示。

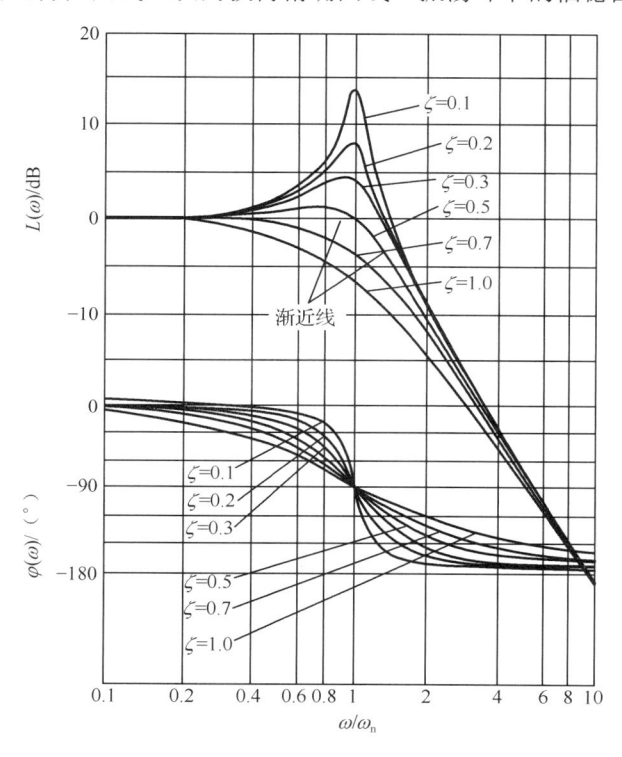

图 5-27 振荡环节的伯德图

5.3.2 系统开环伯德图的绘制

对系统开环传递函数进行典型环节分解后，根据式（5-34）和式（5-37），可先绘制出各典型环节的伯德图，然后采用叠加方法即可方便地绘制出系统开环伯德图。鉴于系统开环对数幅频渐近特性在控制系统的分析和设计中有十分重要的作用，以下着重介绍系统开环对数幅频渐近特性曲线的绘制方法。

由于在典型环节中，K 及 $-K(K>0)$、微分环节和积分环节的对数幅频曲线均为直线，

因此可直接取其作为渐近特性曲线。系统开环对数幅频渐近特性为

$$L_a(\omega) = \sum_{i=1}^{N} L_{a_i}(\omega) \tag{5-53}$$

对于任意的开环传递函数，可按典型环节分解，将组成系统的各典型环节分为以下三个部分。

（1）$\dfrac{K}{s^v}$ 或 $\dfrac{-K}{s^v}$（$K>0$）。

（2）一阶环节，包括惯性环节、一阶微分环节及对应的非最小相位环节，交接频率为 $\dfrac{1}{T}$。

（3）二阶环节，包括振荡环节、二阶微分环节及对应的非最小相位环节，交接频率为 ω_n。

记 $\omega_{\min}$ 为最小交接频率，称 $\omega < \omega_{\min}$ 的频率范围为低频段。系统开环对数幅频渐近特性曲线的绘制按以下步骤进行。

（1）开环传递函数典型环节分解。

（2）确定一阶、二阶环节的交接频率，将各交接频率标注在半对数坐标图的 ω 轴上。

（3）绘制低频渐近特性曲线：因一阶环节或二阶环节的对数幅频渐近特性曲线在交接频率前斜率为 0，在交接频率处斜率发生变化，故在 $\omega < \omega_{\min}$ 频段内，系统开环对数幅频渐近特性曲线的斜率取决于 $\dfrac{K}{\omega^v}$，因而直线斜率为 $-20v\text{dB/dec}$。为获得低频渐近特性曲线，还需要确定该直线上的一点，可以采用以下三种方法完成。

方法一：在 $\omega < \omega_{\min}$ 频段内，任选一点 ω_0，计算如下式子，即

$$L_a(\omega_0) = 20\lg K - 20v\lg \omega_0 \tag{5-54}$$

方法二：取频率为特定值 $\omega_0 = 1$，则有

$$L_a(1) = 20\lg K \tag{5-55}$$

方法三：取 $L_a(\omega_0)$ 为特殊值 0，有 $\dfrac{K}{\omega_0^v} = 1$，则有

$$\omega_0 = K^{\frac{1}{v}} \tag{5-56}$$

于是，过点 $[\omega_0, L_a(\omega_0)]$ 在 $\omega < \omega_{\min}$ 频段内可作斜率为 $-20v\text{dB/dec}$ 的直线。显然，若有 $\omega_0 > \omega_{\min}$，则点 $[\omega_0, L_a(\omega_0)]$ 位于低频渐近特性曲线的延长线上。

作 $\omega \geq \omega_{\min}$ 频段渐近特性曲线：在 $\omega \geq \omega_{\min}$ 频段，系统开环对数幅频渐近特性曲线表现为分段折线。

应该注意的是，当系统的多个环节具有相同的交接频率时，该交接频率点处斜率的变化应为各个环节对应的斜率变化值的代数和。

【例 5-6】 已知系统的开环传递函数为

$$G(s)H(s) = \frac{2000s - 4000}{s^2(s+1)(s^2+10s+400)}$$

试绘制系统的开环对数幅频渐近特性曲线。

解：开环传递函数的典型环节分解形式为

$$G(s)H(s) = \frac{-10\left(1-\dfrac{s}{2}\right)}{s^2(s+1)\left(\dfrac{s^2}{20^2}+\dfrac{s}{40}+1\right)}$$

开环系统由六个典型环节串联而成：非最小相位比例环节、两个积分环节、非最小相位一阶微分环节、惯性环节和振荡环节。

（1）确定各交接频率 ω_i ($i=1,2,3$) 及斜率变化值。

非最小相位一阶微分环节：$\omega_2 = 2\text{rad/s}$，斜率增大 20dB/dec。

惯性环节：$\omega_1 = 1\text{rad/s}$，斜率减小 20dB/dec。

振荡环节：$\omega_3 = 20\text{rad/s}$，斜率减小 40dB/dec。

最小交接频率 $\omega_{\min} = \omega_1 = 1\text{rad/s}$。

（2）绘制 $\omega < \omega_{\min}$ 频段渐近特性曲线。因为 $v=2$，所以低频渐近特性曲线斜率 $k = -40\text{dB/dec}$，按方法二可得直线上一点 $[\omega_0, L_a(\omega_0)] = (1\text{rad/s}, 20\text{dB})$。

（3）绘制 $\omega \geq \omega_{\min}$ 频段渐近特性曲线。

当 $\omega_{\min} \leq \omega < \omega_2$ 时，$k = -60\text{dB/dec}$。

当 $\omega_2 \leq \omega < \omega_3$ 时，$k = -40\text{dB/dec}$

当 $\omega \geq \omega_3$ 时，$k = -80\text{dB/dec}$

系统开环对数幅频渐近特性曲线如图 5-28 所示。

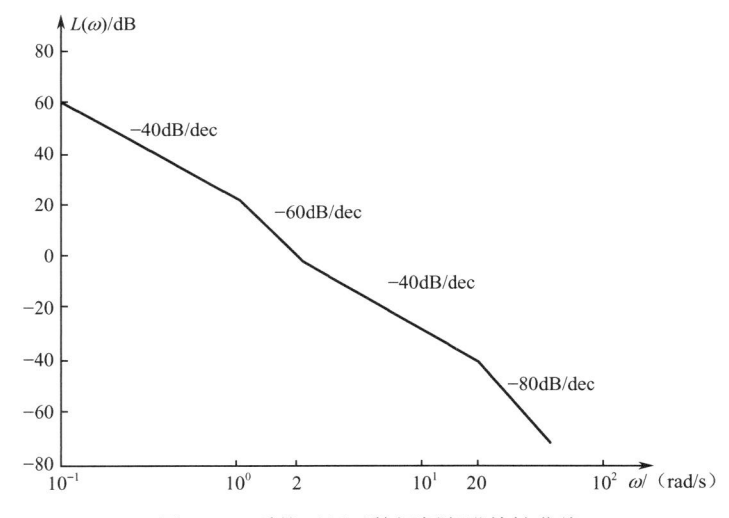

图 5-28 系统开环对数幅频渐进特性曲线

系统开环对数相频曲线一般由典型环节分解后的相频特性表达式绘制，取若干频率点，列表计算各点的相位并标注在半对数坐标图中，将各点光滑连接，即可得到系统开环对数相频曲线。在具体计算相位时应注意判别象限。例如，在例 5-6 中有

$$\varphi(\omega)=\angle\left(\frac{1}{1-\frac{\omega^2}{400}+\mathrm{j}\frac{\omega}{40}}\right)=\begin{cases}-\arctan\dfrac{\dfrac{\omega}{40}}{1-\dfrac{\omega^2}{400}} & (0<\omega\leqslant 20\mathrm{rad/s})\\ -\left(180°-\arctan\dfrac{\dfrac{\omega}{40}}{\dfrac{\omega^2}{400}-1}\right) & (\omega>20\mathrm{rad/s})\end{cases}$$

5.4 频域稳定判据

控制系统的闭环稳定性判断是系统分析和设计所需解决的首要问题,奈奎斯特稳定判据和对数频率稳定判据是常用的两种频域稳定判据。频域稳定判据的特点是根据开环系统频率特性曲线判断闭环系统的稳定性,使用方便,易于推广。

5.4.1 稳定判据的数学基础

复变函数中的幅角原理是奈奎斯特稳定判据的数学基础,幅角原理用于控制系统的闭环稳定性判断还需要选择辅助函数和闭合曲线。

1. 幅角原理

设 s 为复变量,$F(s)$ 为 s 的有理分式函数。对于 s 平面上任意一点 s,通过复变函数 $F(s)$ 的映射关系,在 $F(s)$ 平面上可以确定关于 s 的象。在 s 平面上任选一条闭合曲线 Γ,且不通过 $F(s)$ 的任一零点和极点,令 s 从闭合曲线 Γ 上任一点 A 起,沿 Γ 顺时针运动一周,再回到 A 点,则相应地在 $F(s)$ 平面上从点 $F(A)$ 起、到 $F(A)$ 点止也形成一条闭合曲线 Γ_F,如图 5-29 所示。为讨论方便,取 $F(s)$ 为下述简单形式,即

$$F(s)=\frac{(s-z_1)(s-z_2)}{(s-p_1)(s-p_2)} \tag{5-57}$$

式中,z_1、z_2 为 $F(s)$ 的零点;p_1、p_2 为 $F(s)$ 的极点。不失一般性,取 s 平面上 $F(s)$ 的零点和极点及闭合曲线的位置如图 5-29(a)所示,Γ 包围 $F(s)$ 的零点 z_1 和极点 p_1。

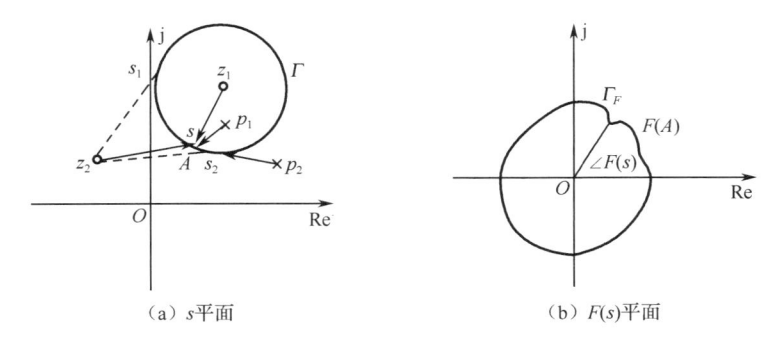

(a) s 平面 (b) $F(s)$ 平面

图 5-29 s 平面和 $F(s)$ 平面的映射关系

设复变量 s 沿闭合曲线 Γ 顺时针运动一周,研究 $F(s)$ 相位的变化情况,即

$$\delta \angle [F(s)] = \oint_{\Gamma} \angle [F(s)] \mathrm{d}s \qquad (5\text{-}58)$$

因为

$$\angle [F(s)] = \angle(s-z_1) + \angle(s-z_2) - \angle(s-p_1) - \angle(s-p_2) \qquad (5\text{-}59)$$

所以有

$$\delta \angle [F(s)] = \delta \angle(s-z_1) + \delta \angle(s-z_2) - \delta \angle(s-p_1) - \delta \angle(s-p_2) \qquad (5\text{-}60)$$

由于 z_1 和 p_1 被 Γ 包围，因此按复平面向量的相位定义，逆时针旋转为正，顺时针旋转为负，$\delta \angle(s-z_1) = \delta \angle(s-p_1) = -2\pi$。

对于零点 z_2，由于 z_2 未被 Γ 包围，过 z_2 作两条直线与闭合曲线 Γ 相切，设 s_1 和 s_2 为切点，则在 Γ 的 $\widehat{s_1 s_2}$ 段，$s - z_2$ 的角度减小，在 Γ 的 $\widehat{s_2 s_1}$ 段，$s - z_2$ 角度增大，且有

$$\delta \angle(s-z_2) = \oint_{\Gamma} \angle(s-z_2) \mathrm{d}s = \int_{\Gamma \widehat{s_1 s_2}} \angle(s-z_2) \mathrm{d}s + \int_{\Gamma \widehat{s_2 s_1}} \angle(s-z_2) \mathrm{d}s = 0$$

p_2 也未被 Γ 包围，同理可得 $\delta \angle(s-p_2) = 0$。

上述讨论表明，当 s 沿 s 平面上任意闭合曲线 Γ 运动一周时，$F(s)$ 绕 $F(s)$ 平面原点的圈数只与 $F(s)$ 被闭合曲线 Γ 包围的极点数和零点数的代数和有关。上例中 $\delta \angle [F(s)] = 0$。因而，形成如下幅角原理。

幅角原理：设 s 平面上闭合曲线 Γ 包围 $F(s)$ 的 Z 个零点和 P 个极点，则当 s 沿 Γ 顺时针运动一周时，在 $F(s)$ 平面上，$F(s)$ 闭合曲线 Γ_F 包围原点的圈数为

$$R = P - Z \qquad (5\text{-}61)$$

$R < 0$、$R > 0$ 分别表示 Γ_F 顺时针和逆时针包围 $F(s)$ 平面的原点，$R = 0$ 表示 Γ_F 不包围 $F(s)$ 平面的原点。

2. 复变函数 $F(s)$ 的选择

控制系统的闭环稳定性判断是指利用已知开环传递函数来判断闭环系统的稳定性。为应用幅角原理，选择复变函数为

$$F(s) = 1 + G(s)H(s) = 1 + \frac{B(s)}{A(s)} = \frac{A(s) + B(s)}{A(s)} \qquad (5\text{-}62)$$

由式（5-62）可知，$F(s)$ 具有以下特点。

（1）$F(s)$ 的零点为闭环传递函数的极点，$F(s)$ 的极点为开环传递函数的极点。

（2）因为开环传递函数分母多项式的阶次一般大于或等于分子多项式的阶次，所以 $F(s)$ 的零点数和极点数相同。

（3）s 沿闭合曲线 Γ 运动一周所产生的两条闭合曲线 Γ_F 和 Γ_{GH} 只相差常数 1，即闭合曲线 Γ_F 可由闭合曲线 Γ_{GH} 沿实轴正方向平移一个单位长度获得。闭合曲线 Γ_F 包围 $F(s)$ 平面原点的圈数等于闭合曲线 Γ_{GH} 包围 $F(s)$ 平面 $(-1, \mathrm{j}0)$ 点的圈数，其几何关系如图 5-30 所示。

由 $F(s)$ 的特点可以看出，$F(s)$ 取上述特定形式具有两个优点：一是建立了系统的开环极点和闭环极点与 $F(s)$ 的零点、极点之间的直接联系；二是建立了闭合曲线 Γ_F 和闭合曲线 Γ_{GH} 之间的转换关系。在已知开环传递函数 $G(s)H(s)$ 的条件下，上述优点为幅角原理的应用创造了条件。

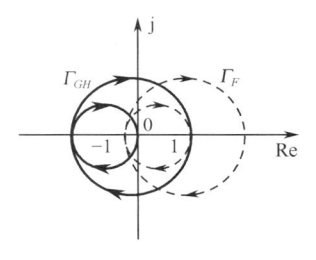

图 5-30 Γ_F 与 Γ_{GH} 的几何关系

3. s 平面上闭合曲线 Γ 的选择

系统的闭环稳定性取决于系统闭环传递函数极点（$F(s)$ 的零点）的位置，因此当选择 s 平面上闭合曲线 Γ 包围右半 s 平面时，若 $F(s)$ 在右半 s 平面的零点数 $Z=0$，则闭环系统稳定。考虑到前述闭合曲线 Γ 应不通过 $F(s)$ 的零点、极点的要求，Γ 可取图 5-31 所示的两种形式。

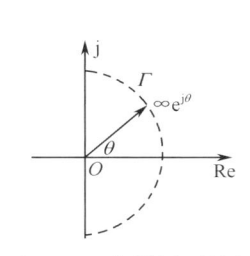

(a) $G(s)H(s)$ 在虚轴上无极点　　(b) $G(s)H(s)$ 在虚轴上有极点

图 5-31　s 平面的闭合曲线 Γ

当 $G(s)H(s)$ 在虚轴上无极点时，如图 5-31（a）所示，s 平面上闭合曲线 Γ 由以下两部分组成。

（1）$s=\infty \mathrm{e}^{\mathrm{j}\theta}$，$\theta \in [0°,-90°]$，即圆心为原点、第四象限中半径为无穷大的 1/4 圆；$s=\mathrm{j}\omega$，$\omega \in (-\infty, 0]$，即负虚轴。

（2）$s=\infty \mathrm{e}^{\mathrm{j}\theta}$，$\theta \in [0°,+90°]$，即圆心为原点、第一象限中半径为无穷大的 1/4 圆；$s=\mathrm{j}\omega$，$\omega \in [0,+\infty)$，即正虚轴。

当 $G(s)H(s)$ 在虚轴上有极点时，为避开开环虚极点，在图 5-31（a）所示闭合曲线 Γ 的基础上加以扩展，构成图 5-31（b）所示的闭合曲线 Γ。

（1）当开环系统中含有积分环节时，在原点附近，取 $s=\varepsilon \mathrm{e}^{\mathrm{j}\theta}$（$\varepsilon$ 为正无穷小量，$\theta \in [-90°,+90°]$），即圆心为原点、半径为无穷小的半圆。

（2）当开环系统中含有等幅振荡环节时，在 $\pm \mathrm{j}\omega_n$ 附近，取 $s=\pm \mathrm{j}\omega_n + \varepsilon \mathrm{e}^{\mathrm{j}\theta}$（$\varepsilon$ 为正无穷小量，$\theta \in [-90°,+90°]$），即圆心为 $\pm \mathrm{j}\omega_n$、半径为无穷小的半圆。

按上述 Γ 曲线，函数 $F(s)$ 位于右半 s 平面的极点数就是开环传递函数 $G(s)H(s)$ 位于右半 s 平面的极点数 P，其中应不包括 $G(s)H(s)$ 位于 s 平面虚轴上的极点数。

4. $G(s)H(s)$ 闭合曲线的绘制

由图 5-31 可知，s 平面上闭合曲线 Γ 关于实轴对称，因为 $G(s)H(s)$ 为实系数有理分式函数，所以闭合曲线 Γ_{GH} 也关于实轴对称，因此只需绘制 Γ_{GH} 在 $\mathrm{Im}\, s \geq 0$，$s \in \Gamma$ 时对应的曲线段，即可得到 $G(s)H(s)$ 的半闭合曲线，称为奈奎斯特曲线，仍记为 Γ_{GH}。

（1）若 $G(s)H(s)$ 在虚轴上无极点，则 Γ_{GH} 在 $s=\mathrm{j}\omega$，$\omega \in [0,+\infty)$ 时对应开环幅相曲线；Γ_{GH} 在 $s=\infty \mathrm{e}^{\mathrm{j}\theta}$，$\theta \in [0°,+90°]$ 时对应原点（$n>m$ 时）或 $(K^*,\mathrm{j}0)$ 点（$n=m$ 时），其中 K^* 为系统开环根轨迹增益。

（2）若 $G(s)H(s)$ 在虚轴上有极点，则当开环系统中含有积分环节时，设

$$G(s)H(s) = \frac{1}{s^v} G_1(s), \quad v>0, \quad |G_1(\mathrm{j}0)| \neq \infty \tag{5-63}$$

则有

$$A(0_+) = \infty, \quad \varphi(0_+) = \angle[G(j0_+)H(j0_+)] = v \times (-90°) + \angle G_1(j0_+) \quad (5\text{-}64)$$

于是在原点附近，闭合曲线 Γ 为 $s = \varepsilon e^{j\theta}$，$\theta \in [0°, +90°]$，且有 $G_1(\varepsilon e^{j\theta}) = G_1(j0)$，故有

$$G(s)H(s)\big|_{s=\varepsilon e^{j\theta}} \approx \infty e^{j\left[\angle\left(\frac{1}{\varepsilon^v e^{j\theta v}}\right) + \angle G_1(\varepsilon e^{j\theta})\right]} = \infty e^{j[v \times (-\theta) + \angle G_1(j0)]} \quad (5\text{-}65)$$

对应的半闭合曲线 Γ_{FG} 为从 $G_1(j0)$ 点起，半径为无穷大、圆心角为 $v \times (-\theta)$ 的圆弧，即应从 $G(j0_+)H(j0_+)$ 点起逆时针作半径为无穷大、圆心角为 $v \times 90°$ 的圆弧，如图 5-32（a）中的虚线所示。

当开环系统中含有等幅振荡环节时，设

$$G(s)H(s) = \frac{1}{(s^2 + \omega_n^2)^{v_1}} G_1(s), \quad v_1 > 0, \quad |G_1(\pm j\omega_n)| \neq \infty \quad (5\text{-}66)$$

考虑 s 在 $j\omega_n$ 附近沿 Γ 运动时，Γ_{GH} 的变化为

$$s = j\omega_n + \varepsilon e^{j\theta}, \quad \theta \in [-90°, +90°] \quad (5\text{-}67)$$

因为 ε 为正无穷小量，所以式（5-66）可写为

$$G(s)H(s) = \frac{1}{(2j\omega_n \varepsilon e^{j\theta} + \varepsilon^2 e^{j2\theta})^{v_1}} G_1(j\omega_n + \varepsilon e^{j\theta}) \approx \frac{e^{-j(\theta+90°)v_1}}{(2\omega_n \varepsilon)^{v_1}} G(j\omega_n) \quad (5\text{-}68)$$

故有

$$\begin{cases} A(s) = \infty \\ \varphi(s) = \begin{cases} \angle[G_1(j\omega_n)], & \theta = -90°, \text{ 即 } s = j\omega_{n-} \\ \angle[G_1(j\omega_n)] - (\theta + 90°)v_1, & \theta \in (-90°, +90°) \\ \angle[G_1(j\omega_n)] - v_1 \times 180°, & \theta = 90°, \text{ 即 } s = j\omega_{n+} \end{cases} \end{cases} \quad (5\text{-}69)$$

因此，当 s 沿 Γ 在 $j\omega_n$ 附近运动时，对应的半闭合曲线 Γ_{GH} 为半径为无穷大、圆心角为 $v_1 \times 180°$ 的圆弧，即应从 $G(j\omega_{n-})H(j\omega_{n-})$ 点起顺时针作半径为无穷大、圆心角为 $v_1 \times 180°$ 的圆弧至 $G(j\omega_{n+})H(j\omega_{n+})$ 点，如图 5-32（b）中的虚线所示。上述分析表明，半闭合曲线 Γ_{GH} 由开环幅相曲线和根据开环虚轴极点补作的半径为无穷大的虚线圆弧两部分组成。

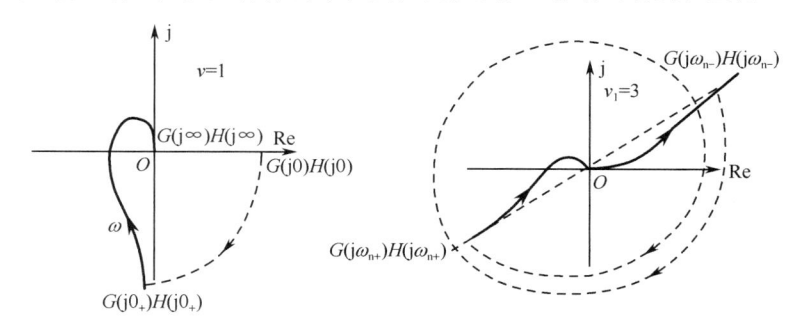

（a）开环系统中含有积分环节 （b）开环系统中含有等幅振荡环节

图 5-32　$F(s)$ 平面的半闭合曲线

5. 闭合曲线 Γ_F 包围原点的圈数 R 的计算

根据半闭合曲线 Γ_{GH} 可获得闭合曲线 Γ_F 包围原点的圈数 R。设 N 为 Γ_{GH} 穿越 $(-1, j0)$ 点左侧负实轴的次数，N_+ 表示正穿越（从上向下穿越）的次数之和，N_- 表示负穿越（从下向上

穿越）的次数之和，则有
$$R = 2N = 2(N_+ - N_-) \tag{5-70}$$

在图 5-33 中，虚线为按系统型次 v 或等幅振荡环节的个数 v_1 补作的圆弧，A 点和 B 点为奈奎斯特曲线与负实轴的交点，按穿越负实轴上 $(-\infty, -1)$ 段的方向，分别如下。

图 5-33（a）：A 点位于 $(-1, j0)$ 点左侧，$\varGamma_{GH}$ 从下向上穿越，为一次负穿越，故有 $N_- = 1$，$N_+ = 0$，$R = -2N_- = -2$。

图 5-33（b）：A 点位于 $(-1, j0)$ 点右侧，故有 $N_+ = N_- = 0$，$R = 0$。

图 5-33（c）：A、B 两点均位于 $(-1, j0)$ 点左侧，在 A 点处 $\varGamma_{GH}$ 从下向上穿越，为一次负穿越，在 B 点处 $\varGamma_{GH}$ 从上向下穿越，为一次正穿越，故有 $N_+ = N_- = 1$，$R = 0$。

图 5-33（d）：A、B 两点均位于 $(-1, j0)$ 点左侧，在 A 点处 $\varGamma_{GH}$ 从下向上穿越，为一次负穿越，在 B 点处 $\varGamma_{GH}$ 从上向下运动至实轴并停止，为半次正穿越，故有 $N_- = 1$，$N_+ = \frac{1}{2}$，$R = -1$。

图 5-33（e）：A、B 两点均位于 $(-1, j0)$ 点左侧，A 点对应 $\omega = 0$，随着 ω 增大，$\varGamma_{GH}$ 离开负实轴，为半次负穿越，而 B 点处为一次负穿越，故有 $N_- = \frac{3}{2}$，$N_+ = 0$，$R = -3$。

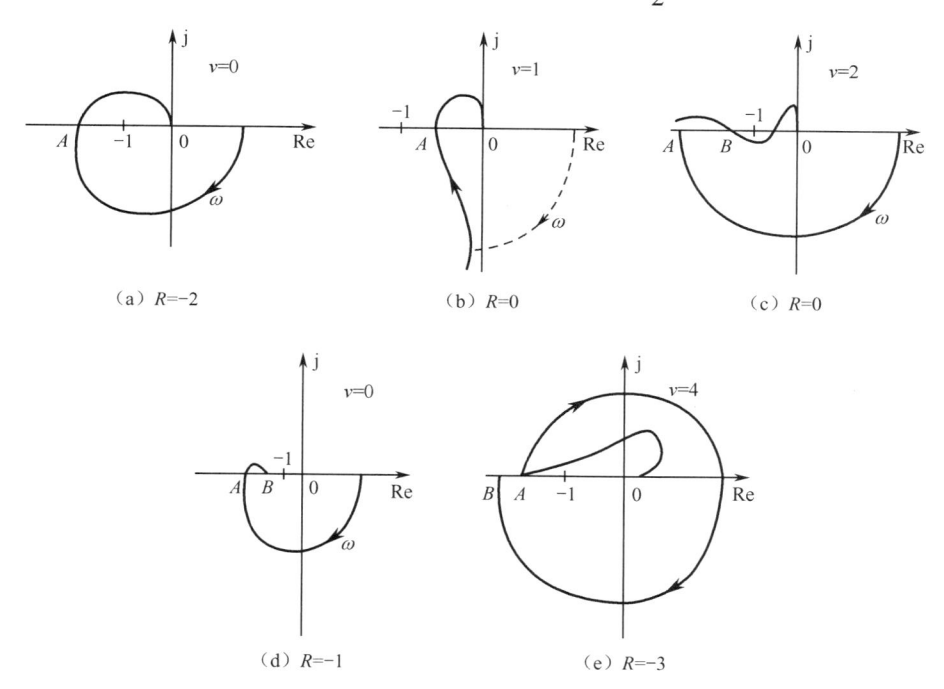

（a）$R=-2$ （b）$R=0$ （c）$R=0$

（d）$R=-1$ （e）$R=-3$

图 5-33 系统开环半闭合曲线 $\varGamma_{GH}$ 与 $\varGamma_F$ 包围原点的圈数 R

$\varGamma_F$ 包围原点的圈数 R 等于 $\varGamma_{GH}$ 包围 $(-1, j0)$ 点的圈数。在计算 R 的过程中应注意正确判断 $\varGamma_{GH}$ 穿越 $(-1, j0)$ 点左侧负实轴时的方向、半次穿越和虚线圆弧所产生的穿越次数。

5.4.2 奈奎斯特稳定判据

设闭合曲线 $\varGamma$ 如图 5-31 所示，在已知开环系统右半 s 平面的极点数（不包括虚轴上的极点）和半闭合曲线 $\varGamma_{GH}$ 的情况下，根据幅角原理和闭环稳定条件，可得如下奈奎斯特稳定判据。

奈奎斯特稳定判据：闭环系统稳定的充分必要条件是半闭合曲线 $\varGamma_{GH}$ 不穿越 $(-1, j0)$ 点且

逆时针包围 $(-1, \mathrm{j}0)$ 点的圈数 R 等于开环传递函数的正实部极点数 P。

由幅角原理可知，闭合曲线 Γ 包围函数 $F(s) = 1 + G(s)H(s)$ 的零点数，即反馈系统正实部极点数为

$$Z = P - R = P - 2N \tag{5-71}$$

当 $P \neq R$ 时，$Z \neq 0$，闭环系统不稳定。当半闭合曲线 Γ_{GH} 穿越 $(-1, \mathrm{j}0)$ 点时，表明存在 $s = \pm \mathrm{j}\omega_n$，使得

$$G(\pm \mathrm{j}\omega_n)H(\pm \mathrm{j}\omega_n) = -1 \tag{5-72}$$

即系统闭环特征方程存在共轭纯虚根，系统可能处于临界稳定状态。在计算 Γ_{GH} 的穿越次数 N 时，应注意不包括 Γ_{GH} 穿越 $(-1, \mathrm{j}0)$ 点的次数。

【例 5-7】 $K=10$ 时的单位反馈系统开环幅相频率特性曲线（$P=0$，$v=1$）如图 5-34 所示，试确定系统闭环稳定时 K 的取值范围。

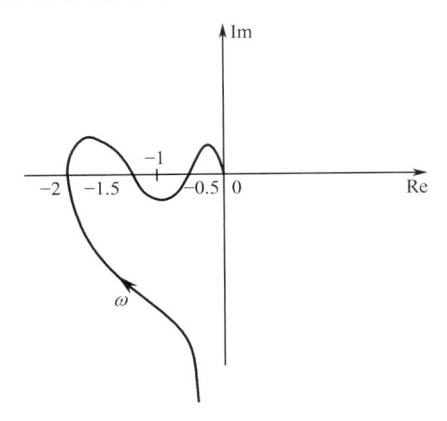

图 5-34 $K=10$ 时的单位反馈系统开环幅相频率特性曲线

解：由图 5-34 可知，开环幅相频率特性曲线与负实轴有三个交点，设交点处穿越频率分别为 ω_1、ω_2 和 ω_3，则系统开环传递函数有

$$G(s) = \frac{K}{s^v} G_1(s)$$

已知 $v = 1$，$\lim\limits_{s \to 0} G_1(s) = 1$，并且有

$$G(\mathrm{j}\omega_i) = \frac{K}{\mathrm{j}\omega_i} G_1(\mathrm{j}\omega_i) \quad (i = 1, 2, 3)$$

当 $K = 10$ 时有

$$G(\mathrm{j}\omega_1) = -2, \quad G(\mathrm{j}\omega_2) = -1.5, \quad G(\mathrm{j}\omega_3) = -0.5$$

若令 $G(\mathrm{j}\omega_i) = -1$，则可得对应的 K 值为

$$K_1 = \frac{-1}{\frac{1}{\mathrm{j}\omega_1} G_1(\mathrm{j}\omega_1)} = \frac{-1}{\left(\frac{-2}{10}\right)} = 5, \quad K_2 = \frac{20}{3}, \quad K_3 = 20$$

对应地，当分别取 $0 < K < K_1$、$K_1 < K < K_2$、$K_2 < K < K_3$ 和 $K > K_3$ 时，开环幅相频率特性曲线分别如图 5-35（a）、（b）、（c）和（d）所示。图 5-35 中按 v 补作虚线圆弧得到半闭合曲线 Γ_{GH}。

根据半闭合曲线 Γ_{GH} 计算包围次数，并判断系统闭环稳定性。

当 $0 < K < K_1$ 时，$R = 0$，$Z = 0$，系统闭环稳定。
当 $K_1 < K < K_2$ 时，$R = -2$，$Z = 2$，系统闭环不稳定。
当 $K_2 < K < K_3$ 时，$N_+ = N_- = 1$，$R = 0$，$Z = 0$，系统闭环稳定。
当 $K > K_3$ 时，$N_+ = 1$，$N_- = 2$，$R = -2$，$Z = 2$，系统闭环不稳定。

综上可得，系统闭环稳定时 K 的取值范围为 $(0,5)$ 和 $(20/3, 20)$。当 K 等于 5、20/3 和 20 时，半闭合曲线 Γ_{GH} 穿越 $(-1, j0)$ 点，且在这三个值的邻域内，系统闭环稳定或不稳定，因此系统闭环临界稳定。

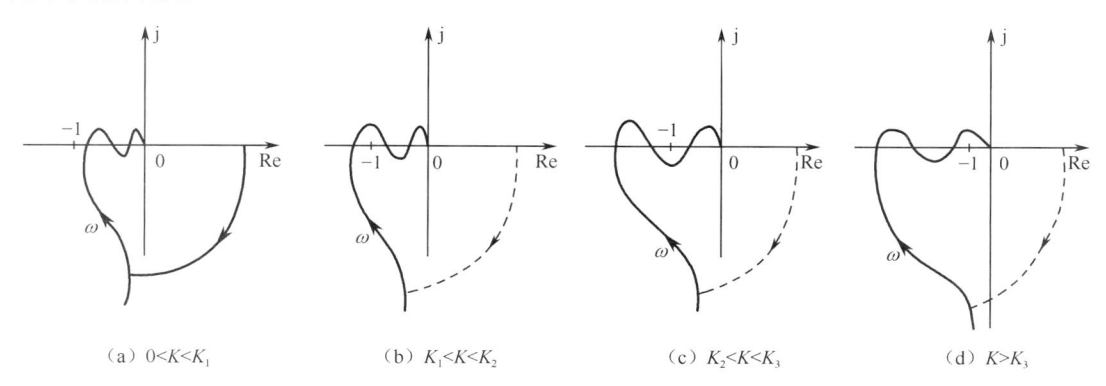

(a) $0<K<K_1$ (b) $K_1<K<K_2$ (c) $K_2<K<K_3$ (d) $K>K_3$

图 5-35　不同 K 值条件下的系统开环幅相频率特性曲线及半闭合曲线 Γ_{GH}

5.4.3　对数频率稳定判据

奈奎斯特稳定判据基于复平面上的半闭合曲线 Γ_{GH} 判断系统的闭环稳定性，由于 Γ_{GH} 可以转换为半对数坐标下的曲线，因此可以推广运用奈奎斯特稳定判据，其关键问题是需要根据半对数坐标下的 Γ_{GH} 确定穿越次数 N 或 N_+ 和 N_-。

复平面上的 Γ_{GH} 一般由两部分组成：开环幅相曲线和开环系统中存在积分环节、等幅振荡环节时所补作的半径为无穷大的虚线圆弧。N 的确定取决于 $A(\omega) > 1$ 时 Γ_{GH} 穿越负实轴的次数，因此应建立和明确以下对应关系。

1. 穿越点的确定

设 $\omega = \omega_c$ 时有

$$\begin{cases} A(\omega_c) = |G(j\omega_c)H(j\omega_c)| = 1 \\ L(\omega_c) = 20\lg A(\omega_c) = 0 \end{cases} \quad (5\text{-}73)$$

式中，ω_c 为截止频率。对于复平面的负实轴和开环对数相频特性，当取频率为穿越频率 ω_x 时，有

$$\varphi(\omega_x) = (2k+1)\pi \quad (k = 0, \pm1, \cdots, \pm n) \quad (5\text{-}74)$$

设半对数坐标下 Γ_{GH} 的对数幅频曲线、对数相频曲线分别为 Γ_L 和 Γ_φ，由于 Γ_L 等于 $L(\omega)$ 曲线，因此 Γ_{GH} 在 $A(\omega) > 1$ 时穿越负实轴的点等于 Γ_{GH} 在半对数坐标下、$L(\omega) > 0$ 时 Γ_φ 与 $(2k+1)\pi$（$k = 0, \pm1, \cdots, \pm n$）平行线的交点。

2. Γ_φ 的确定

（1）当开环系统在虚轴上无极点时，Γ_φ 等于 $\varphi(\omega)$ 曲线。

（2）当开环系统中存在积分环节 $\frac{1}{s^v}$ ($v>0$) 时，复平面上的 $\varGamma_{GH}$ 需从 $\omega=0_+$ 的开环幅相频率特性曲线的对应点 $G(\mathrm{j}0_+)H(\mathrm{j}0_+)$ 起逆时针补作 $v\times 90°$、半径为无穷大的虚线圆弧。对应地，需从对数相频曲线的 ω 较小且 $L(\omega)>0$ 的点起向上补作 $v\times 90°$ 的虚直线，$\varphi(\omega)$ 曲线和补作的虚直线构成 $\varGamma_\varphi$。

（3）当开环系统中存在等幅振荡环节 $\frac{1}{(s^2+\omega_n^2)^{v_1}}$ ($v_1>0$) 时，复平面上的 $\varGamma_{GH}$ 需从 $\omega=\omega_{n-}$ 的开环幅相频率特性曲线的对应点 $G(\mathrm{j}\omega_{n-})H(\mathrm{j}\omega_{n-})$ 起顺时针补作 $v_1\times 180°$、半径为无穷大的虚线圆弧至 $\omega=\omega_{n+}$ 的对应点 $G(\mathrm{j}\omega_{n+})H(\mathrm{j}\omega_{n+})$ 处。对应地，需从对数相频曲线的 $\varphi(\omega_{n-})$ 点起向上补作 $v_1\times 180°$ 的虚直线至 $\varphi(\omega_{n+})$ 处，$\varphi(\omega)$ 曲线和补作的虚直线构成 $\varGamma_\varphi$。

3. 穿越次数的计算

正穿越一次：$\varGamma_{GH}$ 由上向下穿越 $(-1,\mathrm{j}0)$ 点左侧的负实轴一次，等价于在 $L(\omega)>0$ 时，$\varGamma_\varphi$ 由下向上穿越 $(2k+1)\pi$ 线一次。

负穿越一次：$\varGamma_{GH}$ 由下向上穿越 $(-1,\mathrm{j}0)$ 点左侧的负实轴一次，等价于在 $L(\omega)>0$ 时，$\varGamma_\varphi$ 由上向下穿越 $(2k+1)\pi$ 线一次。

正穿越半次：$\varGamma_{GH}$ 由上向下终止于或由上向下起始于 $(-1,\mathrm{j}0)$ 点左侧的负实轴，等价于在 $L(\omega)>0$ 时，$\varGamma_\varphi$ 由下向上终止于或由下向上起始于 $(2k+1)\pi$ 线。

负穿越半次：$\varGamma_{GH}$ 由下向上终止于或由下向上起始于 $(-1,\mathrm{j}0)$ 点左侧的负实轴，等价于在 $L(\omega)>0$ 时，$\varGamma_\varphi$ 由上向下终止于或由上向下起始于 $(2k+1)\pi$ 线。

应该指出的是，补作的虚直线所产生的穿越皆为负穿越。

对数频率稳定判据：设 P 为开环系统正实部的极点数，反馈系统稳定的充分必要条件是当 $\varphi(\omega_c)\ne (2k+1)\pi$ 和 $L(\omega)>0$ ($k=0,1,2,\cdots,n$) 时，$\varGamma_\varphi$ 穿越 $(2k+1)\pi$ 线的次数为

$$N=N_+ - N_-$$

其满足以下公式，即

$$Z=P-2N=0 \tag{5-75}$$

对数频率稳定判据和奈奎斯特稳定判据的本质相同，其区别仅在于前者在 $L(\omega)>0$ 的频率范围内依据 $\varGamma_\varphi$ 确定穿越次数 N。

【例 5-8】 已知系统开环稳定，其开环幅相频率特性曲线如图 5-36 所示，试将开环幅相频率特性曲线表示为开环对数频率特性曲线，并运用对数频率稳定判据判断系统的闭环稳定性。

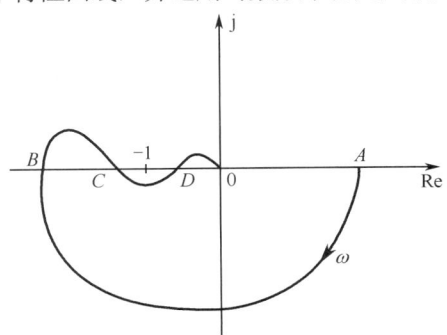

图 5-36 系统的开环幅相频率特性曲线

解：系统开环对数频率特性曲线如图 5-37 所示，相位表示具有不唯一性，图 5-37（a）和（b）为其中的两种形式。

因为系统开环稳定，所以 $P=0$。由开环幅相特性曲线可知，$v=0$，无须补作虚直线。

在图 5-37（a）中，在 $L(\omega)>0$ 频段内，$\varphi(\omega)$ 曲线与 $-180°$ 线有两个交点，按频率由小到大分别为一次负穿越和一次正穿越，故 $N=N_+-N_-=0$。

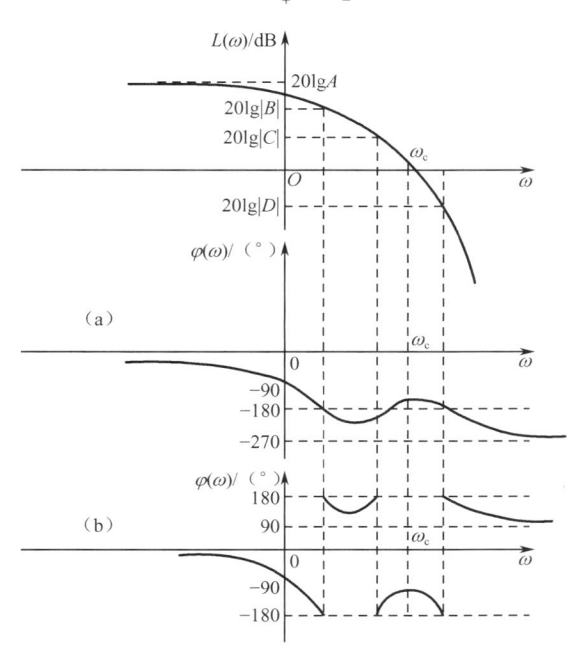

图 5-37　系统开环对数频率特性曲线

在图 5-37（b）中，在 $L(\omega)>0$ 频段内，$\varphi(\omega)$ 曲线与 $180°$ 线和 $-180°$ 线有四个交点，按频率由小到大分别为半次负穿越、半次负穿越、半次正穿越和半次正穿越，故 $N_1=N_+-N_-=0$。

根据对数频率稳定判据，在图 5-37（a）和（b）中都有 $Z=P-2N=0$，且 $\varphi(\omega_c)\neq(2k+1)\pi$（$k=0,1,2,\cdots,n$），故系统闭环稳定。

【例 5-9】已知开环系统型次 $v=3$，$P=0$，其开环对数相频曲线如图 5-38 所示，当 $\omega<\omega_c$ 时，$L(\omega)>L(\omega_c)$，试确定闭环不稳定极点的个数。

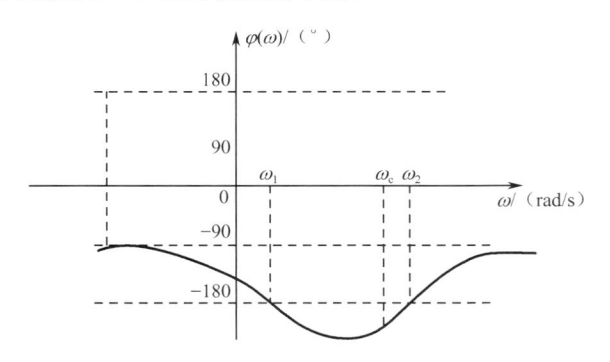

图 5-38　系统开环对数相频曲线

解：因为 $v=3$，所以需在低频处由 $\varphi(\omega)$ 曲线向上补作 $270°$ 的虚直线至 $180°$ 处，如图 5-38

所示。在 $L(\omega) > L(\omega_c) = 0$ 频段内，存在两个与 $(2k+1)\pi$ 线的交点，ω_1 处为一次负穿越，$\omega = 0$ 处为半次负穿越，因此 $N_- = 1.5$，$N_+ = 0$，根据对数频率稳定判据有

$$Z = P - 2N = 3$$

因此，闭环不稳定极点的个数为 3。

5.5 稳定裕度

例 5-7 的分析表明，若开环传递函数在右半 s 平面上的极点数 $P = 0$，则当开环传递函数的某些系数（如开环增益）变化时，系统的闭环稳定性也将发生变化。这种闭环稳定有条件的系统称为条件稳定系统。

相应地，无论开环传递函数的系数怎样变化，如 $G(s)H(s) = \dfrac{K}{s^2(Ts+1)}$，系统总是闭环不稳定的，这样的系统称为结构不稳定系统。为了表征系统的稳定程度，需要引入稳定裕度的概念。

根据奈奎斯特稳定判据可知，对于开环传递函数，若在右半 s 平面上的极点数 $P \geq 0$，则系统的闭环稳定性取决于闭合曲线 $\varGamma_{GH}$ 包围 $(-1, j0)$ 点的圈数。当开环传递函数的某些系数发生变化时，$\varGamma_{GH}$ 包围 $(-1, j0)$ 点的情况也随之发生变化。在例 5-7 中，当 $\varGamma_{GH}$ 穿越 $(-1, j0)$ 点时，系统闭环临界稳定。因此，在系统稳定性研究中，称 $(-1, j0)$ 点为临界点，而 $\varGamma_{GH}$ 相对于临界点的位置，即偏离临界点的程度，反映了系统的相对稳定性。进一步的分析和工程应用表明，相对稳定性也会影响系统时域响应的性能。

频域的相对稳定性，即稳定裕度，常用相位裕度 γ 和幅值裕度 h 来度量。

5.5.1 相位裕度

设 ω_c 为系统的截止频率，显然有

$$A(\omega_c) = |G(j\omega_c)H(j\omega_c)| = 1 \tag{5-76}$$

定义相位裕度为

$$\gamma = 180° + \angle[G(j\omega_c)H(j\omega_c)] \tag{5-77}$$

相位裕度 γ 的含义是，对于闭环稳定系统，若系统开环相频特性再滞后 γ，则系统将处于临界稳定状态。

【例 5-10】 典型二阶系统的结构图如图 5-39 所示，试确定系统的相位裕度 γ。

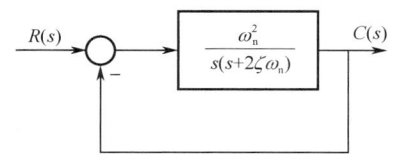

图 5-39 典型二阶系统的结构图

解：典型二阶系统的开环频率特性为

$$G(j\omega) = \dfrac{\omega_n^2}{j\omega(j\omega + 2\zeta\omega_n)}$$

$$= \dfrac{\omega_n^2}{\omega\sqrt{\omega^2 + 4\zeta^2\omega_n^2}} \angle\left(-\arctan\dfrac{\omega}{2\zeta\omega_n} - 90°\right)$$

故有

$$|G(j\omega_c)| = \frac{\omega_n^2}{\omega_c\sqrt{\omega_c^2 + 4\zeta^2\omega_n^2}} = 1$$

$$\omega_c = \omega_n(\sqrt{4\zeta^4 + 1} - 2\zeta^2)^{\frac{1}{2}} \tag{5-78}$$

由相位裕度的定义可求得

$$\gamma = 180° + \angle[G(j\omega_c)] = 90° - \arctan\frac{\omega_c}{2\zeta\omega_n}$$

$$= \arctan\frac{2\zeta\omega_n}{\omega_c} \tag{5-79}$$

$$= \arctan\left[2\zeta\left(\frac{1}{\sqrt{4\zeta^4 + 1} - 2\zeta^2}\right)^{\frac{1}{2}}\right]$$

因为有

$$\frac{d}{d\zeta}(\sqrt{4\zeta^4 + 1} - 2\zeta^2) = \frac{4\zeta}{\sqrt{4\zeta^4 + 1}}(2\zeta^2 - \sqrt{4\zeta^4 + 1}) < 0$$

故 ω_c 为 ω_n 的增函数和 ζ 的减函数，γ 只与 ζ 有关，且为 ζ 的增函数。

对于高阶系统，一般难以准确计算 ω_c。在工程设计和分析中，只要求粗略估计系统的 γ，因此一般可先根据对数幅频渐近特性曲线确定 ω_c，即取满足 $L_a(\omega_c) = 0$ 的 ω_c，再由相频特性确定 γ。

5.5.2 幅值裕度

设 ω_x 为系统的穿越频率，则系统在 ω_x 处的相位为

$$\varphi(\omega_x) = \angle[G(j\omega_x)H(j\omega_x)] = (2k+1)\pi \quad (k = 0, \pm 1, \cdots, \pm n) \tag{5-80}$$

定义幅值裕度为

$$h = \frac{1}{|G(j\omega_x)H(j\omega_x)|} \tag{5-81}$$

幅值裕度 h 的含义是，对于闭环稳定系统，若系统开环幅频特性再增大 h 倍，则系统将处于临界稳定状态；对于闭环不稳定系统，为使系统临界稳定，开环幅频特性应当减小到原来的 $1/h$。闭环稳定系统和闭环不稳定系统的相位裕度与幅值裕度如图 5-40 所示。

在半对数坐标下，幅值裕度按下式定义，即

$$h(\text{dB}) = -20\lg|G(j\omega_x)H(j\omega_x)| \tag{5-82}$$

当幅值裕度以分贝值表示时，如果 $h(\text{dB})$ 大于 1，则幅值裕度为正值；如果 $h(\text{dB})$ 小于 1，则幅值裕度为负值。因此，正幅值裕度表示系统是稳定的，负幅值裕度表示系统是不稳定的。

一阶或二阶系统的幅值裕度为无穷大，因为这类系统的幅相曲线与负实轴不相交。因此，从理论上讲，一阶或二阶系统不可能是不稳定的。

需要注意的是，对于具有不稳定开环系统的非最小相位系统，除非 $G(+j\omega)$ 包围 $(-1, +j0)$ 点，否则不能满足稳定条件。因此，这种稳定的非最小相位系统将具有负的相位裕度和幅值裕度。

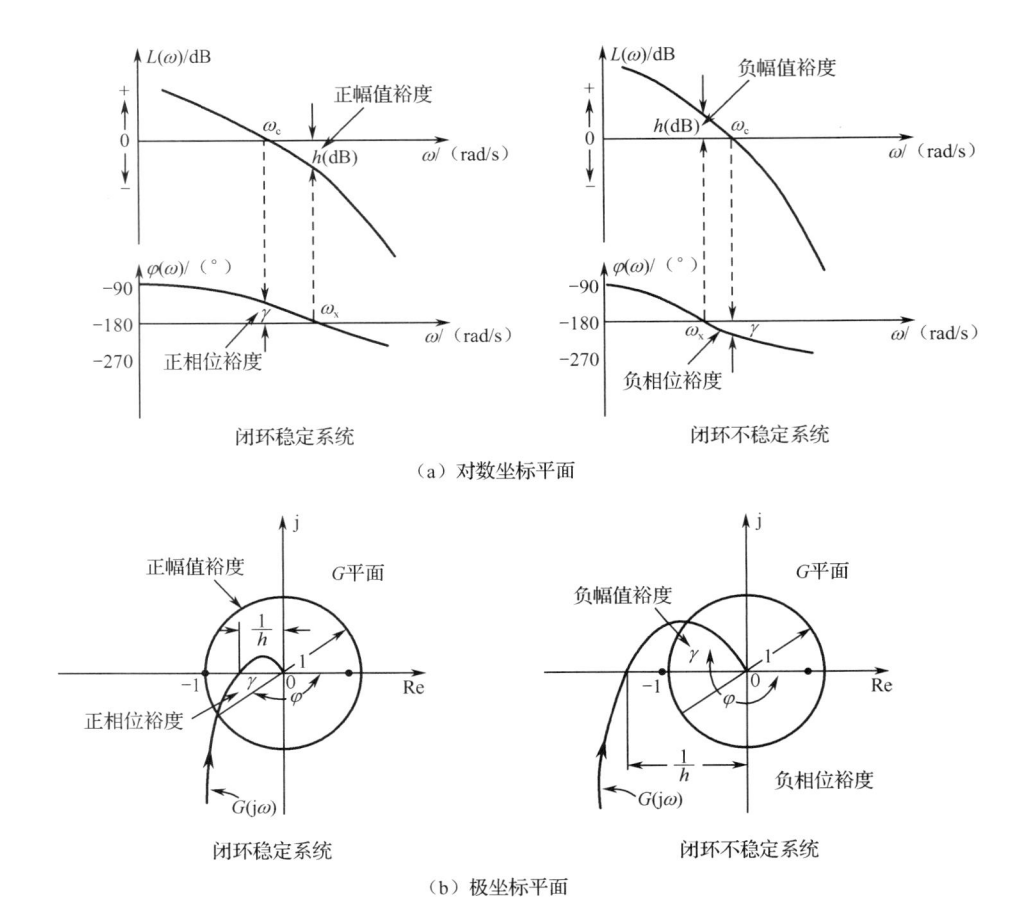

图 5-40 闭环稳定系统和闭环不稳定系统的相位裕度与幅值裕度

条件稳定系统将具有两个及以上穿越频率,并且某些具有复杂动态性能的高阶系统还可能具有两个及以上的截止频率,如图 5-41 所示。对于具有两个及以上截止频率的稳定系统,其相位裕度应在最高的截止频率上测量。

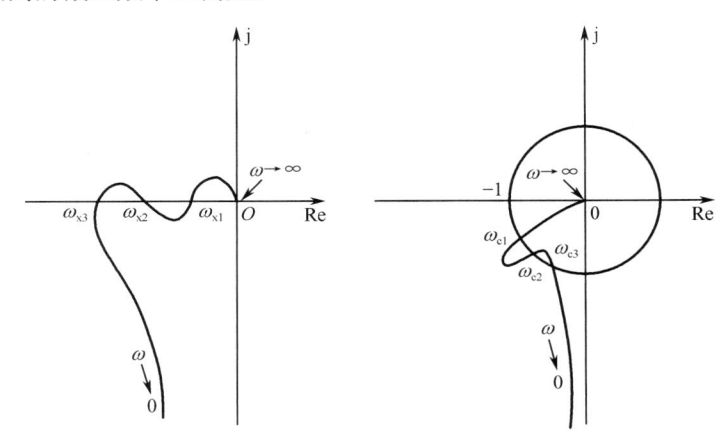

图 5-41 具有两个及以上穿越频率或截止频率系统的幅相曲线

【例 5-11】 已知单位反馈系统的传递函数为

$$G(s) = \frac{K}{(s+1)^3}$$

当 K 分别为 4 和 10 时，试确定系统的稳定裕度。

解： 系统开环频率特性为

$$G(j\omega) = \frac{K}{(1+\omega^2)^{\frac{3}{2}}} \angle(-3\arctan\omega) = \frac{K\left[(1-3\omega^2)j\omega(3-\omega^2)\right]}{(1+\omega^2)^3}$$

由 ω_x 和 ω_c 的定义可求得

$$\omega_x = \sqrt{3} \text{ rad/s}$$

当 $K = 4$ 时，有

$$G(j\omega_x) = -0.5, \quad h = 2$$

$$\omega_c = \sqrt{16^{\frac{1}{3}} - 1} \approx 1.233 \text{rad/s}, \quad \angle G(j\omega_x) = -152.9°, \quad \gamma = 27.1°$$

当 $K = 10$ 时，有

$$G(j\omega_x) = -1.25, \quad h = 8$$

$$\omega_c \approx 1.908 \text{rad/s}, \quad \angle G(j\omega_c) = -187.0°, \quad \gamma = -7.0°$$

分别绘制出 $K = 4$ 和 $K = 10$ 时系统的开环幅相曲线，即闭合曲线 Γ_G，如图 5-42 所示。由奈奎斯特稳定判据可知，当 $K = 4$ 时，系统闭环稳定，$h>1$，$\gamma >0$；当 $K=10$ 时，系统闭环不稳定，$h<1$，$\gamma <0$。

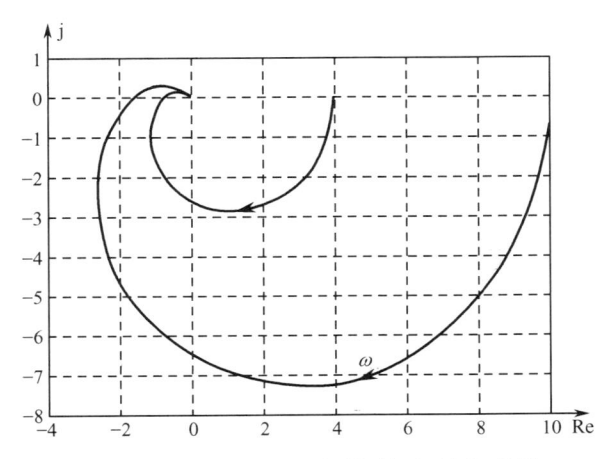

图 5-42 $K=4$ 和 $K=10$ 时系统的开环幅相曲线

以下是关于相位裕度和幅值裕度的几点说明。

控制系统的相位裕度和幅值裕度是对系统的幅相曲线靠近(-1,+j0)点的程度的度量。因此，这两个量可以作为设计准则。

只用幅值裕度或只用相位裕度，都不足以说明系统的相对稳定性。为了确定系统的相对稳定性，必须同时给出这两个量。

对于最小相位系统，只有当相位裕度和幅值裕度都是正值时，系统才是稳定的。负的裕度表示系统不稳定。

适当的相位裕度和幅值裕度可以防止系统中的元器件老化对系统造成影响,并且指明了频率。

为了得到满意的性能，相位裕度应当为 $30°\sim 60°$，幅值裕度应当大于 6dB。对于具有上述裕度的最小相位系统，即使开环增益与元器件的时间常数在一定范围内变化，也能保证系统的稳定性。

对于最小相位系统，开环传递函数的幅值特性和相位特性有一定关系。要求相位裕度为 $30°\sim 60°$，即在伯德图中，对数幅频曲线在截止频率处的斜率应大于 –40dB/dec。在大多数实际情况中，为了保证系统稳定，要求对数幅频曲线在截止频率处的斜率为 –20dB/dec。如果对数幅频曲线在截止频率处的斜率为 –40dB/dec，则系统可能是稳定的，也可能是不稳定的，即使系统是稳定的，相位裕度也比较小。若对数幅频曲线在截止频率处的斜率为 –60dB/dec，或者更陡，则系统多半是不稳定的。

对于非最小相位系统，稳定裕度的正确解释需要仔细地进行研究。确定非最小相位系统稳定性的最好方法是奈奎斯特图法，而不是伯德图法。

5.6 控制系统的频率特性分析

5.6.1 基于开环对数频率特性的系统性能分析

鉴于系统开环频域指标相位裕度 γ 和截止频率 ω_c 可以利用已知的开环对数频率特性曲线确定，且由 5.5 节的分析知，γ 和 ω_c 的大小在很大程度上决定了系统的性能，因此工程上常用 γ 和 ω_c 来估算系统的时域性能指标。

对于典型二阶系统，第 3 章已建立了时域指标超调量 σ 和调节时间 t_s 与阻尼比 ζ 的关系式。欲确定 γ、ω_c 与 σ 和 t_s 的关系，只需确定 γ、ω_c 关于 ζ 的计算公式。典型二阶系统的开环对数频率特性为

$$G(j\omega) = \frac{\omega_n^2}{j\omega(j\omega+2\zeta\omega_n)} = \frac{\omega_n^2}{\omega\sqrt{\omega^2+4\zeta^2\omega_n^2}} \angle\left(-90°-\arctan\frac{\omega}{2\zeta\omega_n}\right)$$

由 ω_c 的定义可求得

$$\frac{\omega_c}{\omega_n} = (\sqrt{4\zeta^4+1}-2\zeta^2)^{\frac{1}{2}} \tag{5-83}$$

进而可求出相位裕度为

$$\begin{aligned}\gamma &= 180°+\angle[G(j\omega_c)] = 180°-90°-\arctan\frac{\omega_c}{2\zeta\omega_n} \\ &= \arctan\frac{\omega_c}{2\zeta\omega_n} = \arctan\left[2\zeta(\sqrt{4\zeta^4+1})-2\zeta^2\right]^{-\frac{1}{2}}\end{aligned} \tag{5-84}$$

式（5-84）表明，典型二阶系统的相位裕度与阻尼比存在一一对应的关系。图 5-43 所示为根据式（5-84）绘制的典型二阶系统的 γ-ζ 曲线。由图 5-43 可知，γ 为 ζ 的增函数。当选定相位裕度后，可先由 γ-ζ 曲线确定阻尼比，再由阻尼比确定超调量 σ 和调节时间 t_s。

【例 5-12】 某单位负反馈最小相位系统开环伯德图如图 5-44 所示。

试求：（1）系统的开环传递函数 $G(s)$；（2）截止频率 ω_c 及相位裕度 γ；（3）阶跃响应的动态性能指标 σ 和 $t_s(\Delta=5)$；（4）当 $r(t)=2t+4$ 时的稳态误差。

第 5 章 控制系统的频域分析法

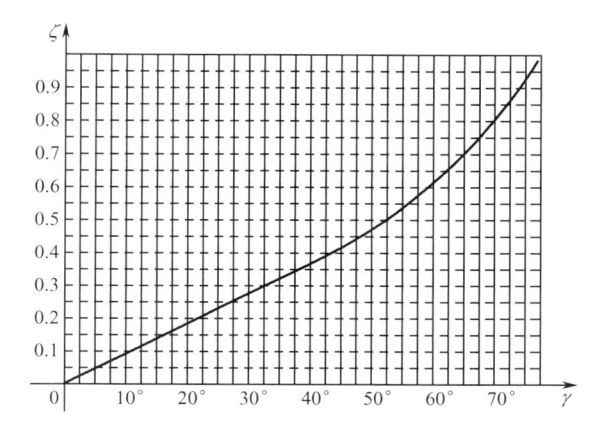

图 5-43 根据式（5-84）绘制的典型二阶系统的 γ-ζ 曲线

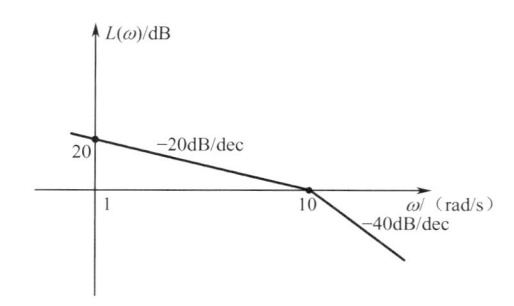

图 5-44 某单位负反馈最小相位系统开环伯德图

解：（1）系统的开环传递函数 $G(s)$ 为

$$G(s) = \frac{K}{s(Ts+1)} = \frac{10}{s(0.1s+1)}$$

（2）令

$$\left| \frac{10}{j\omega_c(1+j0.1\omega_c)} \right| = 1$$

可得

$$\omega_c \approx 7.86 \text{rad/s}$$

$$\gamma = 180° - 90° - \arctan 0.1\omega_c \approx 51.8°$$

（3）由

$$G(s) = \frac{100}{s(s+10)} = \frac{\omega_n^2}{s(s+2\zeta\omega)}$$

可得

$$\omega_n = 10 \text{rad/s}, \quad \zeta = 0.5$$

故有

$$\sigma = e^{-\frac{\pi\zeta}{\sqrt{1-\zeta^2}}} \times 100\% \approx 16.3\%, \quad t_s = \frac{3}{\zeta\omega_n} = 0.6\text{s} \ (\Delta=5\%)$$

（4）稳态性能指标 K_v、e_{ssr} 分别为

$$K_v = \lim_{s \to 0} sG(s) = 10\text{rad/s}, \quad e_{ssr} = \frac{2}{K_v} = 0.2$$

5.6.2　基于闭环频率特性的系统性能分析

反馈控制系统闭环传递函数为

$$\Phi(s) = \frac{G(s)}{1+G(s)H(s)} = \frac{1}{H(s)} \cdot \frac{G(s)H(s)}{1+G(s)H(s)} \tag{5-85}$$

式中，$H(s)$ 为主反馈通道的传递函数，一般为常数。

在 $H(s)$ 为常数的情况下，闭环频率特性曲线的形状不受影响。因此，在研究闭环系统的频域性能指标时，只需针对单位反馈系统进行研究即可。作用于控制系统的信号除了控制输入信号，还常伴随输入端、输出端的多种确定性扰动和随机噪声，因而闭环系统的频域性能指标应该反映控制系统跟踪控制输入信号和抑制干扰信号的能力，其中控制系统的频带宽度是最重要的一项性能指标。

设 $\Phi(j\omega)$ 为系统闭环频率特性，当闭环幅频特性下降到频率为零时的分贝值以下 3dB，即 $0.707|\Phi(j0)|$ (dB) 时，对应的频率称为带宽频率，记为 ω_b。当 $\omega > \omega_b$ 时，有

$$20\lg|\Phi(j\omega)| < 20\lg|\Phi(j0)| - 3 \tag{5-86}$$

频率范围 $(0, \omega_b)$ 称为系统的带宽，如图 5-45 所示。带宽的定义表明，对高于带宽频率的正弦输入信号，系统输出将呈现较大的衰减。对于 Ⅰ 型及以上型次的开环系统，由于 $|\Phi(j0)|=1$，$20\lg|\Phi(j0)|=0$，因此有

$$20\lg|\Phi(j\omega)| < -3, \quad \omega > \omega_b \tag{5-87}$$

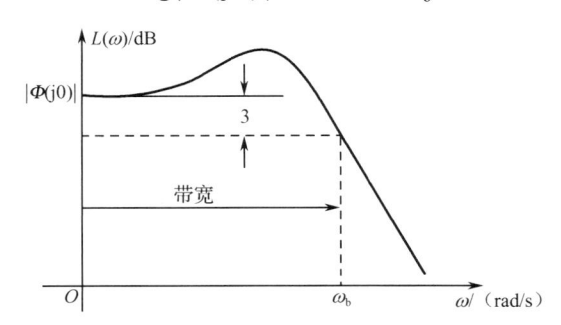

图 5-45　系统带宽频率与带宽

带宽是频域中一项非常重要的性能指标。对于一阶和二阶系统，带宽频率和系统参数具有解析关系。

设一阶系统闭环传递函数为

$$\Phi(s) = \frac{1}{Ts+1}$$

因为开环系统为 Ⅰ 型系统，有 $\Phi(j0) = 1$，所以按带宽的定义，即

$$20\lg|\Phi(j\omega_b)| = 20\lg\frac{1}{\sqrt{1+T^2\omega_b^2}} = 20\lg\frac{1}{\sqrt{2}}$$

可求得带宽频率为

$$\omega_b = \frac{1}{T} \qquad (5\text{-}88)$$

二阶系统的闭环传递函数为

$$\Phi(s) = \frac{\omega_n^2}{s^2 + 2\zeta\omega_n s + \omega_n^2}$$

系统幅频特性为

$$|\varphi(j\omega)| = \frac{1}{\sqrt{\left(1-\frac{\omega^2}{\omega_n^2}\right)^2 + 4\zeta^2\frac{\omega^2}{\omega_n^2}}}$$

因为$|\varphi(j0)|=1$,所以由带宽的定义可得

$$\sqrt{\left(1-\frac{\omega_b^2}{\omega_n^2}\right)^2 + 4\zeta^2\frac{\omega_b^2}{\omega_n^2}} = \sqrt{2}$$

故有

$$\omega_b = \omega_n\left[(1-2\zeta^2) + \sqrt{(1-2\zeta^2)^2 + 1}\right]^{\frac{1}{2}} \qquad (5\text{-}89)$$

由式(5-88)可知,一阶系统的带宽频率和时间常数T成反比。由式(5-89)可知,二阶系统的带宽频率和自然频率ω_n成正比。令$A = \left(\frac{\omega_b}{\omega_n}\right)^2$,有

$$\frac{dA}{d\zeta} = \frac{-4\zeta}{\sqrt{(1-2\zeta^2)^2+1}}\left[\sqrt{(1-2\zeta^2)^2+1} + (1-2\zeta^2)\right] < 0$$

因为A为ζ的减函数,所以ω_b为ζ的减函数,即ω_b与ζ成反比。根据第 3 章中一阶、二阶系统的上升时间和调节时间与阻尼比的关系可知,系统的单位阶跃响应的速度与带宽成正比。对于任意阶次的控制系统,这一关系仍然成立。

设两个控制系统存在以下关系,即

$$\varphi_1(s) = \varphi_2\left(\frac{s}{\lambda}\right) \qquad (5\text{-}90)$$

式中,λ为任意正常数。两个系统的闭环频率特性关系为

$$\varphi(j\omega) = \varphi_2\left(j\frac{\omega}{\lambda}\right)$$

当对数幅频特性$20\lg|\varphi_1(j\omega)|$和$20\lg\left|\varphi_2\left(j\frac{\omega}{\lambda}\right)\right|$的横坐标分别取$\omega$、$\frac{\omega}{\lambda}$时,其对数幅频曲线具有相同的形状,按带宽的定义可得

$$\omega_{b1} = \lambda\omega_{b2}$$

即系统$\varphi_1(s)$的带宽频率为系统$\varphi_2(s)$的带宽频率的λ倍。设两个系统的单位阶跃响应分别为$c_1(t)$和$c_2(t)$,根据拉普拉斯变换,有

$$\frac{1}{s}\varphi_1(s) = \int_0^\infty c_1(t)\mathrm{e}^{-st}\mathrm{d}t = \frac{1}{\lambda} \cdot \frac{1}{\dfrac{s}{\lambda}} \varPhi_2\left(\frac{s}{\lambda}\right) = \int_0^\infty c_2(\lambda t)\mathrm{e}^{-st}\mathrm{d}t$$

即可得

$$c_1(t) = c_2(\lambda t) \tag{5-91}$$

由时域性能指标可知，系统 $\varphi_1(s)$ 的上升时间和调节时间为系统 $\varphi_2(s)$ 的 $1/\lambda$，即当系统的带宽扩大 λ 倍时，系统的响应速度加快 λ 倍。鉴于系统复现输入信号的能力取决于系统的幅频特性和相频特性，对于输入端信号，若带宽大，则跟踪控制信号的能力强，但抑制输入端高频干扰的能力弱，因此系统带宽的选择在设计中应折中考虑，不能一味求大。

5.6.3 开环和闭环性能指标之间的关系

系统开环性能指标截止频率 ω_c 与闭环性能指标带宽频率 ω_b 之间有着密切的关系。如果两个系统的稳定程度相仿，则 ω_c 大的系统，ω_b 也大；ω_c 小的系统，ω_b 也小。因此，ω_c 和系统响应速度存在正比关系，ω_c 可用来衡量系统的响应速度。鉴于闭环振荡性指标谐振峰值 M_r 和开环性能指标相位裕度 γ 都能表征系统的稳定程度，故下面建立 M_r 和 γ 的近似关系。

设系统开环相频特性为

$$\varphi(\omega) = -180° + \gamma(\omega) \tag{5-92}$$

式中，$\gamma(\omega)$ 为相位相对于 $-180°$ 的相移。因此，开环频率特性可以表示为

$$G(\mathrm{j}\omega) = A(\omega)\mathrm{e}^{-\mathrm{j}[180°-\gamma(\omega)]} = A(\omega)[-\cos\gamma(\omega) - \mathrm{j}\sin\gamma(\omega)] \tag{5-93}$$

闭环幅频特性为

$$M(\omega) = \left|\frac{G(\mathrm{j}\omega)}{1+G(\mathrm{j}\omega)}\right| = \frac{A(\omega)}{\left[1+A^2(\omega)-2A(\omega)\cos\gamma(\omega)\right]^{\frac{1}{2}}}$$

$$= \frac{1}{\sqrt{\left[\dfrac{1}{A(\omega)}-\cos\gamma(\omega)\right]^2 + \sin^2\gamma(\omega)}} \tag{5-94}$$

一般情况下，在 $M(\omega)$ 的极大值附近，$\gamma(\omega)$ 的变化较小，且使 $M(\omega)$ 为极值的谐振频率 ω_r 常位于 ω_c 附近，即

$$\cos\gamma(\omega_r) \approx \cos\gamma(\omega_c) = \cos\gamma \tag{5-95}$$

根据式（5-94），令 $\dfrac{\mathrm{d}M(\omega)}{\mathrm{d}A(\omega)} = 0$，可得 $A(\omega) = \dfrac{1}{\cos\gamma(\omega)}$，相应的 $M(\omega)$ 为极值，故谐振峰值为

$$M_r = M(\omega_r) = \frac{1}{|\sin\gamma(\omega_r)|} \approx \frac{1}{|\sin\gamma|} \tag{5-96}$$

由于 $\cos\gamma(\omega_r) \leq 1$，因此在闭环幅频特性的峰值处对应的开环幅值 $A(\omega_r) \geq 1$，而 $A(\omega_c) = 1$，显然 $\omega_r \leq \omega_c$。因此，随着相位裕度 γ 的减小，$\omega_c - \omega_r$ 减小，当 $\gamma = 0$ 时，$\omega_r = \omega_c$。由此可知，当 γ 较小时，式（5-96）的近似程度较高。在控制系统的设计中，一般先根据控制要求提出闭环频域指标 ω_b 和 M_r，然后由式（5-96）确定相位裕度 γ 和选择合适的截止频率 ω_c，最后根据 γ 和 ω_c 选择校正网络的结构并确定参数。

5.7 MATLAB 用于频域分析法

工程上常用 MATLAB 方法获得闭环频率特性：在已知系统的开环传递函数的条件下，直接调用命令 feedback() 和 bode()，可立即得到闭环对数幅频曲线和相频曲线，由此可判读系统谐振频率 ω_r、谐振峰值 M_r 及带宽频率 ω_b。

【例 5-13】已知单位反馈系统的开环传递函数为

$$G(s) = \frac{11.7}{s(1+0.05s)(1+0.04s)}$$

试分别利用 MATLAB 方法绘制系统的开环及闭环对数幅频曲线和对数相频曲线，求出系统闭环谐振峰值 M_r 和带宽频率 ω_b，并确定系统相应的时域指标 σ 和 t_s。

解：利用 MATLAB 的伯德图绘制命令 margin() 和 bode()，可得到系统的开环及闭环对数幅频曲线和对数相频曲线，分别如图 5-46 和图 5-47 所示。由图 5-46 可知，系统的幅值裕度 $h=11.7\text{dB}$，相位裕度 $\gamma = 42.5°$，其对应的穿越频率 $\omega_x = 22.4\text{rad/s}$，截止频率 $\omega_c = 9.97\text{rad/s}$，闭环系统是稳定的。由图 5-47 可知，系统的闭环谐振峰值 $M_r(\text{dB}) = 2.91\text{dB}$，带宽频率 $\omega_b = 17.2\text{rad/s}$。图 5-48 所示为系统的闭环对数幅频曲线的局部放大图，其横坐标为频率。随着频率的升高，系统的闭环对数幅频特性最终减小到零，闭环系统表现为低通滤波器。

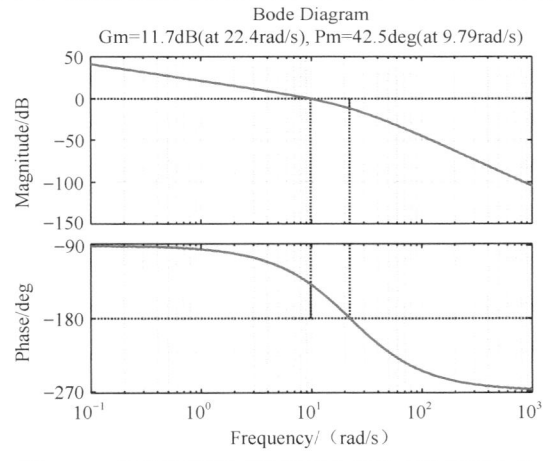

图 5-46 系统的开环对数幅频曲线和对数相频曲线

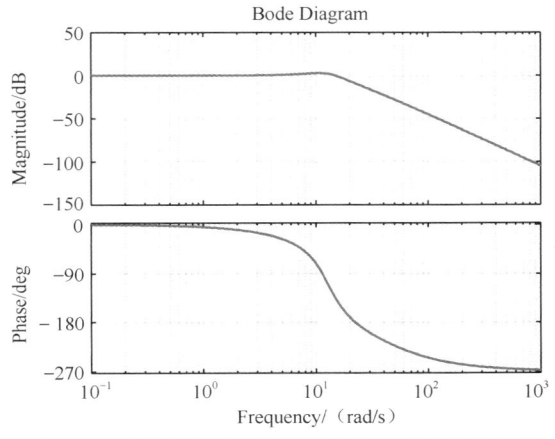

图 5-47 系统的闭环对数幅频曲线和对数相频曲线

本例求解过程的 MATLAB 仿真程序如下。

```
G=zpk([ ],[0 -25 -20],11.7*20*25);     %开环传递函数的零点、极点描述
sys=feedback(G,1);                      %闭环传递函数求解
figure(1);margin(G);grid                %系统的开环对数幅频曲线和对数相频曲线绘制
figure(2);bode(sys);grid                %系统的闭环对数幅频曲线和对数相频曲线绘制
figure(3);step(sys);                    %系统的闭环对数幅频曲线的局部放大图绘制
```

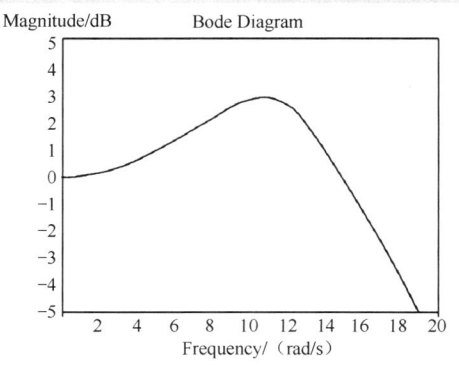

图 5-48 系统的闭环对数幅频曲线的局部放大图

【例 5-14】 已知单位负反馈系统开环传递函数为

$$G(s) = \frac{1280s + 640}{s^4 + 24.2s^3 + 1604.81s^2 + 320.24s + 16}$$

试绘制其伯德图和奈奎斯特图，并判断闭环系统是否稳定。

解：本例求解过程的 MATLAB 程序如下。

```
G=tf( [1280 640],[1 24.2 1604.81 320.24 16] ) ;%系统模型
%绘制伯德图，计算幅值裕度、相位裕度及对应的截止频率和穿越频率
figure(1)
margin(G);
%绘制奈奎斯特图
figure(3)
nyquist(G);
axis equal;
```

由图 5-49 可得，系统无右半 s 平面的开环极点，奈奎斯特曲线不包围 (−1, j0) 点，系统稳定；由图 5-50 可得，系统的幅值裕度 $h = 29.5\text{dB}$，相位裕度 $\gamma = 72.9°$，其对应的穿越频率 $\omega_x = 39.9\text{rad/s}$，截止频率 $\omega_c = 0.904\text{rad/s}$，闭环系统稳定。

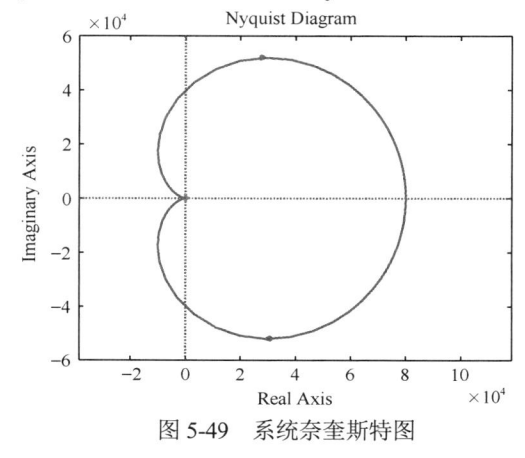

图 5-49 系统奈奎斯特图

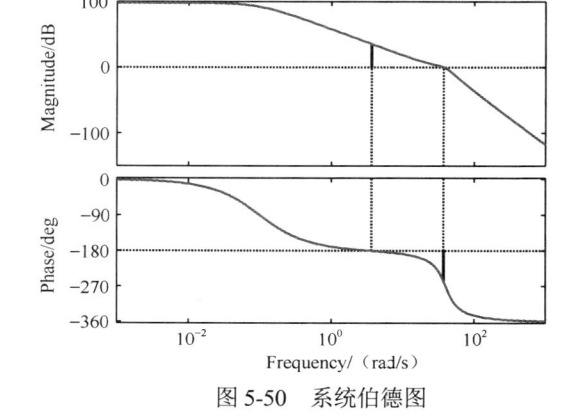

图 5-50 系统伯德图

【例 5-15】 已知单位负反馈系统的开环传递函数为
$$G(s) = \frac{1}{(s+1)(s+1.5)(s+2)}$$
试用奈奎斯特稳定判据判断该系统是否稳定。

解：系统的奈奎斯特图如图 5-51 所示，$P=0$，$N=N_+ - N_- = 0-0$，$Z=0$，系统稳定。

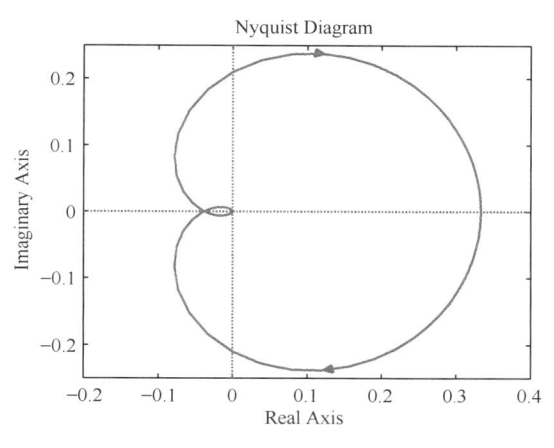

图 5-51　系统奈奎斯特图

本例求解过程的 MATLAB 程序如下。

```
s=tf('s');
G=1/((s+1)*(s+1.5)*(s+2));
nyquist(G);
```

应用案例 5　中国空间站机械臂控制系统

继 2008 年神舟七号载人飞行任务后，中国航天员又实施了空间站出舱活动。在此次出舱活动中，天地间大力协同、舱内外密切配合，圆满完成了舱外活动相关设备组装、全景相机抬升等任务。此次出舱活动检验了我国新一代舱外航天服的功能和性能，同时检验了航天员与机械臂协同工作的能力及出舱活动相关支持设备的可靠性和安全性，为空间站后续出舱活动的顺利进行奠定了重要基础。

我国为天宫空间站研制了高性能的机械臂，它采用了我国空间站系统的三大关键技术之一空间站机械臂技术，是天宫空间站建设和维护的重要装备。我国空间站机械臂的主要性能指标与国际先进水平相当，并且部分指标处于国际领先水平，能够满足我国建造长期有人照料空间站的发展需要。我国空间站机械臂的质量约为 740kg，其采用了大负载自重比设计，负重能力高达 25t，长度约为 10.2m，具有 7 个自由度和重定位能力，能头尾互换并在空间站舱段上自主爬行。

如图 5-52 所示，出舱后宇航员的脚固定在机械臂顶端的工作台上，以便宇航员能用双手来完成阻止卫星转动和点火启动卫星等操作。图 5-53 所示为我国天宫空间站上的机械臂转移货运飞船载荷。

图 5-52 宇航员出舱

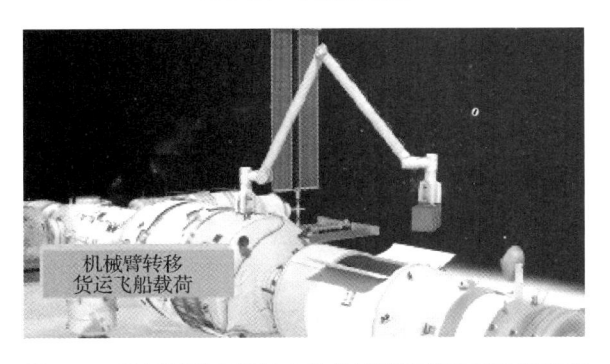

图 5-53 我国天宫空间站上的机械臂转移货运飞船载荷

机械臂控制系统的结构图如图 5-54 所示，其中 $G_1(s) = K = 10$，$H(s) = 1$；若已知闭环传递函数为

$$\varphi(s) = \frac{C(s)}{R(s)} = \frac{10}{s^2 + 5s + 10}$$

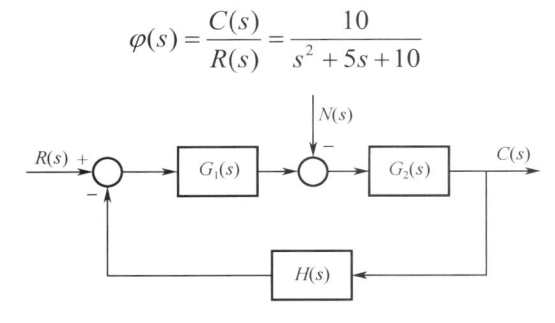

图 5-54 机械臂控制系统的结构图

要求：（1）确定系统对单位阶跃扰动的响应表达式 $C_n(t)$ 及 $C_n(\infty)$ 的值；（2）计算闭环系统的带宽频率 ω_b。

解：（1）由图 5-54 可知，系统开环传递函数为

$$G(s) = G_1(s)G_2(s)$$

已知系统闭环传递函数，可得

$$G(s) = \frac{\varphi(s)}{1 - \varphi(s)} = \frac{10}{s(s+5)}$$

则有

$$G_2(s) = \frac{1}{s(s+5)}$$

在单位阶跃扰动 $N(s)$ 的作用下，闭环传递函数为

$$\varphi_n(s) = \frac{G_2(s)}{1+G(s)} = \frac{1}{s^2+5s+10}$$

则单位阶跃扰动产生的输出为

$$C_n(s) = \varphi_n(s)N(s) = \frac{1}{s(s^2+5s+10)}$$

对上式进行因式分解，可得

$$C_n(s) = -\frac{0.1}{s} + \frac{0.1(s+5)}{(s+2.5)^2+1.94^2}$$

对上式进行拉普拉斯反变换，可得单位阶跃扰动作用下的输出为

$$C_n(t) = -0.1 + 0.164e^{-2.5t}\sin(1.94t+37.8°)$$

当 $t \to \infty$ 时，单位阶跃扰动作用下输出的稳态值 $C_n(\infty) = -0.1$。

（2）对比典型二阶系统传递函数可得，$\omega_n = 3.162 \text{rad/s}$，$\zeta = 0.79$，表明系统具有较大阻尼。由带宽频率公式可得

$$\omega_b = \omega_n\sqrt{1-2\zeta^2+\sqrt{2-4\zeta^2+4\zeta^t}} = 2.8 \text{rad/s}$$

小结

频域分析法是应用频率特性分析线性系统的一种图解方法。本章主要介绍了频率特性的基本概念、频率特性的表示方法、频域稳定判据、稳定裕度、闭环系统的频域性能指标等内容。

1. 频率特性的基本概念

（1）频率特性表征了系统或元器件对不同频率正弦输入信号的响应特性。
（2）频率特性与传递函数的关系：$G(j\omega) = G(s)|s = j\omega$。
（3）幅频特性、相频特性、频率特性。
（4）频率特性反映了系统（电路）的内在性质与外界因素无关。

2. 频率特性的表示方法

（1）幅相频率特性曲线简称幅相曲线，又称极坐标图、奈奎斯特图，其以横轴为实轴，以纵轴为虚轴，构成复平面。当 ω 从 0 变化到 ∞ 时，$G(j\omega)$ 在该坐标系中形成的轨迹，叫作幅相曲线。

（2）对数频率特性曲线又称伯德曲线或伯德图，横坐标按 $\lg(\omega)$ 分度，单位为 rad/s。对数幅频曲线的纵坐标按 $L(\omega) = 20\lg A(\omega)$ 线性分度，单位为 dB；对数相频曲线的纵坐标按线性分度，单位为度。

（3）对数幅相曲线横坐标为 $u(\omega)$，单位为度；纵坐标为 $L(\omega)$，单位为 dB；频率 ω 是可变参数。

（4）频率特性曲线的绘制：先写出典型环节的串联关系式，再根据关系绘制。

3. 频域稳定判据

特点：无须求解闭环特征根，可根据开环系统的频率特性曲线判断闭环系统是否稳定。奈奎斯特稳定判据的数学基础是复变函数理论中的幅角原理，系统稳定的充分必要条件是半闭合曲线 $\varGamma_{GH}$ 逆时针包围$(-1,j0)$点的圈数 R 等于开环传递函数的正实部极点数 P，$R = 2N = 2(N_+ - N_-)$。其中，N 为半闭合曲线 $\varGamma_{GH}$ 穿越$(-1,j0)$点左侧负实轴的次数，N_+表示正穿越的次数和（从上向下穿越）；N_-表示负穿越的次数和（从下向上穿越）。

在对数频率稳定判据的情境下，当角频率 $\omega>0$ 时，系统开环频率特性的奈奎斯特曲线在复平面中，穿越相位为$-180°$的方向线（虚部为0、实部为负无穷到-1的区域对应的相位线）的那些点，被称为$(-1,j0)$点左侧负实轴在 $\omega>0$ 范围内与$-180°$线的穿越点。

正穿越：对应于对数相频曲线，当 ω 增大时，从下向上穿越$-180°$线（相位滞后减小）。

负穿越：对应于对数相频曲线，当 ω 增大时，从上向下穿越$-180°$线（相位滞后增大）。

4. 稳定裕度

频域的相对稳定性，即稳定裕度，常用相位裕度 γ 和幅值裕度 h 来度量。

相位裕度：对于闭环稳定系统，若开环相频特性再滞后 γ，则系统将处于临界稳定状态。

幅值裕度：对于闭环稳定系统，若开环幅频特性再增大 h 倍，则系统将处于临界稳定状态。

5. 闭环系统的频域性能指标

带宽频率 ω_b 对应时域上升时间 t_r，反映了闭环系统的响应速度，它决定了系统跟踪控制输入信号的能力。带宽频率越高，系统的响应速度越快，跟踪控制输入信号的能力越强。

闭环系统的幅值在谐振频率 ω_r 处取得的最大值称为谐振峰值 M_r，其对应时域超调量 M_p。

本章重点介绍幅相频率特性、对数幅频特性及对数相频特性，并以典型环节为例，分析其各自的频率特性，进而绘制系统开环传递函数的奈奎斯特图和伯德图。为分析系统的稳定性介绍了奈奎斯特稳定判据、对数频率稳定判据及稳定裕度等概念，用奈奎斯特图和伯德图来分析系统的动态性能。

习题

5-1 设系统闭环稳定，闭环传递函数为 $\varphi(s)$，试根据频率特性的定义证明：当输入信号 $r(t) = A\cos(\omega t + \varphi)$ 时，系统的稳态输出为
$$c_{ss}(t) = A \cdot |\varphi(j\omega)| \cos[\omega t + \varphi + \angle\varphi(j\omega)]$$

5-2 若系统单位阶跃响应为
$$c(t) = 1 - 1.8e^{-4t} + 0.8e^{-9t}$$
试确定系统的频率特性。

5-3 已知系统开环传递函数为
$$G(s)H(s) = \frac{K(\tau s + 1)}{s^2(Ts + 1)} \quad (K, \tau, T > 0)$$

试分析并概略绘制 $\tau > T$ 和 $T > \tau$ 两种情况下的系统开环奈奎斯特图。

5-4 已知系统开环传递函数为
$$G(s)H(s) = \frac{1}{s^v(s+1)(s+2)}$$
试分别概略绘制 $v = 1, 2, 3, 4$ 时的系统开环奈奎斯特图。

5-5 已知系统开环传递函数为
$$G(s) = \frac{K(-T_2 s + 1)}{s(T_1 s + 1)} \quad (K, T_1, T_2 > 0)$$
当取 $\omega = 1\text{rad/s}$ 时，$\angle G(\mathrm{j}\omega) = -180°$，$|G(\mathrm{j}\omega)| = 0.5$；当输入信号为单位速度信号时，系统的稳态误差为 0.1。试写出系统开环频率特性表达式 $G(\mathrm{j}\omega)$。

5-6 已知系统开环传递函数为
$$G(s)H(s) = \frac{10}{s(2s+1)(s^2 + 0.5s + 1)}$$
试分别计算 $\omega = 0.5\text{rad/s}$ 和 $\omega = 2\text{rad/s}$ 时开环频率特性的幅值 $A(\omega)$ 与相位 $\varphi(\omega)$。

5-7 已知系统开环传递函数为
$$G(s)H(s) = \frac{10}{s(s+1)\left(\dfrac{s^2}{4} + 1\right)}$$
试概略绘制系统开环奈奎斯特图。

5-8 已知系统开环传递函数为
$$G(s)H(s) = \frac{(s+1)}{s\left(\dfrac{s}{2} + 1\right)\left(\dfrac{s^2}{9} + \dfrac{s}{3} + 1\right)}$$
要求选择频率点，列表计算 $A(\omega)$、$L(\omega)$ 和 $\varphi(\omega)$，并据此在半对数坐标纸上绘制系统开环对数频率特性曲线。

5-9 绘制下列传递函数系统的对数幅频渐近特性曲线。

（1）$G(s) = \dfrac{2}{(2s+1)(8s+1)}$。

（2）$G(s) = \dfrac{200}{s^2(s+1)(10s+1)}$。

（3）$G(s) = \dfrac{8\left(\dfrac{s}{0.1} + 1\right)}{s(s^2 + s + 1)\left(\dfrac{s}{2} + 1\right)}$。

（4）$G(s) = \dfrac{10\left(\dfrac{s^2}{400} + \dfrac{s}{10} + 1\right)}{s(s+1)\left(\dfrac{s}{0.1} + 1\right)}$。

5-10 试用奈奎斯特稳定判据分别判断题 5-5、题 5-6 中系统的闭环稳定性。

5-11 已知系统开环传递函数为

$$G(s) = \frac{K}{s(Ts+1)(s+1)} \quad (K, T > 0)$$

试根据奈奎斯特稳定判据确定其闭环稳定条件，并求：

（1）当 $T = 2$ 时，K 的取值范围。

（2）当 $K = 10$ 时，T 的取值范围。

（3）K、T 的取值范围。

5-12 设单位反馈系统开环传递函数为

$$G(s) = \frac{5s^2 \mathrm{e}^{-\tau s}}{(s+1)^4}$$

试确定闭环系统稳定时延迟时间 τ 的取值范围。

5-13 设单位反馈系统的开环传递函数为

$$G(s) = \frac{as+1}{s^2}$$

试确定相位裕度为 45° 时参数 a 的值。

5-14 对于典型二阶系统，已知参数 $\omega_n = 3\mathrm{rad/s}$，$\zeta = 0.7$，试确定截止频率 ω_c 和相位裕度 γ。

5-15 对于典型二阶系统，已知 $\sigma = 15\%$，$t_s = 3\mathrm{s}$（$\Delta = 2\%$），试计算相位裕度 γ。

第 6 章 控制系统的校正方法

> 课程思政引例

用发展的眼光看问题

改革开放初期，浙江省安吉县余村靠着开山采石成为远近闻名的"首富村"（见图6-1），随着村民经济水平的提升，生态环境逐渐恶化，烟尘笼罩、污水横流成为困扰村民的大问题。

图 6-1 "首富村"的从前和现在

余村努力修复生态，用绿水青山敲开了经济发展的新大门，走出了一条生态美、百姓富的绿色发展之路。如今，这一新的发展理念已经从小山村走向了全中国，成为推进现代化建设的重大原则，成为全党全社会的共识。

绿水青山和金山银山，是对经济发展和生态环境保护的形象化表达，这两者绝不是对立的，而是辩证统一的。绿水青山就是金山银山，阐述了经济发展和生态环境保护的关系，揭示了保护生态环境就是保护生产力、改善生态环境就是发展生产力的道理，指明了实现发展和保护协同共生的新路径。

完善的电力设备和规范的电路设计，不仅能够提高企业电力能源的利用率和企业生产的效率，而且能保证生产安全、保护工作人员的生命安全。企业生产中的电力设备不齐全或设备老旧杂陈及电路设计不规范很容易造成电力能源的浪费。因此，企业在生产过程中，要加大资金投入，更新企业的电力设备，规范企业的电路设计。例如，要合理地对电力设备的电容量进行配置，减少电力设备空载、轻载运行；更新电力设备，减小电力设备的无用功率；根据生产需要，改造变压器，使变压器负荷与容量相当；采用无功补偿技术，减少电力线路的受损。做到绿色、低碳、高效发电，摒弃只关注经济性、不注重环保的传统发电、用电模式。

> **本章学习目标**

了解控制系统为什么需要校正,以及常用的校正方法,并结合第3章、第4章、第5章中介绍的对控制系统的分析方法来学习控制系统校正的基本规律。

掌握串联校正中的超前校正、滞后校正及滞后-超前校正的综合过程,以及按系统的期望频率特性进行校正的综合过程。掌握 MATLAB 在控制系统校正中的应用。

重点:超前校正、滞后校正、滞后-超前校正的校正网络传递函数中零点和极点在 s 平面上的分布情况,结构参数是怎样对校正起作用的。

难点:超前校正、滞后校正、滞后-超前校正的方法和流程。

本章根据被控对象及给定的技术指标要求设计校正自动控制系统,需要进行大量的分析和计算。由于设计需要考虑的问题是多方面的,既要保证所设计的系统有良好的性能,满足给定的技术指标要求,又要兼顾便于加工、经济性好、可靠性高等条件,因此在设计过程中,既要有理论指导,又要重视实践经验,往往还要配合许多局部和整体的实验测试与调整。

6.1 校正的基本概念及常用的校正方法

6.1.1 校正的基本概念

控制系统通常由受控装置、控制器和检测装置三部分组成,受控装置是根据系统所完成的任务决定的,一个系统的性能指标是根据它所完成的具体任务而提出的。例如,恒值控制系统要求系统有比较强的抗干扰性,且有输出稳定性和高准确性;随动控制系统要求系统具备较强的跟随特性和响应快速性。系统的稳态性能由稳态误差表征,可以通过增大比例参数和增加积分环节的个数减小系统的稳态误差。系统的响应快速性和准确性由上升时间、峰值时间、调节时间表征,在阻尼比一定的情况下,可以通过改变自然振荡角频率的大小来调整;系统的稳定性是由超调量决定的,而系统输出振荡的形式与阻尼比的取值有关,因此系统的稳定性是由阻尼比决定的。系统的性能指标是互相矛盾的,有的系统不能通过改变参数达到指标要求,因此需外加装置,既要快速又要稳定,反之亦然。

所谓校正,是指在原有系统中加入某一装置,如某种典型的电网络、运算部件或测量装置,依靠这些外加装置可以有效地改善整个系统的性能,使其满足工程要求。这些外加装置通常是一些无源或有源的微积分电路。

6.1.2 常用的校正方法

在控制系统设计中,常用的校正方法有串联校正、反馈校正、前馈校正三种。究竟选用哪种校正方法,取决于系统中的信号性质、技术实现的方便性、可供选用的元器件、抗扰性要求、经济性要求、环境使用条件及设计者的经验等因素。

1. 串联校正

图6-2所示为串联校正系统的结构图。

第6章 控制系统的校正方法

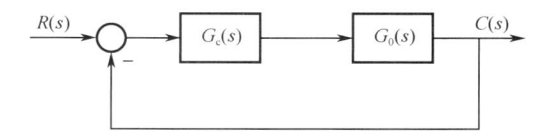

图 6-2 串联校正系统的结构图

串联校正是指在被控对象 $G_0(s)$ 前面串入一个校正装置 $G_c(s)$，将校正量与被控量一起作为输入信号送入系统，以达到改善系统跟踪性能和稳定性的目的。其基本原理在于，通过调整校正装置的参数和特性，可以改变系统的整体性能。在图 6-2 中，$G_c(s)$ 和 $G_0(s)$ 串联，$G_c(s)$ 称为串联校正装置。串联校正也存在一些缺点：首先，它需要在被控对象前面串入校正装置，增加了系统的复杂度；其次，校正装置需要对被控量的变换特性敏感，要求其能够快速响应对象参数的变化。

2. 反馈校正

图 6-3 所示为反馈校正系统的结构图，将校正装置 $G_c(s)$ 反向接到某前向通道上，构成局部反馈回路。在图 6-3 中，反馈校正装置 $G_c(s)$ 可以改造 $G_2(s)$，即改造后传递函数为 $\dfrac{G_2(s)}{1+G_2(s)G_c(s)}$。这里，局部反馈校正不仅可以减小被包围环节的时间常数，提高系统响应的快速性，而且可以减小被包围环节的参数变化和扰动输入对系统响应的影响。

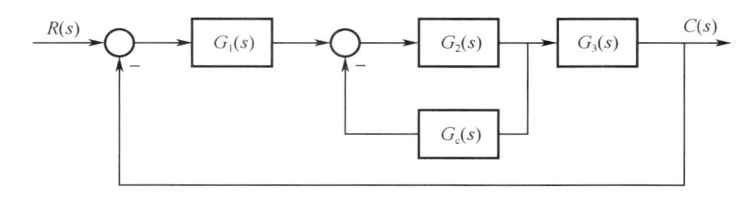

图 6-3 反馈校正系统的结构图

由于反馈校正装置的输入端信号取自原系统的输出端或原系统前向通道中某个环节的输出端，信号功率一般都比较大，因此在反馈校正装置中不需要设置放大电路，这有利于反馈校正装置的简化。但由于输入信号功率比较大，因此反馈校正装置的容量和体积相应要大一些。

3. 前馈校正

前馈校正（也称前馈补偿或顺馈校正）是控制系统校正的一种重要方法。图 6-4（a）、（b）所示分别为按给定补偿和按扰动补偿的前馈校正系统的结构图。前馈校正的特点在于，它能在干扰或给定变化之前就对其进行近似补偿，以便及时消除干扰或给定变化造成的影响。前馈校正的输入取自闭环外，既不会影响系统的闭环特征方程，也不会影响系统的稳定性。然而，前馈校正一般不单独使用，常和其他校正方法结合使用，构成复合控制系统，以提高系统的精度。在系统中加入前馈校正装置，可以在系统稳定之前快速减小误差，并加快系统的响应速度。这对于需要快速响应和精确控制的系统来说尤为重要。系统中的扰动补偿器校正，用于减小或消除扰动信号造成的稳态误差，它既不改变系统的稳定性，也不改变系统的动态性能。

(a) 按给定补偿

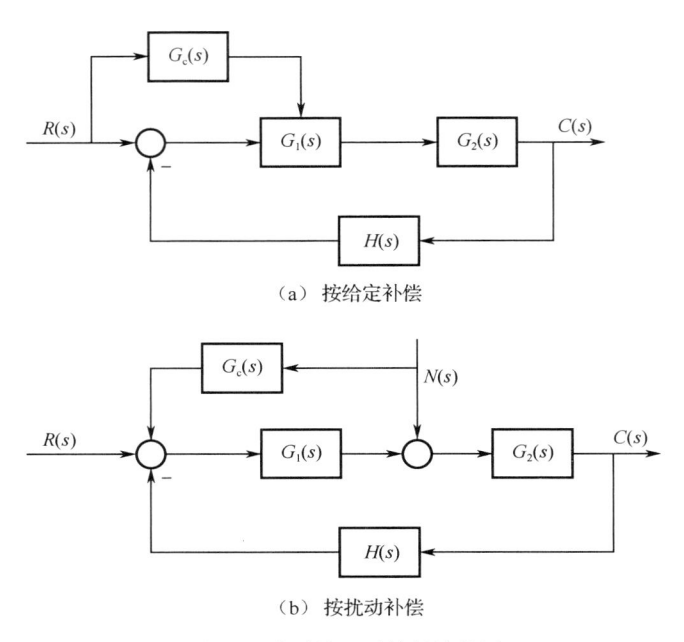

(b) 按扰动补偿

图 6-4 前馈校正系统的结构图

6.2 串联校正

串联校正是在控制系统中,通过在被控对象之前串入一个校正装置来改善系统性能的方法。这种校正方法直接作用于系统的输入端,通过调整校正装置的特性,改变整个系统的传递函数,以达到改善系统性能的目的。

串联校正具有以下特点。

直接性:校正装置直接串联在系统的输入端,对输入信号进行处理后再将其送入被控对象。这种方式能够直接对系统的输入信号进行修正,从而改善系统的输出响应。

灵活性:通过选择合适的校正装置和调整其参数,可以方便地改变系统的性能。例如,增大系统的阻尼比可以减少振荡,提高系统的开环增益可以增强系统的跟踪能力。

独立性:串联校正不会改变被控对象的特性,只是通过改变输入信号来影响系统的输出。这使得串联校正可以独立于被控对象进行设计和调整。

局限性:尽管串联校正能够改善系统的性能,但它并不能完全消除系统的误差。此外,如果校正装置设计不当或参数调整不合理,就可能会导致系统性能恶化甚至不稳定。

常见的串联校正装置包括超前校正装置、滞后校正装置、滞后-超前校正装置和 PID 校正装置等。这些校正装置通过引入不同的相位特性和幅值特性来改善系统的动态性能、提高系统的稳态精度。

总的来说,串联校正是控制系统设计中的一种重要方法,通过合理地选择和使用校正装置,可以有效地改善系统的性能并满足实际应用的需求。然而,在设计和实施串联校正时,需要综合考虑系统的特性要求,以及校正装置的性能和成本等因素。

6.2.1 超前校正

1. 超前校正网络

超前校正网络如图 6-5 所示。

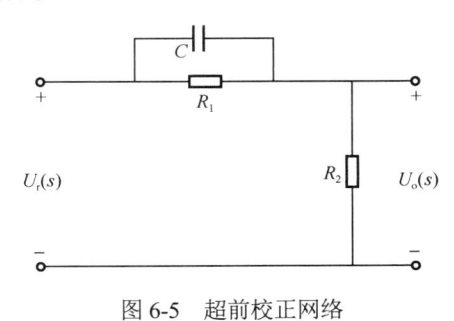

图 6-5 超前校正网络

图 6-5 所示的超前校正网络的传递函数为

$$G_c(s) = \frac{U_o(s)}{U_r(s)} = \frac{R_2}{R_2 + \dfrac{R_1}{R_1 Cs + 1}} = \frac{1}{a} \cdot \frac{1+aTs}{1+Ts} \tag{6-1}$$

式中，$T = \dfrac{R_1 R_2 C}{R_1 + R_2}$；$a = \dfrac{R_1 + R_2}{R_2} > 1$。

由式（6-1）可知，无源超前校正网络具有幅值衰减作用，衰减系数为 $K_A = 1/a$，其中 a 称为分压比。若串接系数为 a 的比例放大器，则可补偿幅值衰减作用。此时，超前校正网络的传递函数可写为

$$G(s) = \frac{1+aTs}{1+Ts} \tag{6-2}$$

由式（6-2）可知，超前校正网络的传递函数有一个极点 $-1/T$ 和一个零点 $-1/aT$，$\varphi = \varphi_z - \varphi_p > 0$，相位超前，其伯德图如图 6-6 所示。

在图 6-6 中有

$$\begin{cases} \omega_m = \dfrac{1}{\sqrt{a}T} \\ \varphi_m = \arcsin \dfrac{a-1}{a+1} \\ a = \dfrac{1+\sin\varphi_m}{1-\sin\varphi_m} \end{cases} \tag{6-3}$$

式中，ω_m 为几何中点频率；φ_m 为最大超前角；a 为分压比。

由图 6-6 可知，最大幅值增益为 $20\lg a$，频率范围为 $\omega > \dfrac{1}{T}$；在 ω_m 处的对应幅值为 $10\lg a$；ω_m 为两个转折频率的几何中点。

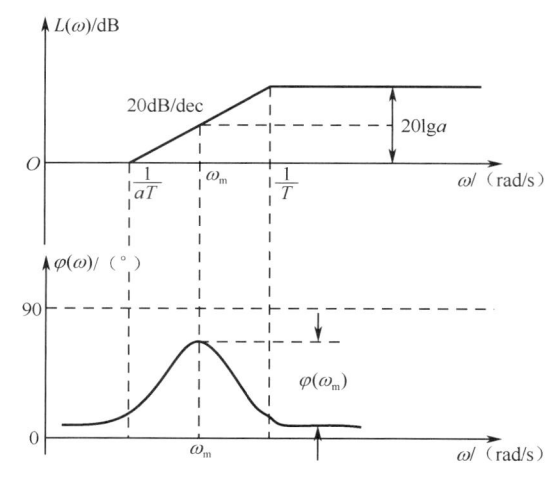

图 6-6 超前校正网络的伯德图

【例 6-1】 设单位反馈系统的开环传递函数为
$$G_0(s) = \frac{40}{s(s+2)}$$
试设计一个串联校正装置，使校正后系统的性能指标满足：
$$K_v \geqslant 20, \quad \gamma' \geqslant 50°$$

解：(1) 确定校正前的 ω_{c0} 和 γ_0。

由图 6-7 可知，在 $L_0(\omega)$ 上，转折频率 $\omega=2$ 处的幅值可通过斜率为 -20dB/dec 和斜率为 -40dB/dec 的两个三角形分别求得，即

$$L_0(2) = 20\lg\frac{20}{2} = 40\lg\frac{\omega_{c0}}{2}, \quad \omega_{c0} \approx 6\text{rad/s}$$

$$\gamma_0 = 180° - 90° - \arctan 3 \approx 17°$$

根据所得结果判定应采用超前校正网络。

(2) 设校正装置的传递函数为
$$G_c(s) = \frac{aTs+1}{Ts+1}(a>1, \ T>0)$$
根据已知的 $\gamma' \geqslant 50°$，取 $\gamma' = 50°$，$\Delta = 5°$
由此可求得

$$\varphi_m = \gamma' - \gamma_0 + \Delta = 50° - 17° + 5° = 38°$$

$$a = \frac{1+\sin\varphi_m}{1-\sin\varphi_m} \approx 4.2, \quad 10\lg a \approx 6.2\text{dB}$$

(3) 确定 ω_c' 和 ω_m。

在 $\omega_c' = \omega_m$ 处，根据 $L_0(\omega_c') = -10\lg a \Rightarrow -40\lg\frac{\omega_c'}{\omega_{c0}} = -10\lg a$ 可求得

$$\omega_c' = \omega_m = 9\text{rad/s}$$

则有

$$T = \frac{1}{\omega_m\sqrt{a}} = 0.05, \quad aT = 4.2 \times 0.05 = 0.21$$

$$G_c(s) = \frac{aTs+1}{Ts+1} = \frac{0.21s+1}{0.05s+1}$$

（4）校验指标 γ'。

$$G(s) = G_c(s)G_0(s) = \frac{20(0.21s+1)}{s(0.5s+1)(0.05s+1)}$$

$$\gamma' = 180° + \arctan 0.21 \times 9 - 90° - \arctan 0.5 \times 9 - \arctan 0.05 \times 9 \approx 50.4° > 50°$$

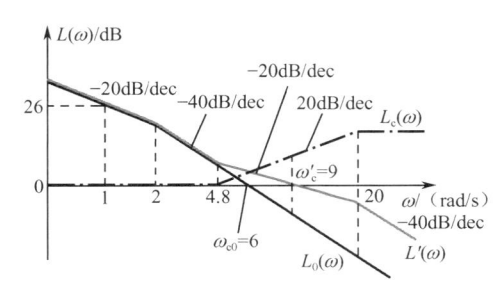

图 6-7 校正前、后系统的伯德图

【例 6-2】 设大炮水平方向转动的控制系统为单位负反馈系统，其控制对象为

$$G_0(s) = \frac{K_0}{s(T_1s+1)(T_2s+1)} \quad (K_0 = 3\text{rad/s}，T_1 = 0.5\text{s}，T_2 = 0.2\text{s})$$

试采用无源超前校正网络，使其满足如下要求。

（1）静态要求：当系统为最大角速度 2r/min（约为 0.067πrad/s）输出时，输出位置允许误差 $e_{ss}^* < 2°$。

（2）动态要求：$5\text{rad/s} \leq \omega_c^* \leq 10\text{rad/s}$，$30° \leq \gamma^* \leq 60°$，$L_g \geq 6\text{dB}$。

解：（1）按静态要求求 K。
由于有

$$K = K_c K_0 > \frac{\Omega}{e_{ss}^*} = \frac{2 \times \frac{360°}{60°}}{2°} = 6$$

式中，Ω 为弧度。因此取 $K = 7.2$。

$$\omega_{c0} = \sqrt{2 \times 7.2} \approx 3.79\text{rad/s} < \omega_c^*$$

$$\gamma = 180° - 90° - \arctan\frac{\omega_{c0}}{2} - \arctan\frac{\omega_{c0}}{5} \approx -9.34° \ll \gamma^*$$

由此可见，ω_{c0} 和 γ 不满足动态要求，须采用超前校正网络。

（2）按动态要求采用无源超前校正网络。

由于取 $5\text{rad/s} \leq \omega_c^* \leq 10\text{rad/s}$，$L(G_0)$ 在 $\omega_c > 5\text{rad/s}$ 时的斜率为 -60dB/dec，如图 6-8 所示，因此采用单节超前校正网络是不能奏效的，需要采用双节超前校正网络，即采用 $a^2\left(\dfrac{Ts+1}{aTs+1}\right)^2$ 校正网络。需要注意的是，两节之间必须加放大器进行隔离。

试取 $a=0.18$，并取 $\omega_c = \omega_m$，由 $40\lg\dfrac{5}{\omega_{c0}} + 60\lg\dfrac{\omega_c}{5} = 20\lg\dfrac{1}{a}$ 可得 $\omega_c \approx 7.36\text{rad/s}$，而 $\gamma = 180° - 90° - \arctan\dfrac{\omega_{c0}}{2} - \arctan\dfrac{\omega_{c0}}{5} + 2\arcsin\dfrac{1-a}{1+a} \approx 47.4°$。

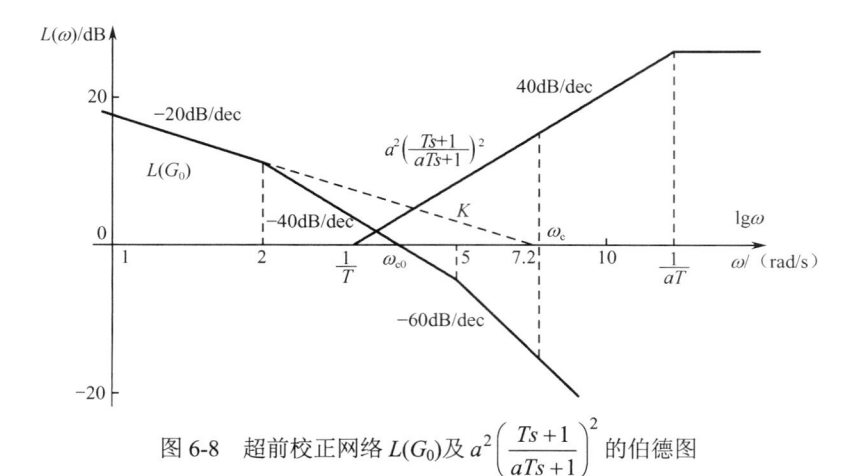

图 6-8 超前校正网络 $L(G_0)$及 $a^2\left(\dfrac{Ts+1}{aTs+1}\right)^2$ 的伯德图

当 $\omega = \omega_g$（ω_g 为穿越频率）时，由 $\varphi(\omega_g) = -180°$ 可得 $\omega_g = 18.0\text{rad/s}$，而 $L_g = 60\lg\dfrac{\omega_g}{\omega_c} - 40\lg\dfrac{\omega_g}{\omega_c} \approx 7.76\text{dB} > 6\text{dB}$。

校正结果为动态性能指标完全满足要求。

（3）校正环节的传递函数 $G_c(s)$。

因为

$$G_c(s) = K_{A1}K_{A2}a^2\left(\dfrac{Ts+1}{aTs+1}\right)^2$$

所以若使 $K_{A1} = K_{A2} = K_A$，则有

$$K_A^2 a^2 = \dfrac{K}{K_0}$$

$$K_A = \sqrt{\dfrac{K}{K_0 a^2}} \approx 8.61$$

取 $\dfrac{1}{T} = \sqrt{a}\omega_c \approx 3.12\text{rad/s}$，因此 $\dfrac{1}{aT} = 17.3\text{rad/s}$。

2. 超前校正的步骤

实质：利用超前校正网络的相位超前特性提高系统的相位裕度。

适用情况：$\omega_{c0} \leqslant \omega_c^*$，$\gamma_0 \leqslant \gamma^*$。

步骤：
$\begin{cases}
① \ e_{ss}^* \to K; \\
② \ G_0(s) \to L_0(\omega) \to \omega_{c0} \to \gamma_0; \\
③ \ \varphi_m = \gamma^* - \gamma_0 + (5°\sim10°),\ a = \dfrac{1+\sin\varphi_m}{1-\sin\varphi_m},\ 10\lg a; \\
④ \ \omega_{c0} \to G_c(s); \\
⑤ \ G(s) = G_c(s)G_0(s)，验算 \omega_c 和 \gamma。
\end{cases}$

校正效果：①保持低频段，满足稳态精度要求；②改善中频段，增大 ω_c，γ 提高，动态性能提高；③抬高高频段，抗高频干扰能力降低。

6.2.2 滞后校正

1. 滞后校正网络

滞后校正网络如图 6-9 所示。

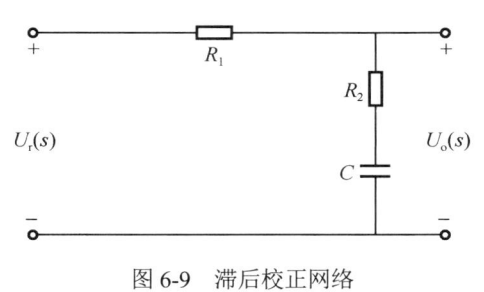

图 6-9 滞后校正网络

图 6-9 所示的滞后校正网络的传递函数为

$$G_c(s) = \frac{U_o(s)}{U_r(s)} = \frac{R_2 + \frac{1}{Cs}}{R_1 + R_2 + \frac{1}{Cs}} = \frac{1+bTs}{1+Ts} \quad (6-4)$$

式中，$T=(R_1+R_2)C$；$b=\dfrac{R_2}{R_1+R_2}<1$。

由式（6-4）可知，滞后校正网络的传递函数有一个极点 $-1/T$ 和一个零点 $-1/bT$，$\varphi = \varphi_z - \varphi_p < 0$，相位滞后，其伯德图如图 6-10 所示。

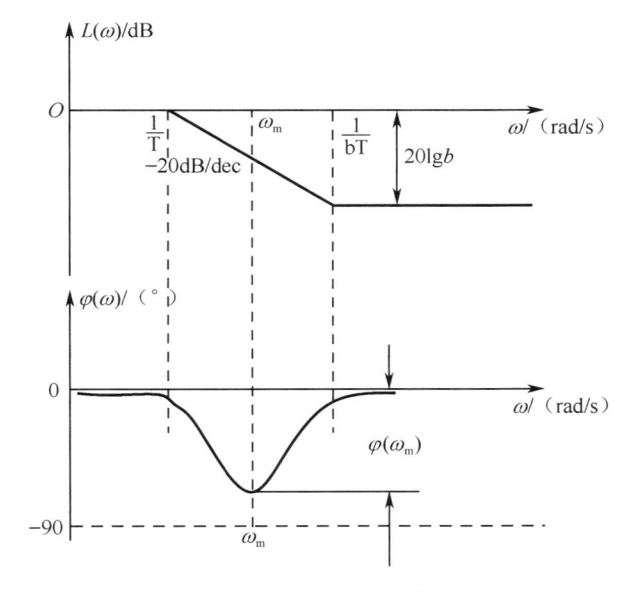

图 6-10 滞后校正网络的伯德图

在图 6-10 中有

$$\begin{cases} \omega_m = \dfrac{1}{\sqrt{b}T} \\ \varphi_m = \arcsin \dfrac{1-b}{1+b} \\ b = \dfrac{1-\sin\varphi_m}{1+\sin\varphi_m} \end{cases} \quad (6\text{-}5)$$

式中，ω_m 为几何中点频率；φ_m 为最大滞后相位；b 为分压比倒数。

由式（6-5）可知，通过相频特性可求出最大滞后相位对应的频率 $\omega_m = \dfrac{1}{\sqrt{b}T}$；最大幅值衰减为 $20\lg b$，最大衰减频率范围为 $\omega > \dfrac{1}{bT}$；ω_m 为两个转折频率的几何中点。

当取 $\dfrac{1}{T}=0.1\omega_c$，$\dfrac{1}{bT}=0.01\omega_c$ 时，可使 γ 减小 $5.14°$；当取 $\dfrac{1}{T}=0.2\omega_c$，$\dfrac{1}{bT}=0.02\omega_c$ 时，可使 γ 减小 $10.16°$。

【例 6-3】 某单位负反馈系统控制对象的传递函数为

$$G_0(s) = \dfrac{K}{s(0.5s+1)(s+1)}$$

要求系统的静态速度误差系数 $K_v \geq 5$，相位裕度 $\gamma \geq 40°$，试设计滞后校正装置。

（1）根据稳态指标确定 K：$K = K_v = 5$。

（2）确定校正前的 ω_{c0} 和 γ_0。

$$\dfrac{5}{0.5\omega_{c0}^3} \approx 1, \quad \omega_{c0} \approx 2.15\,\mathrm{rad/s}$$

$$\gamma_0 = 180° + (-90° - \arctan 2.15 - \arctan 2.15) = -40°$$

由此可见，原系统不稳定。

（3）从原系统的相频曲线上找到校正后的截止频率 $\omega_c' = 0.5\,\mathrm{rad/s}$，则该点对应的相位为

$$\varphi = -180° + \gamma + \Delta$$

这里 Δ 一般取 $5°\sim 15°$，因此 $\varphi = -180° + 40° + 12° = -128°$。

（4）求出 b。

$$L_0(\omega_c') = 20\,\mathrm{dB} = -20\lg b$$

可得 $b = 0.1$。

（5）选取并计算校正后的转折频率，并画出伯德图，如图 6-11 所示。

$$\omega_2 = \dfrac{1}{bT} = \left(\dfrac{1}{5} \sim \dfrac{1}{10}\right)\omega_c'$$

本题中取 $1/5$，可得 $\omega_2 = 0.1\,\mathrm{rad/s}$。

$$\omega_1 = \dfrac{1}{T} = b\omega_2 = 0.01\,\mathrm{rad/s}$$

可得校正装置的传递函数为

$$G_c(s) = \dfrac{10s+1}{100s+1}$$

（6）本例中校正后系统的传递函数为

$$G_0(s) = \frac{5(10s+1)}{s(0.5s+1)(s+1)(100s+1)}$$

通过画图和计算可得,校正后的相位裕度 $\gamma = 40°$,满足设计要求。

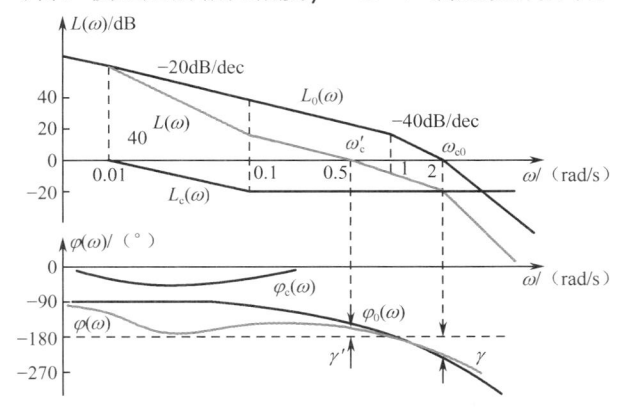

图 6-11 校正前、后系统的伯德图

2. 滞后校正步骤

实质:利用滞后校正网络的幅值衰减特性挖掘系统自身的相位储备。

适用情况:$\omega_{c0} > \omega_c^*$,$\gamma_0 < \gamma^*$。

步骤:
$$\begin{cases} ① \ e_{ss}^* \to K; \\ ② \ G_0(s) \to L_0(\omega) \to \omega_{c0} \to \gamma_0 \begin{cases} \omega_{c0} \text{有余} \\ \gamma_0 \text{不足} \end{cases}; \\ ③ \ \gamma_0(\omega) = \gamma^* + (5° \sim 15°); \\ ④ \ \begin{cases} L_0(\omega_{c0}) = 20\lg b \\ \dfrac{1}{T} = \left(\dfrac{1}{5} \sim \dfrac{1}{10}\right)\omega_{c0} \end{cases} \to b, T; \\ ⑤ \ G(s) = G_c(s)G_0(s), \text{验算} \omega_c \text{和} \gamma。 \end{cases}$$

校正效果:①保持低频段,满足稳态精度 e_{ss};②改善中频段,提高 ω_c, γ 提高,损失响应快速性,改善均匀性;③压低高频段,提高抗高频干扰能力。

6.2.3 滞后-超前校正

1. 滞后-超前校正模型

滞后-超前校正网络如图 6-12 所示。

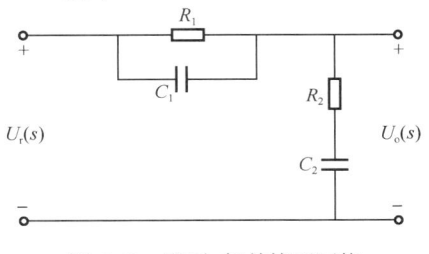

图 6-12 滞后-超前校正网络

图 6-12 所示的滞后-超前校正网络的传递函数为

$$G_c(s) = \frac{U_o(s)}{U_r(s)} = \frac{(1+T_a s)(1+T_b s)}{T_a T_b s^2 + (T_a + T_b + T_{ab})s + 1} \tag{6-6}$$

式中，$T_a = R_1 C_1$；$T_b = R_2 C_2$；$T_{ab} = R_1 C_2$。

令传递函数有两个不相等的负实根，且

$$G_c(s) = \frac{(1+T_a s)(1+T_b s)}{(1+T_1 s)(1+T_2 s)}$$

式中，$T_1 + T_2 = T_a + T_b + T_{ab}$；$T_1 T_2 = T_a T_b$。

设 $T_1 > T_a$，$\dfrac{T_a}{T_1} = \dfrac{T_2}{T_b} = \dfrac{1}{a}$，则有

$$G_c(s) = \frac{(1+T_a s)(1+T_b s)}{(1+aT_a s)\left(1+\dfrac{T_b}{a}s\right)}$$

由上式可知,滞后-超前校正网络的传递函数有两个极点 $-1/aT_a$ 和 $-a/T_b$，以及两个零点 $-1/T_a$ 和 $-1/T_b$，其伯德图如图 6-13 所示。

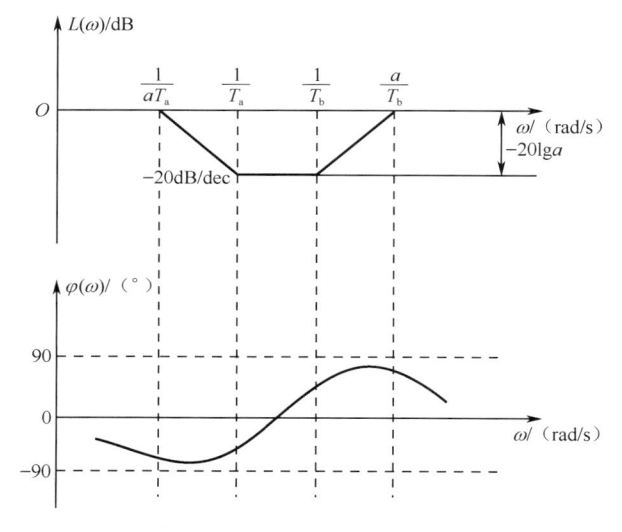

图 6-13 滞后-超前校正网络的伯德图

【例 6-4】 某单位负反馈系统被控对象的传递函数为

$$G_0(s) = \frac{K_0}{s(T_1 s+1)(T_2 s+1)} \quad （K_0 \text{大小可调},\ T_1 = 1\text{s},\ T_2 = 0.1\text{s}）$$

试采用无源校正网络，使校正后的系统性能如下。校正前及滞后-超前校正网络的伯德图如图 6-14 所示。

（1） $K_v \geqslant 50$。

（2） $3\text{rad/s} \leqslant \omega_c^* \leqslant 5\text{rad/s}$，$\gamma^* \geqslant 40°$。

解：通过以上要求，单一地采用超前校正网络或滞后校正网络，都不能实现校正后的性能指标要求，因此需要采用滞后-超前校正网络。

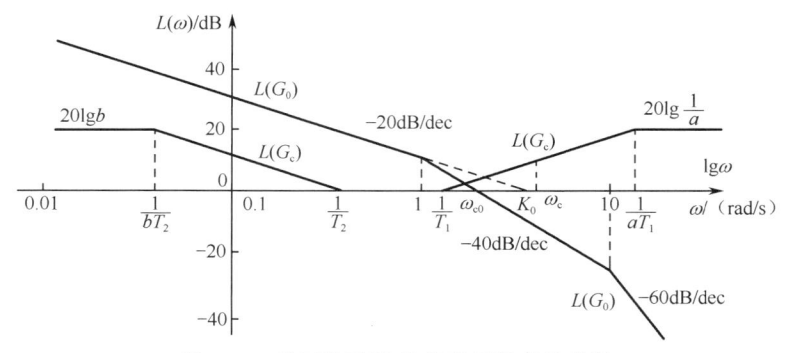

图 6-14 校正前及滞后-前网络的伯德图

（1）采用超前校正网络，使系统动态性能指标满足：

$\omega_{c0} = \sqrt{1 \times 5} \approx 2.24\text{rad/s}$； $\gamma = 180° - 90° - \arctan\omega_{c0} - \arctan 0.1\omega_{c0} \approx 11.5°$

ω_{c0} 和 γ 都小于期望值，可采用超前校正网络，增大 ω_c 和 γ。

设 $\omega_c = \omega_m$，取 $a = 0.1$，由 $40\lg\dfrac{\omega_c}{\omega_{c0}} = 10\lg\dfrac{1}{a}$ 可得 $\omega_m = \omega_c = 3.98\text{rad/s}$，而

$$\gamma = 180° - 90° - \arctan\omega_c - \arctan 0.1\omega_c + \arcsin\dfrac{1-a}{1+a} = 47.3°$$

$\gamma > \gamma^* + 6° = 46°$（滞后校正会使 γ 减小，需留有余量），则有

$$\dfrac{1}{T_1} = \sqrt{a}\,\omega_m = 1.26$$

$$\dfrac{1}{aT_1} = \dfrac{1}{\sqrt{a}}\omega_m = 12.6$$

（2）采用滞后校正网络，使系统满足静态要求。

加入滞后校正网络，基本不影响 ω_c 的大小，只稍微减小 γ，取：

$$b = \dfrac{1}{a} = 10$$

$$\dfrac{1}{T_2} = 0.1\omega_c = 0.398$$

$$\dfrac{1}{bT_2} = 0.0398$$

（3）校正后系统的性能指标。

静态性能指标： $K_v = K_0 b = 50 = K_v^*$。

动态性能指标： $\omega_c = 3.98\text{rad/s}$， $3\text{rad/s} \leqslant \omega_c^* \leqslant 5\text{rad/s}$； $\gamma = 180° + \varphi(\omega_c) = 42.2° > \gamma^*$。

由上可知，动态性能指标、静态性能指标均满足设计指标要求。

（4）校正装置的 $G_c(s)$ 及其实现如下：

$$G_c(s) = K_A\left(\dfrac{T_1 s + 1}{aT_1 s + 1}\right)\left(\dfrac{T_2 s + 1}{bT_2 s + 1}\right)$$

式中， $K_A = \dfrac{K_v^*}{K_0} = 5$； $T_1 = R_1 C_1 = 0.794\text{s}$； $T_2 = R_2 C_2 = 2.51\text{s}$； $a = 0.1$； $b = 10$。

2. 滞后-超前校正步骤

实质：综合利用滞后校正网络的幅值衰减特性、超前校正网络的相位超前特性，改造开环频率特性，提高系统性能。

适用情况：单独采用滞后校正网络或超前校正网络均不奏效的情况。

步骤：
$$\begin{cases} ① \ e_{ss}^* \to K; \\ ② \ G_0(s) \to L_0(\omega) \to \omega_{c0} \to \gamma_0 \begin{cases} 超前校正 \\ 滞后校正 \end{cases} 均无效; \\ ③ \ \varphi(\omega) = \gamma^* + \gamma_0(\omega_c^*) + 6°, \ a = \dfrac{1+\sin\varphi_m}{1-\sin\varphi_m}, \sqrt{a}; \\ ④ \ 画出 G_c(s); \\ ⑤ \ G(s) = G_c(s)G_0(s), 验算\omega_c 和 \gamma。 \end{cases}$$

6.2.4 PID 校正

PID 校正装置又称 PID 控制器或 PID 调节器，是一种有源校正装置。PID 校正属于较早发展起来的控制策略之一，并在工业过程控制中得到了广泛应用，其实现方式包括电气式、气动式和液动式。与无源校正装置相比，PID 校正装置具有结构简单、参数易于整定及应用面广等特点。设计的控制对象既可以是具有精确模型的系统，也可以是黑箱或灰箱系统。

1．PID 校正的主要步骤

确定系统的性能指标：需要确定系统的性能指标，如超调量、调节时间、稳态精度等，这些指标将作为设计过程中的参考标准。

确定系统的误差：根据系统的性能指标，确定系统当前存在的误差，即实际输出与期望输出之间的差异。

确定 PID 参数：根据误差分析结果，选择合适的比例、积分和微分参数，以满足系统的性能指标要求。这些参数将用于调整系统的增益和响应时间。

调整 PID 参数：根据所选参数，对系统进行仿真和实验测试，观察系统的响应情况和性能指标是否满足要求。如果有需要，可以对参数进行调整，直到得到满意的性能指标。

PID 校正的作用主要体现在改善系统的稳态性能和动态性能。通过调整积分参数，可以消除系统的稳态误差；通过调整微分参数，可以提高系统的控制精度和稳定性。

2．PID 控制器的应用场景

工业生产控制：在工业自动化生产中，PID 控制器可用于控制温度、压力、流量等参数，以保证生产质量和效率。

机器人控制：PID 控制器可用于控制机器人的位置、速度和力等参数，以实现精准的操作和控制。

航空航天领域：PID 控制器可用于控制飞行器的姿态、高度和速度等参数，以确保航空器的安全和稳定。

汽车控制：PID 控制器可用于控制汽车的速度、转向和制动等参数，以提高驾驶安全性和行驶舒适度。

温度控制：PID 控制器可用于家庭或商业建筑环境的温度控制，以提供舒适的室内环境。

第6章 控制系统的校正方法

总之，PID 校正是一种强大的控制策略，通过精确调整比例、积分和微分参数，可以实现对系统的精确控制，满足不同应用场景的需求。

PID 控制器串联在系统的前向通道中，起着串联校正的作用。具有 PID 控制器的控制系统的结构图如图 6-15 所示，其中 $G_c(s)$ 为 PID 控制器，$G_0(s)$ 为系统固有部分。

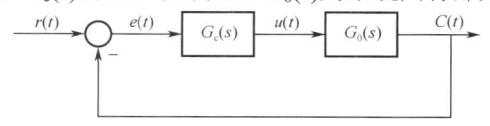

图 6-15 具有 PID 控制器的控制系统的结构图

PID 控制器的数学表达式为

$$u(t) = K_P \left[e(t) + \frac{1}{T_I} \int_0^t e(t) \mathrm{d}t + T_D \frac{\mathrm{d}}{\mathrm{d}t} e(t) \right] \tag{6-7}$$

式中，$K_P e(t)$ 为比例控制项，K_P 称为比例系数；$\frac{1}{T_I} \int_0^t e(t)\mathrm{d}t$ 为积分控制项，T_I 称为积分时间常数；$T_D \frac{\mathrm{d}}{\mathrm{d}t} e(t)$ 为微分控制项，T_D 称为微分时间常数。

根据积分系数 K_I 和微分系数 K_D 是否为零，可分别实现 P（比例）、I（积分）、PI（比例-积分）、PD（比例-微分）、PID（比例-积分-微分）等常见的控制规律。

1）比例（P）控制器

具有比例控制规律的控制器称为比例控制器，其特性和比例环节完全相同，实质上是一个可调增益的放大器。比例控制器只改变信号的增益而不影响其相位。

比例控制器的结构图如图 6-16 所示，比例控制器的电路图如图 6-17 所示。

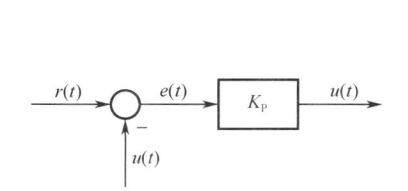

图 6-16 比例控制器的结构图

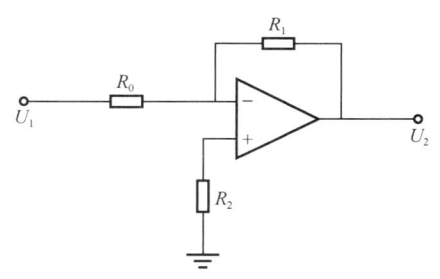

图 6-17 比例控制器的电路图

动态方程为

$$x(t) = K_P e(t) \tag{6-8}$$

传递函数为

$$\frac{X(s)}{E(s)} = K_P \tag{6-9}$$

式中，$K_P = \frac{R_1}{R_0}$。

比例控制器的作用如下。

（1）增大 K_P 可减小系统的稳态误差，从而提高系统的稳态精度。

（2）增大 K_P 可降低系统的惯性，减小一阶系统的时间常数可提高系统的响应快速性。

（3）增大 K_P 往往会降低系统的相对稳定性，甚至会造成系统的不稳定。因此，在调节 K_P

时要权衡利弊，综合考虑。在进行系统校正设计时，很少单独使用比例控制器。

2）积分（I）控制器

具有积分控制规律的控制器称为积分控制器，其结构图如图 6-18 所示，其电路图如图 6-19 所示。

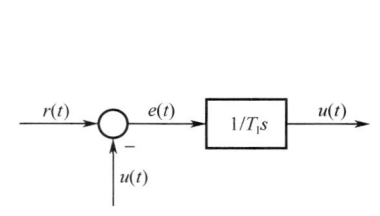

图 6-18 积分控制器的结构图 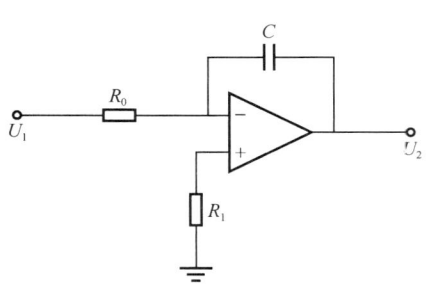　　图 6-19 积分控制器的电路图

动态方程为

$$u(t) = \frac{1}{T_\mathrm{I}} \int_0^t e(t)\mathrm{d}t \tag{6-10}$$

传递函数为

$$\frac{U(s)}{E(s)} = \frac{1}{T_\mathrm{I} s} \tag{6-11}$$

式中，$T_\mathrm{I} = R_0 C_1$。

由于积分控制器具有积分作用，因此当输入 $e(t)$ 消失后，输出有可能是一个不为零的常量。在串联校正中，采用积分控制器可以提高系统的型次，从而提高系统的稳态精度，但这样会增加一个位于原点的开环极点，使信号有 90° 的相位滞后，对系统的稳定性不利。因此，一般不单独采用积分控制器。

3）比例-积分（PI）控制器

具有比例-积分控制规律的控制器称为比例-积分控制器，其结构图如图 6-20 所示，其电路图如图 6-21 所示。

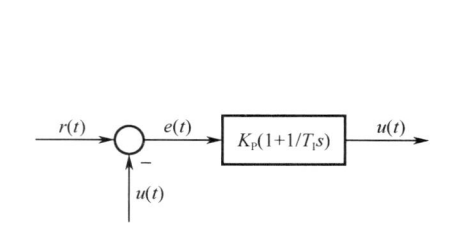

图 6-20 比例-积分控制器的结构图 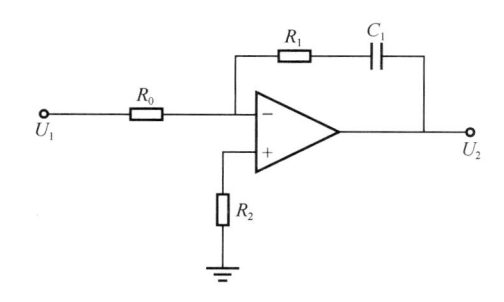　　图 6-21 比例-积分控制器的电路图

动态方程为

$$u(t) = K_\mathrm{P} e(t) + \frac{K_\mathrm{P}}{T_\mathrm{I}} \int_0^t e(t)\mathrm{d}t \tag{6-12}$$

传递函数为

第6章 控制系统的校正方法

$$\frac{U(s)}{E(s)} = K_P\left(1 + \frac{1}{T_I s}\right) \quad (6\text{-}13)$$

式中，$K_P = \dfrac{R_1}{R_0}$；$T_I = R_1 C_1$。

比例-积分控制器的作用：在保证控制系统稳定的基础上提高系统的型次，从而提高系统的稳态精度。在串联校正中，相当于在系统中增加了一个位于原点的开环极点，同时增加了一个位于左半 s 平面的开环零点。位于原点的开环极点提高了系统的型次，减小了系统的稳态误差，改善了系统的稳态性能，同时增加的开环零点提高了系统的阻尼程度，缓解了比例-积分控制器极点的不利影响。

4）比例-微分（PD）控制器

具有比例-微分控制规律的控制器称为比例-微分控制器，其结构图如图 6-22 所示，其电路图如图 6-23 所示。

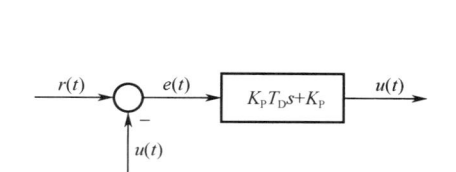

图 6-22　比例-微分控制器的结构图 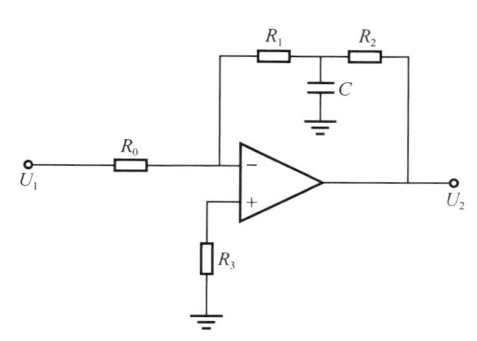　　图 6-23　比例-微分控制器的电路图

动态方程为

$$u(t) = K_P e(t) + T_D \frac{\mathrm{d}}{\mathrm{d}t} e(t) \quad (6\text{-}14)$$

传递函数为

$$\frac{U(s)}{E(s)} = K_P(T_D s + 1) \quad (6\text{-}15)$$

式中，$K_P = \dfrac{R_1 + R_2}{R_0}$；$T_D = \dfrac{R_1 R_2}{R_1 + R_2} C$。

比例-微分控制器的作用：具有超前校正的作用，能给出控制系统提前开始制动的信号，具有"预见"性，能反映偏差信号的变化速率，并且能在偏差信号变得太大之前在系统中引进一个有效的早期修正信号，这不仅可以提高系统的稳定性，而且可以提高系统的响应快速性。

5）比例-积分-微分（PID）控制器

具有比例-积分-微分控制规律的控制器称为比例-积分-微分控制器，其结构图如图 6-24 所示，其电路图如图 6-25 所示。

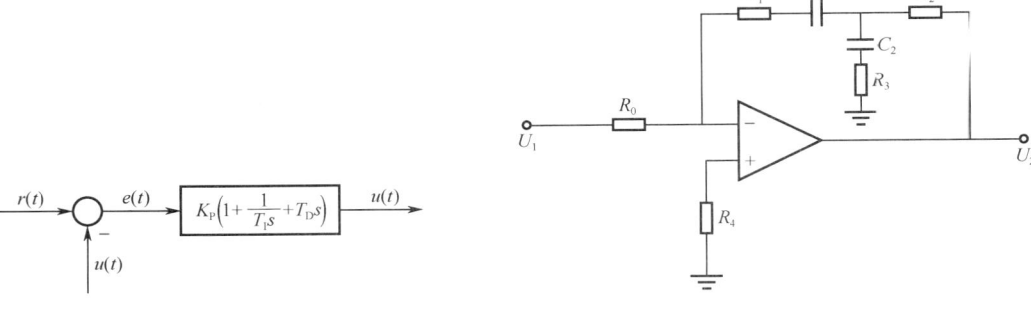

图 6-24 比例-积分-微分控制器的结构图　　图 6-25 比例-积分-微分控制器的电路图

式（6-7）也可以写为

$$u(t) = K_P e(t) + \frac{K_P}{T_I} \int_0^t e(t)dt + K_P T_D \frac{d}{dt} e(t) \tag{6-16}$$

式中，K_P 为比例系数；T_I 为积分时间常数；T_D 为微分时间常数。

传递函数为

$$\frac{U(s)}{E(s)} = K_P \left(1 + T_D s + \frac{1}{T_I s}\right) = K \frac{(T_a s + 1)(T_b s + 1)}{T_a s} \tag{6-17}$$

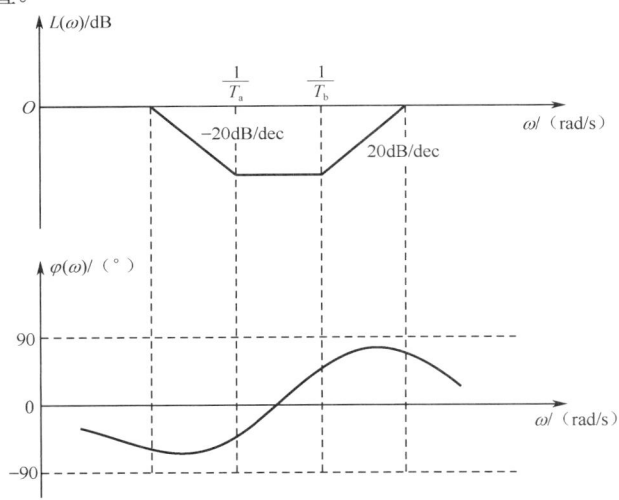

式中，$T_a = R_1 C_1$；$T_b = R_2 C_2$；$K = \frac{R_1}{R_0}$（$C_2 \gg C_1$，$R_1 \gg R_2$）。

比例-积分-微分控制器的伯德图如图 6-26 所示，由此可见，比例-积分-微分控制器是一种滞后-超前校正装置。

图 6-26 比例-积分-微分控制器的伯德图

由图 6-26 可见，比例-积分-微分控制器结合了比例-微分控制器和比例-积分控制器的特点，它是一种滞后-超前校正装置。从低频段看，比例-积分-微分控制器中积分部分的作用是使系统对数幅频特性的斜率增加-20dB/dec，使系统的无静差度提高，从而大大改善系统的稳态性能。从中频段看，比例-积分-微分控制器中微分部分的超前校正作用将使系统的相位裕度增加，同时使系统的穿越频率升高，从而使系统的动态性能得到改善。从高频段看，比例-积分-微分控制器的超前校正作用将使系统的高频幅值增大，抗高频干扰能力降低。

第6章 控制系统的校正方法

【例6-5】 已知单位反馈系统开环传递函数为

$$G(s) = \frac{K}{s(0.1s+1)(0.01s+1)}$$

试设计串联校正装置，使系统性能满足：

$$\begin{cases} K_v \geq 250 \\ \omega_c^* \geq 30\text{rad/s} \\ \gamma(\omega_c) \geq 45° \end{cases}$$

并确定 $G_c(s)$。

解：根据稳态误差的要求，$K=10$，由 $|G(j\omega_c')|=1$ 可得，校正前 $\omega_c'=50\text{rad/s}$，相位裕度为

$$\gamma' = 90° - \arctan 0.1\omega_c' - \arctan 0.01\omega_c' \approx -15.26°$$

不满足要求，应采用滞后-超前校正网络。设其传递函数为

$$G_c(s) = \frac{\left(\dfrac{s}{\omega_a}+1\right)\left(\dfrac{s}{\omega_b}+1\right)}{\left(\dfrac{as}{\omega_a}+1\right)\left(\dfrac{s}{a\omega_b}+1\right)}$$

取 $\omega_b = 10\text{rad/s}$，根据题目要求 $\omega_c^* \geq 30\text{rad/s}$，取 $\omega_c''=34\text{rad/s}$

由 $-20\lg a + L'(\omega_c'') + 20\lg\dfrac{\omega_c''}{\omega_b} = 0$，解得 $a \approx 7.35$，且有 $\omega_c''=34\text{rad/s}$，$\gamma''=45°$，即

$$\gamma'' = 90° + \arctan\frac{\omega_c''}{\omega_a} - \arctan 0.01\omega_c'' - \arctan\frac{\omega_c''}{73.5} - \arctan\frac{7.35\omega_c''}{\omega_a}$$

解得 $\omega_a \approx 0.93\text{rad/s}$，则校正后系统的传递函数为

$$G'(s) = \frac{(0.1s+1)(1.08s+1)}{s(0.013s+1)(0.01s+1)(7.9s+1)}$$

计算截止频率，可得 $\omega_c'' \approx 33\text{rad/s}$，则相位裕度为

$$\gamma'' = 90° + \arctan 1.08\omega_c'' - \arctan 0.01\omega_c'' - \arctan 0.013\omega_c'' - \arctan 7.9\omega_c'' \approx 45.06° > 45°$$

满足要求。

【例6-6】 系统的结构图如图6-27所示，求 $G_c(s)$，使系统性能满足：

$$\begin{cases} r(t)=t \rightarrow e_{ss}^* \leq 1/126 \\ \omega_c^* \geq 20\text{rad/s} \\ \gamma(\omega_c) \geq 35° \end{cases}$$

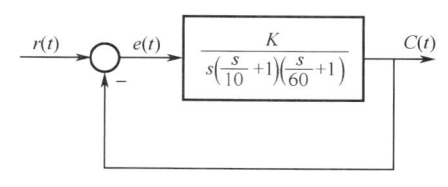

图6-27 系统的结构图

解：（1）根据 $e_{ss}^* = \dfrac{1}{K} \leq \dfrac{1}{126}$，取 $K=126$。

（2）$\omega_{c0} = \sqrt{10 \times 126} \approx 35.5 \text{ rad/s}$。

$\gamma_0 = 180° - 90° - \arctan\dfrac{35.5}{10} - \arctan\dfrac{35.5}{60} \approx 180° - 90° - 74.3° - 30.6° = -14.9°$（系统不稳定）。

（3）确定校正形式。

① 采用超前校正网络。

$\varphi_m = \gamma^* - \gamma_0 + 10° = 35° + 14.9° + 10° = 59.9°$（不满足要求）。

② 采用滞后校正网络。

$\gamma_0(20) = 180° - 90° - \arctan\dfrac{20}{10} - \arctan\dfrac{20}{60} \approx 90° - 63.4° - 18.4° = 8.2° < 35° = \gamma^*$（不满足要求）。

③ 采用滞后-超前校正网络，取 $\omega_c = \omega_c^* = 20 \text{ rad/s}$ 进行设计。

（4）确定 $G_c(s)$。

计算超前部分应提供的超前相位：$\varphi_m = \gamma^* - \gamma_0 + 6° = 32.8°$。

$a = \dfrac{1 + \sin\varphi_m}{1 - \sin\varphi_m} \approx 3.4 \rightarrow \sqrt{a} = \sqrt{3.4} \approx 1.84$。

C 点：$\omega_C = \omega_c\sqrt{a} \approx 20 \times 1.84 = 36.8 \text{rad/s}$。

D 点：$\omega_D = \omega_c/\sqrt{a} \approx 20/1.84 \approx 10.87 \text{rad/s}$。

E 点：$\omega_E = 0.1\omega_c = 0.1 \times 20 = 2 \text{rad/s}$。

F 点：由 $\dfrac{\omega_0}{\omega_{c0}} = \dfrac{\omega_{c0}}{\omega_c}$ 可得 $\omega_0 = \dfrac{\omega_{c0}^2}{\omega_c} = \dfrac{35.5^2}{20} \approx 63 \text{rad/s}$，由 $\dfrac{\omega_0}{\omega_D} = \dfrac{\omega_E}{\omega_F}$ 得 $\omega_F = \dfrac{\omega_D \omega_E}{\omega_0} = \dfrac{10.81 \times 2}{63} \approx$ 0.343rad/s。

（5）校正后 $G(s) = G_c(s)G_0(s)$，验算其是否满足要求。

$$G(s) = G_c(s)G_0(s) = \dfrac{126 \times \left(\dfrac{s}{2}+1\right)\left(\dfrac{s}{10.18}+1\right)}{s\left(\dfrac{s}{10}+1\right)\left(\dfrac{s}{60}+1\right)\left(\dfrac{s}{0.343}+1\right)\left(\dfrac{s}{37}+1\right)}$$

$\gamma = 180° + \arctan\dfrac{20}{2} + \arctan\dfrac{20}{10.18} - 90° \arctan\dfrac{20}{10} - \arctan\dfrac{20}{60} - \arctan\dfrac{20}{0.343} - \arctan\dfrac{20}{37}$

$\approx 180° + 84.3° + 61.6° - 90° - 63.4° - 18.4° - 89° - 28.4°$

$= 36.6° > 35°$

系统的伯德图如图 6-28 所示。

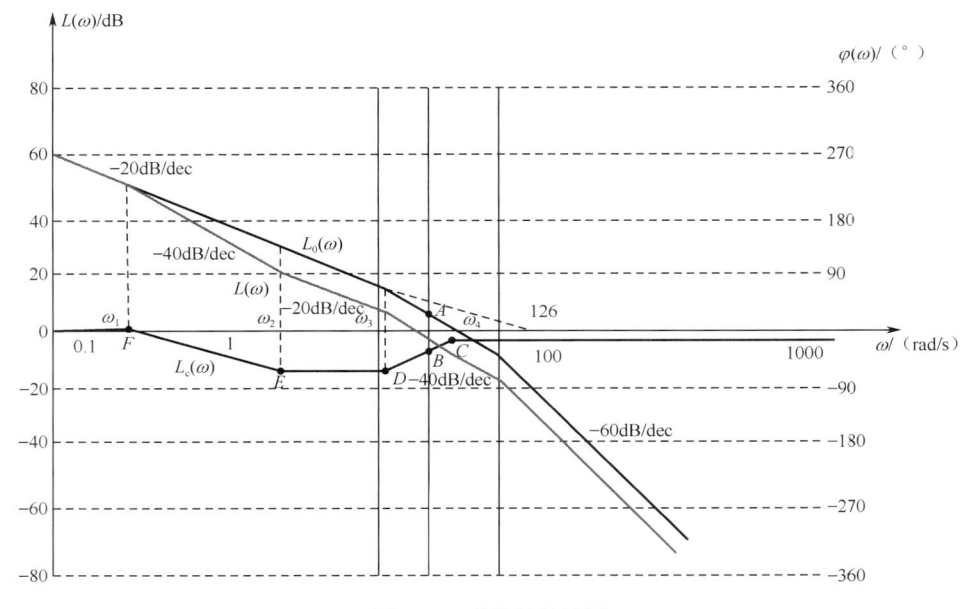

图 6-28 系统的伯德图

6.3 MATLAB 用于控制系统校正

MATLAB 在控制系统校正中具有广泛的应用。MATLAB 是一款强大的科学计算软件，提供了丰富的工具箱和函数，使得用户可以方便地进行控制系统的建模、分析和校正。控制系统校正中常用的 MATLAB 函数如表 6-1 所示。

表 6-1 控制系统校正中常用的 MATLAB 函数

函数	用法说明
bode(G)	绘制系统的伯德图
[mag,phase,w]=bode(G)	返回系统伯德图相应的幅值、相位和频率向量
margin(G)	绘制系统的伯德图，同时显示相位裕度、幅值裕度、截止频率和相位穿越频率
[gm,pm,wg,wc]=margin(G)	返回系统的幅值裕度、相位裕度、相位穿越频率和截止频率
feedback(sys1,sys2)	将系统 sys1 和 sys2 构成负反馈
spline(x0,y0,x)	三次样条插值，x0 和 y0 是已知数据点，x 是插值点，用于求原系统幅值等于分贝值对应的频率
step(sys)	绘制系统 sys 的阶跃响应

在控制系统校正中，MATLAB 的主要应用包括如下内容。

建模与仿真：MATLAB 提供了控制系统工具箱，用户可以利用该工具箱中的函数和工具方便地建立控制系统的数学模型，并进行仿真分析。通过仿真，用户可以观察系统的动态响应，评估系统的性能，为后续的校正设计提供依据。

校正设计：基于仿真结果，用户可以利用 MATLAB 进行控制系统的校正设计，包括选择合适的校正方法（如串联校正、反馈校正等），确定校正装置的类型和参数等。MATLAB 提供了强大的数值计算和优化功能，可以帮助用户快速找到满足设计要求的校正方案。

性能评估与优化：校正设计完成后，用户可以利用 MATLAB 对校正后的控制系统进行性能评估。通过比较校正前、后的系统性能，用户可以验证校正方案的有效性。此外，MATLAB 还支持对校正方案进行优化，以进一步提高系统的性能。

在实际应用中，MATLAB 的图形化界面和可视化功能使得用户可以直观地展示和分析数据，加深对问题的理解。同时，MATLAB 还支持与其他软件的集成，方便用户将校正方案应用到实际的控制系统中。

总之，MATLAB 在控制系统校正中发挥着重要作用，可以帮助用户快速、准确地完成控制系统的建模、分析和校正工作，提高控制系统的性能和设计水平。

1. 超前校正装置设计

【例 6-7】 设被控对象的传递函数为

$$G_0(s) = \frac{K}{s(0.001s+1)(0.1s+1)}$$

要求系统的速度误差系数为 100，相位裕度不小于 45°，试设计超前校正装置。

```
clear all;
close all;
%第一步，确定开环增益 K
delta=6;                                %选 Δ 为 6°
```

```
k=100;                                    %根据稳态条件确定系统的开环增益
ri=45;                                    %期望相位裕度
%第二步,建立确定开环增益K后的系统传递函数
num0=k;
den0=conv([0.001 1 0],[0.1 1]);
G0=tf(num0,den0);
%第三步,计算Φm
[h,r]=margin(G0)                          %得到原系统的幅值裕度h和相位裕度r
phim=ri-r+delta;                          %计算Φm
phim=phim*pi/180;                         %将Φm转化为弧度制
%第四步,计算校正装置参数a和wm
a=(1+sin(phim))/(1-sin(phim));            %计算校正装置参数a
adb=10*log10(a);                          %将a的单位转化为分贝
[mag,phase,w]=bode(G0);                   %得到系统的幅值、相位、频率向量
magdb=20*log10(mag);                      %将幅值mag转化为分贝值
wm=spline(magdb,w,-adb);                  %计算出原系统幅值等于-10*lg(a)时的wm
%第五步,计算校正装置参数T
T=1/(wm*sqrt(a));                         %根据a和wm计算T
%第六步,得到校正装置的传递函数,绘制校正前、后系统的阶跃响应和伯德图
Gc=tf([T*a 1],[T 1]);                     %得到增益补偿后的校正装置传递函数
[hc,rc]=margin(Gc*G0)                     %得到校正过后的系统的幅值裕度hc和相位裕度rc
step(feedback(G0,1),'r--',feedback(Gc*G0,1),'g');grid on;
                                          %绘制校正前、后系统的阶跃响应
legend('校正前','校正后');
figure;bode(G0,Gc*G0);grid on;            %绘制校正前、后系统的伯德图
legend('校正前','校正后');
```

运行结果如下。

```
h = 10.1000; r = 16.2023; hc = 20.3728; rc = 45.3761
```

可以看到,校正前系统的相位裕度约为16.2°,校正后系统的相位裕度约为45.4°,满足题目要求,说明设计的超前校正装置合理。校正前、后系统的阶跃响应和伯德图分别如图6-29、图6-30所示。

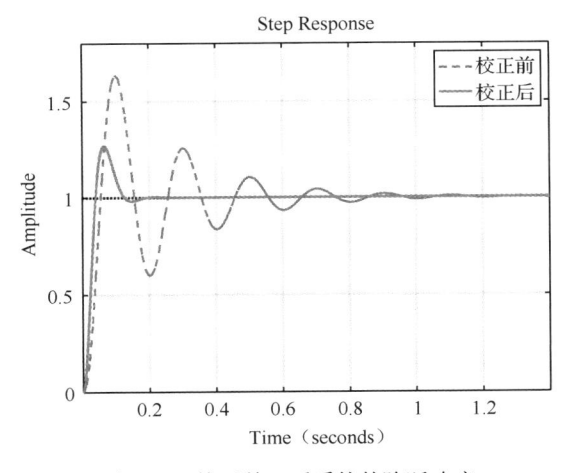

图6-29 校正前、后系统的阶跃响应

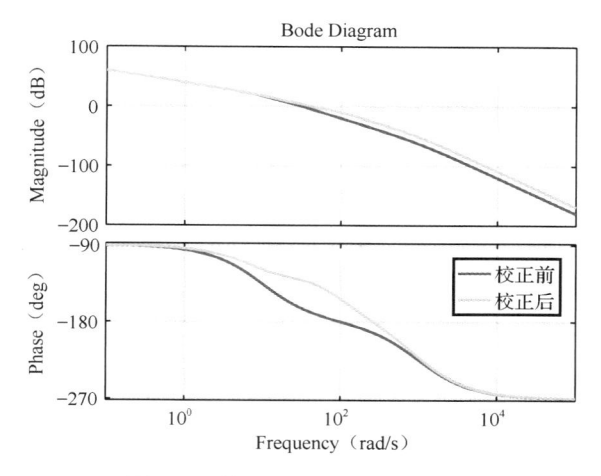

图 6-30 校正前、后系统的伯德图

2．滞后校正装置设计

【例 6-8】 用 MATLAB 实现滞后校正，系统的结构图如图 6-31 所示，画出校正后系统的伯德图。

$$\begin{cases} K_v^* = 30 \\ \omega_c^* \geq 2.3 \text{rad/s} \\ \gamma(\omega_c) \geq 40° \end{cases}$$

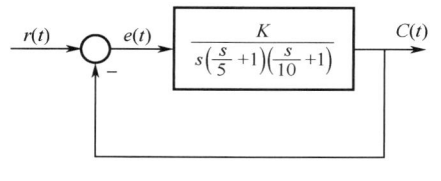

图 6-31 系统的结构图

解：（1）根据稳态误差要求 $K=30$。
（2）直接进行 MATLAB 实现。
编写的 MATLAB 程序如下。

```
% 用MATLAB实现滞后校正
% 系统的型次
v=1;
% 静态速度误差Kv_star = 30，计算增益
K = 30;
% 其余的指标
r_star = 40;
wc_star = 2.3;
% 绘制出原系统传递函数
num_0 = 30;
den_0 = conv([1,0],[conv([1/5,1],[1/10,1])]);
sys_0 = tf(num_0,den_0);
[Gm0,Pm0,wcg,wcp0] = margin(sys_0);
figure
margin(sys_0);hold on
% 得到校正完增益的截止频率wcp0 = 9.7714，其满足截止频率指标要求，但是相位裕度Pm不满足要求，所以采用滞后校正网络
% 绘制相位裕度Pm和w的关系图
syms w
w = (0.01:0.01:100);
```

```
Pm = 180+(-90)^v-atand(w/5)-atand(w/10);
figure
plot(Pm);
Pm_star = r_star + 6;
% 找出相位裕度指标+6dec 对应的 w
wc = spline(Pm,w,Pm_star);
```
% 得到 wc 新系统的截止频率最大值为 2.737，得到最贴近的相位裕度（在实际应用中，一开始先用 wc_star 去试试相位裕度，如果能行，那么这个新的截止频率就在附近，如果不行，滞后校正就不适用于该校正

```
% 开始模拟绘图
[Mag,phase,w0] = bode(sys_0);
magdb = mag2db(Mag);
syms LwA
equation_Lwa = wc==spline(magdb,w0,LwA);
Lw_A = vpa(solve(equation_Lwa),3);
Lw_A = spline(w0,magdb,double(wc));
% 求解倍频比
syms b
equation_b = -20*log10(b)==Lw_A;
b = double(vpa(solve(equation_b),2));
w2 = 0.1*wc;
% 以下两种方式计算的 D 点的频率相似
w1 = b*w2;
wD_1 = (wc*w2)/K;     %这种计算方式根据近似渐近线+全等三角形进行计算
wD = vpa(w1,3);       %构建新的传递函数
num_correct = [b/wD_1,1];
den_correct = [1/wD_1,1];
Gcs = tf(num_correct,den_correct);
margin(Gcs);hold on
G_star = series(sys_0,Gcs);
margin(G_star);hold on
```

校正后系统的伯德图如图 6-32 所示。

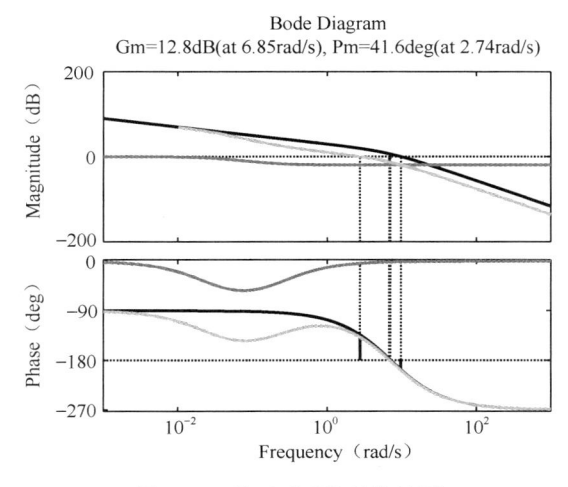

图 6-32 校正后系统的伯德图

(3) 系统的总传递函数为

$$G(s) = \frac{161.73(s+0.2737)}{s(s+10)(s+0.02951)(s+5)}$$

3. 比例-积分控制器设计

【例6-9】 已知校正前系统的开环传递函数为

$$G(s) = \frac{55.58}{(0.049s+1)(0.026s+1)(0.00167s+1)}$$

编写 MATLAB 程序如下。

```
k0=55.58;d1=[0.049 1]; d2=[0.026 1];d3 =[0.00167 1];
d4=conv(d1,d2);den0=conv(d3,d4);      %求分母多项式的乘积
g0=tf(k0,den0);
[Gm,Pm,wcg,wcp]=margin(k0,den0);       %求校正前系统的相位裕度
[mu,pu,w]=bode(k0,den0);
mu_dB=20*log10(mu);                    %将校正前系统的幅值转化成分贝值
wc=30;                                 %选取校正后系统的穿越频率
gr=spline(w,mu_db,wc);                 %求校正前系统在该处的幅值
kp=10^(-gr/20);                        %求 kp
t1=0.049;                              % 选取与原系统中最大的时间常数相等的 t1
nc=[t1 1];
dc=[t1 0];
Gc=tf(kp*nc,dc,'s');                   %求校正装置的传递函数
Gc(s)=(0.00199s+0.04062)/0.049s
g=series(g0,gc);
[Gm1,Pm1,wcg1,wpc1]=margin(g);
```

可得校正后系统的相位裕度：Pm1=44.9765。

应用案例6　自动喷涂机器人控制系统

自动喷涂机器人（见图 6-33）在汽车行业中的应用十分广泛。随着新能源汽车的兴起，人们对汽车喷涂质量的要求也越来越高。自动喷涂机器人可以实现对新能源汽车的特殊材料和结构进行喷涂，以满足新能源汽车的生产需求。此外，随着人工智能和机器学习技术的不断发展，自动喷涂机器人将具备更高的智能化程度和学习能力，可以根据不同的车型和要求，自动调整喷涂参数和路径，实现更加智能化的喷涂操作。

自动喷涂机器人检测设备视觉系统的控制过程涉及多个关键步骤，其中被控对象主要为机械臂，检测设备是摄像系统。首先，视觉系统通过摄像头捕捉工作环境的图像，这些图像包括待喷涂工件的形状、位置和表面状态等信息。摄像头可以实时获取这些信息，并将其传输到图像处理器。其次，图像处理器会对捕获的图像进行一系列处理，包括滤波、边缘检测、特征提取等。进行这些处理的目的是从图像中提取出工件的精确位置和姿态信息，以及任何可能影响汽车喷涂质量的表面缺陷。最后，控制系统将生成的控制指令发送给机械臂控制器。机械臂控制器根据接收到的指令，驱动机械臂按照预定的轨迹运动，并执行相应的喷涂动作。

图 6-33 自动喷涂机器人

传递函数为

$$G_0(s) = \frac{1}{(s+1)(0.5s+1)} \tag{6-18}$$

为了使系统阶跃响应的稳态误差为 0，采用串联比例-积分控制器，有

$$G_c(s) = K_1 + \frac{K_2}{s}$$

试选择合适的 K_1 和 K_2，使系统阶跃响应的超调量 σ 不大于 5%，调节时间小于 6s（$\Delta = 2\%$），静态速度误差系数 $K_v \geq 0.9$。

解：由题目可知，系统开环传递函数为

$$G_c(s)G_0(s) = \frac{2K_1(s+z)}{s(s+1)(s+2)} = \frac{K_2\left(\dfrac{1}{z}s+1\right)}{s(0.5s+1)(s+1)}$$

式中，$z = \dfrac{K_2}{K_1}$。

选择忆阻比例-积分控制器的参数为

$$z = 1.1$$
$$K_1 = K_2 = 0.8182$$
$$z = 0.9$$

系统闭环传递函数为

$$\Phi(s) = \frac{2K_1(s+z)}{s(s+1)(s+2) + 2K_1(s+z)} = \frac{1.64(s+1.1)}{s^3 + 3s^2 + 3.64s + 1.8}$$

测得校正后系统的单位阶跃响应性能指标为

$$\sigma = 4.6\% < 5\%$$
$$t_s = 4.93\text{s} < 6\text{s}\ (\Delta = 2\%)$$
$$K_v = K_2 = 0.9$$

满足设计指标要求。

小结

本章主要介绍了如何通过校正装置来改变控制系统的性能，以满足特定的设计要求。

校正的目的：通过引入校正装置，可改善控制系统的性能，包括提高系统的稳定性、减小系统的稳态误差、改善系统的动态性能等。

校正的分类：根据校正装置在控制系统中的位置和作用，校正可以分为串联校正、反馈校正和前馈校正等。

串联校正装置通常接在系统误差测量点之后和放大器之前，用于改变系统的开环特性。串联校正分为超前校正、滞后校正、滞后-超前校正。

（1）超前校正：幅值增加，相位超前。

（2）滞后校正：幅值衰减，相位滞后。

（3）滞后-超前校正：幅值衰减，相位超前。

校正装置的设计：在设计校正装置时，需要根据控制系统的性能指标要求，确定校正装置的类型和参数，包括选择适当的校正装置形式、确定校正装置的增益和相位等参数，以使校正后的系统能够满足稳定性、稳态误差和动态性能等方面的要求。

校正方法的应用：在实际应用中，需要根据控制系统的具体情况和要求，选择合适的校正方法。例如，对于稳定性较差的系统，可以采用超前校正网络或滞后校正网络来提高稳定性；对于稳态误差较大的系统，可以采用积分校正网络来减小稳态误差。

此外，本章还涉及校正装置的性能评估和优化方法，以及在实际控制系统中的应用案例。通过学习和掌握这些内容，读者可以更好地理解和应用控制系统的校正方法，提高控制系统的性能和设计水平。

需要注意的是，控制系统的校正是一个复杂且需要深入研究的领域，涉及的知识点和技能较多。因此，在学习和实践中，需要重视理论学习和实践经验的积累，不断提高自己的专业素养和实践能力。

习题

6-1　什么是系统的校正？系统校正有哪些方法？

6-2　试说明超前校正和滞后校正的使用条件。

6-3　在用频域分析法设计校正装置时，采用超前校正网络是利用它的（　　），采用滞后校正网络是利用它的（　　）。

　　A. 相位超前特性　　　　　　　B. 相位滞后特性
　　C. 低频衰减特性　　　　　　　D. 高频衰减特性

6-4　比例-积分-微分控制器是一种（　　）校正装置。

　　A. 超前　　　B. 滞后　　　C. 滞后-超前

6-5　某单位负反馈控制系统控制对象的传递函数为

$$G_0(s) = \frac{4K}{s(s+2)}$$

采用无源串联校正装置，使其校正后满足下列性能要求。
（1）单位斜坡输入时，$e_{ssv} \leq 0.05$。
（2）截止频率$\omega_c^* \geq 70\text{rad/s}$，相位裕度$\gamma^* \geq 45°$。
试确定校正装置的传递函数$G_c(s)$及其实现。

6-6 某单位负反馈控制系统固有部分的传递函数为

$$G_0(s) = \frac{K_0}{s\left(\frac{1}{10}s+1\right)\left(\frac{1}{30}s+1\right)}$$

采用无源串联校正网络校正，使校正后的性能指标如下。
（1）静态性能指标：$K_v^* \geq 20\text{rad/s}$。
（2）动态性能指标：$\omega_c^* \geq 30\text{rad/s}$，$\gamma^* \geq 50°$且$L_g \geq 6\text{dB}$。
试确定校正网络的传递函数$G_c(s)$及其实现。

6-7 设单位反馈系统的开环传递函数为

$$G(s) = \frac{K}{s(s+1)(0.25s+1)}$$

（1）若要求校正后系统的静态速度误差系数$K_v \geq 5$，相位裕度$\gamma^* \geq 50°$，试设计串联校正装置。
（2）若除上述指标要求外，还要求校正后系统的截止频率$\omega_c^* \geq 2\text{rad/s}$，试设计串联校正装置。

6-8 图6-34所示为采用比例-微分串联校正的控制系统。
（1）当$K_P=10$，$K_D=1$时，求相位裕度。
（2）若要求该系统的截止频率$\omega_c^* = 5\text{rad/s}$，相位裕度$\gamma^* = 50°$，求$K_P$和$K_D$。

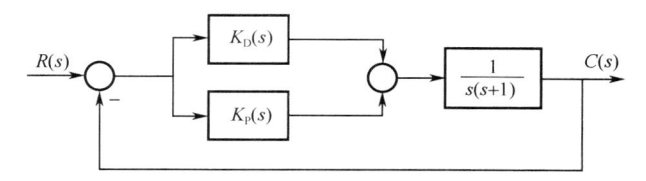

图6-34 习题6-8图

6-9 某单位负反馈控制系统控制对象的传递函数为

$$G_0(s) = \frac{K}{s(0.05s+1)(0.2s+1)}$$

利用根轨迹分析法设计无源串联校正网络，使校正后的性能指标如下。
（1）$K_v \geq 8\text{rad/s}$。
（2）$\sigma \leq 25\%$，$t_s \leq 1\text{s}$。
（3）$K_v = 50\text{rad/s}$。
试确定校正网络的传递函数$G_c(s)$。

6-10 图6-35所示的最小相位系统的开环对数频率特性曲线为$L_0(\omega)$，串联校正装置的对数幅频曲线为$L_c(\omega)$。
（1）求未校正系统的开环传递函数$G_0(s)$及串联校正装置的开环传递函数$G_c(s)$。

（2）在图 6-35 中画出校正后系统的开环对数幅频渐近特性曲线 $L(\omega)$，并求出校正后系统的相位裕度 γ^*。

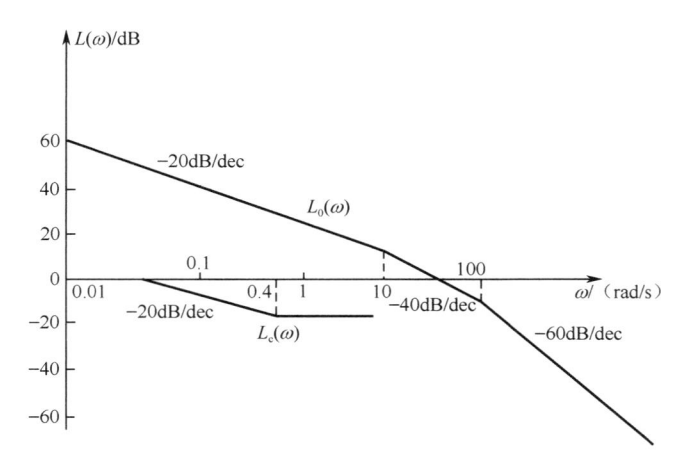

图 6-35　习题 6-10 图

附录 A 拉普拉斯变换简表

序号	象函数 $F(s)$	原函数 $f(t)$（$t \geq 0$）
1	1	$\delta(t)$
2	s	$\dot{\delta}(t)$
3	s^n	$\delta^{(n)}(t)$
4	$\dfrac{1}{s}$	$1(t)$
5	$\dfrac{1}{s^2}$	t
6	$\dfrac{1}{s^n}$	$\dfrac{1}{(n-1)!}t^{n-1}$
7	$\dfrac{1}{s+a}$	e^{-at}
8	$\dfrac{1}{(s+a)^2}$	te^{-at}
9	$\dfrac{1}{(s+a)^n}$	$\dfrac{1}{(n-1)!}t^{n-1}e^{-at}$
10	$\dfrac{C_1+jD_1}{(s+a)-j\omega}+\dfrac{C_1-jD_1}{(s+a)+j\omega}$	$2\sqrt{C_1^2+D_1^2}\,e^{-at}\cos\left(\omega t+\arctan\dfrac{D_1}{C_1}\right)$
11	$\dfrac{C_2+jD_2}{[(s+a)-j\omega]^2}+\dfrac{C_2-jD_2}{[(s+a)+j\omega]^2}$	$2\sqrt{C_2^2+D_2^2}\;te^{-at}\cos\left(\omega t+\arctan\dfrac{D_2}{C_2}\right)$
12	$\dfrac{C_n+jD_n}{[(s+a)-j\omega]^n}+\dfrac{C_n-jD_n}{[(s+a)+j\omega]^n}$	$2\sqrt{C_n^2+D_n^2}\,\dfrac{t^{n-1}}{(n-1)!}e^{-at}\cos\left(\omega t+\arctan\dfrac{D_n}{C_n}\right)$
13	$\dfrac{s}{s^2+\omega^2}$	$\cos\omega t$
14	$\dfrac{\omega}{s^2+\omega^2}$	$\sin\omega t$
15	$\dfrac{s+a}{(s+a)^2+\omega^2}$	$e^{-at}\cos\omega t$
16	$\dfrac{\omega}{(s+a)^2+\omega^2}$	$e^{-at}\sin\omega t$
17	$\dfrac{s^2-\omega^2}{(s^2+\omega^2)^2}$	$t\cos\omega t$
18	$\dfrac{2\omega s}{(s^2+\omega^2)^2}$	$t\sin\omega t$
19	$\dfrac{(s+a)^2-\omega^2}{[(s+a)^2+\omega^2]^2}$	$te^{-at}\cos\omega t$
20	$\dfrac{2\omega(s+a)}{[(s+a)^2+\omega^2]^2}$	$te^{-at}\sin\omega t$
21	$\dfrac{1}{s(s+a)}$	$\dfrac{1}{a}-\dfrac{1}{a}e^{-at}$
22	$\dfrac{1}{s^2(s+a)}$	$\dfrac{1}{a}t-\dfrac{1}{a^2}+\dfrac{1}{a^2}e^{-at}$
23	$\dfrac{1}{s^3(s+a)}$	$\dfrac{1}{2a}t^2-\dfrac{1}{a^2}t+\dfrac{1}{a^3}-\dfrac{1}{a^3}e^{-at}$

续表

序号	象函数 $F(s)$	原函数 $f(t)$ ($t \geqslant 0$)
24	$\dfrac{\omega_n^2}{s^2+2\zeta\omega_n s+\omega_n^2}$ ($0<\zeta<1$)	$\dfrac{\omega_n}{\sqrt{1-\zeta^2}}\mathrm{e}^{-\zeta\omega_n t}\sin\omega_n\sqrt{1-\zeta^2}\,t$
25	$\dfrac{\omega_n^2}{s^2+\omega_n^2}$ ($\zeta=0$)	$\omega_n\sin\omega_n t$
26	$\dfrac{\omega_n^2}{s^2+2\omega_n s+\omega_n^2}$ ($\zeta=1$)	$\omega_n^2 t\mathrm{e}^{-\zeta\omega_n t}$
27	$\dfrac{\omega_n^2}{s^2+2\zeta\omega_n s+\omega_n^2}$ ($\zeta>1$)	$\dfrac{\omega_n}{2\sqrt{\zeta^2-1}}[\mathrm{e}^{-(\zeta-\sqrt{\zeta^2-1})\omega_n t}-\mathrm{e}^{-(\zeta+\sqrt{\zeta^2-1})\omega_n t}]$
28	$\dfrac{\omega_n^2}{s(s^2+2\zeta\omega_n s+\omega_n^2)}$ ($0<\zeta<1$)	$1-\dfrac{1}{\sqrt{1-\zeta^2}}\mathrm{e}^{-\zeta\omega_n t}\sin\left(\omega_n\sqrt{1-\zeta^2}\,t+\arctan\dfrac{\sqrt{1-\zeta^2}}{\zeta}\right)$
29	$\dfrac{\omega_n^2}{s(s^2+\omega_n^2)}$ ($\zeta=0$)	$1-\cos\omega_n t$
30	$\dfrac{\omega_n^2}{s(s^2+2\zeta\omega_n s+\omega_n^2)}$ ($\zeta=1$)	$1-(\omega_n t+1)\mathrm{e}^{-\omega_n t}$
31	$\dfrac{\omega_n^2}{s(s^2+2\zeta\omega_n s+\omega_n^2)}$ ($\zeta>1$)	$1-\dfrac{1}{2\sqrt{\zeta^2-1}(\zeta^2-\sqrt{\zeta^2-1})}\mathrm{e}^{-(\zeta-\sqrt{\zeta^2-1})\omega_n t}+\dfrac{1}{2\sqrt{\zeta^2-1}(\zeta^2+\sqrt{\zeta^2-1})}\mathrm{e}^{-(\zeta+\sqrt{\zeta^2-1})\omega_n t}$
32	$\dfrac{\omega_n^2}{s^2(s^2+2\zeta\omega_n s+\omega_n^2)}$ ($0<\zeta<1$)	$t-\dfrac{2\zeta}{\omega_n}+\dfrac{1}{\omega_n\sqrt{1-\zeta^2}}\mathrm{e}^{-\zeta\omega_n t}\sin\left(\omega_n\sqrt{1-\zeta^2}\,t+2\arctan\dfrac{\sqrt{1-\zeta^2}}{\zeta}\right)$
33	$\dfrac{\omega_n^2}{s^2(s^2+\omega_n^2)}$ ($\zeta=0$)	$t-\dfrac{1}{\omega_n}\sin\omega_n t$
34	$\dfrac{\omega_n^2}{s^2(s^2+2\zeta\omega_n s+\omega_n^2)}$ ($\zeta=1$)	$t-\dfrac{2}{\omega_n}+\dfrac{2}{\omega_n}\left(1+\dfrac{\omega_n}{2}t\right)\mathrm{e}^{-\omega_n t}$
35	$\dfrac{\omega_n^2}{s^2(s^2+2\zeta\omega_n s+\omega_n^2)}$ ($\zeta>1$)	$t-\dfrac{2\zeta}{\omega_n}+\dfrac{1}{2\omega_n\sqrt{\zeta^2-1}(2\zeta^2-1-2\zeta\sqrt{\zeta^2-1})}\mathrm{e}^{-(\zeta-\sqrt{\zeta^2-1})\omega_n t}-\dfrac{1}{2\omega_n\sqrt{\zeta^2-1}(2\zeta^2-1+2\zeta\sqrt{\zeta^2-1})}\mathrm{e}^{-(\zeta+\sqrt{\zeta^2-1})\omega_n t}$
36	$\dfrac{(1+\tau s)\omega_n^2}{s(s^2+2\zeta\omega_n s+\omega_n^2)}$ ($0<\zeta<1$)	$1-\sqrt{\dfrac{\tau^2\omega_n^2-2\zeta\tau\omega_n+1}{1-\zeta^2}}\mathrm{e}^{-\zeta\omega_n t}\sin\left(\sqrt{1-\zeta^2}\,\omega_n t+\arctan\dfrac{\sqrt{1-\zeta^2}}{\zeta-\tau\omega_n}\right)$

参 考 文 献

[1] 罗转翼，程桂芬，付家才．控制工程与信号处理[M]．北京：化学工业出版社，2004．
[2] 胡寿松．自动控制原理[M]．4版．北京：科学出版社，2001．
[3] 李友善．自动控制原理[M]．3版．北京：国防工业出版社，2004．
[4] 裴润，宋申民．自动控制原理：上、下册[M]．哈尔滨：哈尔滨工业大学出版社，2006．
[5] 陈伯时．电力拖动自动控制系统：运动控制系统[M]．3版．北京：机械工业出版社，2003．
[6] 胡寿松．自动控制原理习题解析[M]．3版．北京：科学出版社，2018．
[7] 吴麒．自动控制原理：下册[M]．2版．北京：清华大学出版社，1990．
[8] 王彤．自动控制原理试题精选与答题技巧[M]．哈尔滨：哈尔滨工业大学出版社，2003．
[9] 张建民．自动控制原理[M]．北京：中国电力出版社，2017．
[10] 刘豹，唐万生．现代控制理论[M]．3版．北京：机械工业出版社，2011．
[11] 杨平，徐晓丽，康英伟，等．自动控制原理：练习与测试篇[M]．北京：中国电力出版社，2020．
[12] 宋申民，陈兴林．自动控制原理典型例题解析与习题精选[M]．北京：高等教育出版社，2004．
[13] 田玉平，蒋珉，李世华．自动控制原理[M]．2版．北京：科学出版社，2006．
[14] 牟如强，李兴红，李乐．自动控制原理基础：活页式教材[M]．成都：西南交通大学出版社，2022．
[15] 方斌．自动控制原理学习指导与题解[M]．西安：西安电子科技大学出版社，2003．
[16] 史忠科，卢京潮．自动控制原理常见题型解析及模拟题[M]．西安：西北工业大学出版社，2001．
[17] 刘明俊，于明祁，等．自动控制原理典型题解与实战模拟[M]．长沙：国防科技大学出版社，2004．
[18] 吕汉兴．自动控制原理学习指导与题解[M]．武汉：华中科技大学出版社，2003．
[19] 文锋，贾光辉．自动控制理论解题指导[M]．4版．北京：中国电力出版社，2000．
[20] 张爱民，葛易擘，杜行俭．自动控制理论重点难点及典型题解析[M]．西安：西安交通大学出版社，2002．
[21] 尤昌德．线性系统理论基础[M]．北京：电子工业出版社，1985．
[22] 孔凡才，陈渝光．自动控制原理与系统[M]．4版．北京：机械工业出版社，2018．
[23] 吴晓燕，张双选．MATLAB在自动控制中的应用[M]．西安：西安电子科技大学出版社，2006．
[24] 熊晓君．自动控制原理实验教程[M]．北京：机械工业出版社，2020．
[25] 王辉，王晗，丛榆坤．自动控制系统及其MATLAB仿真[M]．北京：化学工业出版社，2020．
[26] 顾春雷，陈中．电力拖动自动控制系统与MATLAB仿真[M]．北京：清华大学出版社，2011．
[27] 樊兆峰．自动控制原理[M]．西安：西安电子科技大学出版社，2020．